ACTES

DU

CONGRÈS INTERNATIONAL

DE BOTANIQUE

Les mémoires remis en langue étrangère au secrétaire du Congrès ont dû
être traduits en français avant leur publication, d'après la décision prise par
le comité d'organisation.

Paris. — Imprimerie de E. MARTINET, rue Mignon, 2.

ACTES

DU

CONGRÈS INTERNATIONAL

DE BOTANIQUE

TENU A PARIS EN AOUT 1867

SOUS LES AUSPICES DE LA SOCIÉTÉ BOTANIQUE DE FRANCE

PUBLIÉS PAR LES SOINS

DE

M. Eug. FOURNIER

Docteur ès sciences, secrétaire rédacteur du Congrès

PARIS

GERMER BAILLIÈRE, LIBRAIRE-ÉDITEUR,

Rue de l'École-de-Médecine, 17,

ET AU BUREAU DE LA SOCIÉTÉ BOTANIQUE DE FRANCE,

Rue de Grenelle-Saint-Germain, 84.

NOVEMBRE 1867

CONGRÈS INTERNATIONAL

DE

BOTANIQUE

TENU A PARIS EN AOUT 1867

Conformément aux convocations adressées par la Société botanique de France, qui a pris l'initiative de ce Congrès, aux sociétés savantes et aux botanistes de la France et de l'étranger, le Congrès s'est réuni à Paris, rue de Grenelle Saint-Germain, 84, le 16 août 1867.

Les personnes qui ont pris part aux séances ou aux excursions du Congrès sont :

MM. ABDULLAH-BEY (le docteur), attaché au jardin d'Acclimatation de Constantinople, membre de la commission impériale ottomane près l'Exposition universelle, etc., etc.

AVICE, médecin des hôpitaux militaires, à Paris.

BALANSA (B.), naturaliste-voyageur, à Paris.

BARAT (Victor), professeur au lycée de Tarbes.

BAUWENS (L.-M.), de Bruxelles.

BEAUTEMPS-BEAUPRÉ (Ch.), juge au tribunal de la Seine.

BERTOLONI (Giuseppe).

BESCHERELLE (Ém.), attaché au ministère des travaux publics.

BÉZIAU (l'abbé), professeur au séminaire d'Angers.

BICCHI (César), de Lucques.

BLANCHE (Henri), de Dôle.

BOMMER (J.-E.), secrétaire général de la Société royale de botanique de Belgique, de Bruxelles.

BONNET (Maurice), de Paris.

BOOTH (John), horticulteur à Hanovre.

MM. BOREAU (A.), directeur du Jardin-des-plantes d'Angers, président et délégué de la Société académique de Maine-et-Loire.

BORNET (Édouard), docteur en médecine, à Antibes.

BOUCHARD-HUZARD (L.), secrétaire général de la Société impériale et centrale d'horticulture.

BOURGEAU (E.), naturaliste-voyageur, à Paris.

BOURGEAU (Victor), de Paris.

BOUTEILLER, docteur en médecine, délégué de la Société des amis des sciences naturelles de Rouen.

BRICE (G.), chef de bureau au ministère de la maison de l'Empereur.

BROWN (John-B.), professeur de botanique à Cape-Town.

BRUTELETTE (B. de), d'Abbeville (Somme).

BUREAU (Éd.), docteur en médecine et ès sciences naturelles, à Paris.

BURLE (A.), de Gap.

CANDOLLE (Alphonse de), de Genève, membre correspondant de l'Institut de France, etc.

CANNART D'HAMALE (de), sénateur, membre de la commission belge et du jury international, de Malines.

CAVROIS, de Paris.

CHARPENTIER (E.).

CHEVALIER (l'abbé E.), professeur au séminaire d'Annecy.

CLARINVAL (le colonel), de Metz.

CLOUET (J.), pharmacien à Paris.

COEMANS (l'abbé Eug.), membre de l'Académie des sciences de Bruxelles, vice-président de la Société royale de botanique de Belgique.

CORDIER (F.-S.), docteur en médecine, à Paris.

CORNU (Max.), élève de l'École normale.

COSSON (E.), docteur en médecine, membre de la commission scientifique de l'Algérie, à Paris.

DAGU.

DARDENNE (Émile), professeur à l'École moyenne, à Andennes (Belgique).

DELACOUR (Th.), de Paris.

DELCHEVALERIE.

DERUELLE.

DES ÉTANGS, juge de paix à Bar-sur-Aube.

DEVERNOIS.

DEVOS (André), régent à l'École moyenne, à Namur.

DONNADIEU (A.), docteur en médecine à Montpellier.

DOÛMET (N.), secrétaire de la Société d'horticulture et de botanique de l'Hérault.

DUCHARTRE (P.), membre de l'Institut.

MM. Du Mortier (B.-C.), de Tournay, membre de la chambre des représentants, président et délégué de la Société royale de botanique de Belgique.

Durando, bibliothécaire de l'École de médecine à Alger.

Durieu de Maisonneuve, directeur du Jardin-des-plantes de Bordeaux, membre de la commission scientifique de l'Algérie.

Dussau, pharmacien à Marseille.

Duvergier de Hauranne (Emm.), de Paris.

Eichler (A.-W.), docteur ès sciences, privatdocent à l'Université de Munich.

Espagne, docteur en médecine à Montpellier.

Faivre (E.), professeur d'histoire naturelle à la Faculté des sciences de Lyon.

Famintzin (André), de Saint-Pétersbourg.

Farmer (R.).

Flueckiger, docteur en médecine à Berne.

Forget (E.), docteur en médecine à Paris.

Fournier (Eug.), docteur en médecine et ès sciences naturelles, délégué de la Société impériale et centrale d'horticulture.

Francqui (J.-B.), professeur de chimie à l'Université de Bruxelles.

Garovaglio (Santo), professeur à l'Université de Pavie.

Garroute (l'abbé), d'Agen.

Gaudefroy, de Paris.

Geleznow (Nicolas de), conseiller d'État actuel, directeur de l'Académie agricole et forestière de Pierre-le-Grand, à Moscou.

Germain de Saint-Pierre (E.), docteur en médecine, à Costebelle près Hyères.

Goeppert, conseiller médical intime, professeur à l'Université de Breslau.

Goetz (Ad.), régent à l'École moyenne, à Virton (Belgique).

Gonod d'Artemare, pharmacien à Clermont-Ferrand.

Grabowski (E.), dessinateur, à Paris.

Groenland (Johannes), de Paris.

Gubler (Ad.), médecin des hôpitaux, professeur agrégé à la Faculté de médecine de Paris.

Guilmot (L.), prêtre au collége de N.-D. de Bellevue, à Dinant (Belgique).

Hacquin, horticulteur à Paris.

Jamin (Ferdinand), horticulteur à Bourg-la-Reine près Paris.

Kanitz (Aug.), docteur en médecine, à Lugos (Hongrie).

Kirschleger (F.), professeur à l'École supérieure de pharmacie de Strasbourg.

Kny (L.), docteur ès sciences, privatdocent à l'Université de Berlin.

MM. KOCH (Karl), professeur de botanique à Berlin.

KRALIK (L.), de Paris.

KUNTZE (Otto), de Leipzig.

LAISNÉ (A.-M.), ancien principal du lycée, à Avranches (Manche).

LANCIA DE BROLO (Frédéric), délégué de l'Académie royale des sciences de Palerme et de la Société d'acclimatation et d'agriculture, de Sicile.

LANDRIN (Armand), rédacteur de l'*Avenir national*, à Paris.

LARCHER, chef de bureau à la préfecture de la Seine.

LEFRANC, attaché à la préfecture de la Seine.

LEFRANC (Edmond), pharmacien-major des hôpitaux militaires, à Paris.

LELIÈVRE (l'abbé R.), d'Angers.

LESTIBOUDOIS, conseiller d'État, membre correspondant de l'Institut.

MAIN, ancien avocat, à Melle-sur-Béronne.

MALBRANCHE, pharmacien en chef de l'hôpital de Rouen, président et délégué de la Société des amis des sciences naturelles de Rouen.

MALINVAUD, de Limoges.

MALINVERNI, de Verceil (Italie).

MARTIN (Ém.), juge au tribunal de Romorantin.

MARTIN (L. de), docteur en médecine à Narbonne.

MICHEL (Aug.), attaché au ministère des finances.

MOORE (Charles).

MOORE (David), docteur en philosophie, directeur du Jardin botanique de Dublin, délégué de la Société d'histoire naturelle de Dublin.

MORREN (Édouard), professeur à l'Université de Liége.

MUENTER, professeur à l'Université de Greifswalde (Poméranie).

NAUDIN, membre de l'Institut.

NISSON (Max), de Naples.

NYLANDER (W.), docteur en médecine, d'Helsingfors.

PARISOT, vice-président et délégué de la Société d'émulation de Montbéliard.

PARSEVAL-GRANDMAISON (J. de), de Mâcon.

PÉRARD (A.), de Paris.

PÉRONIN (A.), de Paris.

PERSONNAT (Victor), de Sallanches (Haute-Savoie).

PERSONNAT (Camille), délégué de la Société des sciences naturelles de l'Ardèche.

PLANCHON (J.-E.), professeur à la Faculté des sciences et directeur de l'École supérieure de pharmacie, à Montpellier.

PLANCHON (G.), professeur à l'École supérieure de pharmacie de Paris.

POISSON (Jules), préparateur au Muséum d'histoire naturelle de Paris.

POLUTA (Georges), professeur à l'école vétérinaire de Kharkoff.

MM. Pomel (A.), garde-mines à Oran.

Prat-Marca, docteur en médecine à Paris.

Puel (T.), docteur en médecine à Paris.

Radlkofer, professeur à l'Université de Munich.

Ramey (Eug.), de Paris.

Ramond, directeur des douanes, à Paris.

Ravain (l'abbé J.-R.), professeur au séminaire de Combrée (Maine-et-Loire).

Ricard (Ad.), de Montpellier.

Ripart, docteur en médecine à Bourges.

Rivet (G.), attaché au ministère des finances.

Rivière (Aug.), jardinier en chef du Luxembourg.

Rivière (Charles), de Paris.

Robinson (William).

Roussel, docteur en médecine, à Paris.

Roze (Ernest), attaché au ministère des finances, lauréat de l'Institut.

Sagot (P.), professeur à l'école normale professionnelle de Cluny.

Saldanha da Gama (J. de), commissaire brésilien près l'Exposition universelle.

Saint-Exupéry (Guy de), d'Agen.

Schneider (Gustave), docteur en philosophie, délégué de la Société des sciences naturelles de Brême.

Schoenefeld (W. de), secrétaire général de la Société botanique de France.

Schultz-Schultzenstein, professeur à l'Université de Berlin.

Soula, pharmacien à Pamiers.

Stizenberger (Ernest), docteur en médecine, de Bâle.

Tantenstein, de Paris.

Tardieu (Maurice), de Paris.

Tardy.

Tellier, de Roubaix.

Thibesard, de Laon.

Thuret (Gustave), membre correspondant de l'Institut, à Antibes.

Tourlet (E.-H.), interne des hôpitaux de Paris.

Triana (José), de Santa-Fé de Bogota (Nouvelle-Grenade).

Van Horen, docteur ès sciences naturelles, à Saint-Trond (Belgique).

Verlot (Bernard), chef de l'École de botanique au Muséum d'histoire naturelle de Paris.

Verlot (M.).

Viguier (G.), de Paris.

Vilmorin (Henry Lévêque de), de Paris.

Warner (Robert), de Londres.

Weddell (H.-A.), docteur en médecine, à Poitiers.

MM. Wesmael (Alfred), directeur de la Société d'horticulture et de zoologie
du Vaux-Hall, à Mons.

Willinck, d'Amsterdam.

Wittmack, membre de la Société botanique de Brandebourg.

Six séances ont été tenues les 16, 17, 19, 21, 22 et 23 août,
et consacrées :

1° A la nomination du bureau et à l'organisation des travaux
du Congrès ;

2° Au dépouillement de la correspondance ;

3° A la lecture des mémoires ;

4° A la discussion des lois de la nomenclature botanique.

Séance d'ouverture, le 16 août 1867.

Le Congrès se réunit le 16 août, à sept heures et demie du
soir, dans une salle obligeamment mise à sa disposition par la
Société impériale et centrale d'horticulture, et décorée d'arbustes
et de fleurs qu'y a fait placer, sur la demande du comité d'organisation, M. Aug. Rivière, jardinier en chef du Luxembourg.

Une exposition remarquable d'instruments, de livres, de
plantes et de dessins est placée dans cette salle.

1° *Instruments.*

M. B. Verlot, chef de l'École de botanique au Muséum d'histoire
naturelle de Paris, a exposé la plus grande partie des objets figurés
dans son *Guide du botaniste*, qu'il a réunis avec l'aide de MM. Cosson,
Delacour, Gaudefroy et Rivière. Ces objets, indispensables aux personnes qui herborisent ou qui font un herbier, se classent ainsi :

Instruments de récolte.

Piochon Cosson (*Guide*, f. 3).
 — Hacquin (*id*. f. 1).
Houlette ordinaire à vis.
 — Rivière (*id*. f. 5 et f. 6).
Couteau-poignard et son ceinturon.
 — à herboriser du professeur Richard (communiqué par M. Rivière).
Serpette.
Sécateur (système Brassand).

Boîtes à herboriser de formes diverses.
— cylindrique.
— missel (docteur Boisduval).
— semilunaire, etc.
Cartable (deux exemplaires de).

Objets utiles à la préparation des plantes.

Papier à dessécher (matelas et feuilles simples).
Presse portative (MM. Balansa et Delacour).
Châssis de bois (M. Grœnland).
— de fer (M. Rivière).
— de toile métallique (M. Bureau).

Conservation des plantes.

1° Par le sublimé corrosif :
Cuvette ovale.
Presselles de cuivre ou de bois dur à mors très-allongés.
2° Par le sulfure de carbone :
Caisse à sulfure (M. Gaudefroy).

Distribution des plantes en herbier.

Papier à herbier (feuilles simples et doubles).
Étiquettes (divers modèles).
Cartons, sangles.
Échantillons fixés et non fixés.

M. J. Grœnland a exposé deux petites serres dans lesquelles il cultive les Hépatiques ; on y remarque une trentaine d'espèces très-rares, recueillies tout récemment dans la Forêt-Noire par M. Jack. Ces espèces sont étiquetées.

2° *Livres.*

MM. J.-B. Baillière et fils, Klincksieck et F. Savy, libraires-éditeurs, ont exposé la plupart des publications botaniques récentes. éditées par leurs maisons ou par leurs correspondants.

3° *Plantes.*

M. Ad. Brongniart, professeur-administrateur au Muséum d'histoire naturelle, a bien voulu autoriser l'exposition de quelques paquets, pris au Muséum dans l'herbier général et dans l'herbier de France, pour que l'on pût juger de l'arrangement de ces herbiers.

M. E. Cosson et M. Gaudefroy ont, dans le même but, exposé un spécimen de leur herbier. Celui de M. Gaudefroy est renfermé dans des boîtes particulières qui mettent les plantes à l'abri de la poussière.

M. Grœnland a exposé plusieurs fascicules des différentes collections cryptogamiques de M. le docteur Rabenhorst (1); 17 fascicules des magnifiques *Plantes cryptogamiques du grand-duché de Bade*, publiées par M. le docteur Stizenberger; et une remarquable collection de ses propres préparations microscopiques.

MM. Klincksieck et F. Savy ont exposé le *Cryptogamen Herbarium* et le *Phanerogamen Herbarium* de Wagner; M. Savy, les *Mousses des Pyrénées* et les *Plantes des Pyrénées* de M. Forcade.

Enfin, M. E. Bourgeau (2) a exposé plusieurs des collections de plantes qu'il a mises en vente à différentes occasions, savoir des plantes médicinales, des plantes de France, d'Espagne, de Syrie, etc. (3).

4° Dessins.

M. Grabowski a exposé plusieurs des beaux dessins qu'il a faits sous la direction de M. Bureau, pour le *Flora brasiliensis* de M. de Martius.

M. P. Duchartre, membre de l'Institut, vice-président de la Société botanique de France, occupe le fauteuil, assisté de MM. de Schœnefeld, secrétaire général; Bureau et Cosson, secrétaires; Bescherelle et Roze, vice-secrétaires; Eug. Fournier, archiviste de la même Société; G. Planchon et H. Vilmorin, secrétaires du comité d'organisation.

En prenant place au fauteuil, M. Duchartre présente au Congrès les excuses de M. Decaisne, président de la Société botanique, retenu par une indisposition. M. Duchartre exprime à la réunion les sentiments de fierté bien légitime qu'éprouve le bureau de la Société botanique en voyant que ses soins ont pu réunir à ce Congrès plus de cent botanistes français ou étrangers, dont un grand nombre occupent un rang élevé dans la science.

D'après la liste dressée provisoirement par le comité d'orga-

---

(1) S'adresser pour l'acquisition de ces collections à M. J. Grœnland, rue des Boulangers-Saint-Victor, 13, à Paris. — Les Cryptogames du grand-duché de Bade, qui n'ont été publiés qu'à 50 exemplaires, sont tous entre les mains des souscripteurs

(2) S'adresser pour avoir le détail et le prix de ces collections, à M. E. Bourgeau, rue Saint-Claude, 14, à Paris.

(3) Les collections envoyées par M. Vénance Payot (de Chamonix) ne sont parvenues à la Société qu'après la clôture du Congrès, et n'ont pu être exposées.

nisation, M. Duchartre propose au Congrès de nommer pour faire partie du bureau :

Président :

M. Alph. de CANDOLLE, membre correspondant ou étranger des Académies des sciences de Paris, Turin, Munich, Saint-Pétersbourg, Stockholm, etc., de la Société linnéenne de Londres, etc.

Vice-présidents :

MM. DE CANNART d'HAMALE, membre du Sénat belge, président de la fédération des Sociétés d'horticulture de Belgique.

Du MORTIER, président de la Société royale de botanique de Belgique.

GAROVAGLIO (Santo), professeur à l'Université de Pavie.

DE GELEZNOW, directeur de l'Académie de Pierre Ier à Moscou.

GOEPPERT, professeur à l'Université de Breslau.

MOORE (David), directeur du Jardin botanique de Dublin.

NYLANDER (d'Helsingfors).

SCHULTZ-SCHULTZENSTEIN, professeur à l'Université de Berlin.

Secrétaires :

MM. EICHLER, privatdocent à l'Université de Munich.

FAMINTZIN, de Saint-Pétersbourg.

AUG. KANITZ, de Lugos (Hongrie).

ÉD. MORREN, professeur à l'Université de Liége.

CAMILLE PERSONNAT, de Paris.

DE SALDANHA DA GAMA, commissaire du gouvernement brésilien à l'Exposition universelle.

JOSÉ TRIANA, de Santa-Fé de Bogota.

Secrétaire-rédacteur :

M. EUG. FOURNIER, docteur en médecine et ès sciences.

Ces choix sont accueillis par les applaudissements unanimes des membres du Congrès.

M. Du Mortier, président de la Société royale de botanique de Belgique, se lève et déclare que les botanistes étrangers ne sauraient accepter de s'asseoir au bureau à l'exclusion des botanistes français, dont aucun ne figure parmi les vice-présidents, et qu'ils ne voudraient en aucune façon profiter de cette preuve de courtoisie toute française. Sur la proposition de M. Du Mortier, vivement appuyée, M. Duchartre, membre de l'Institut, vice-président de la Société botanique de France, prend place au bureau en qualité de vice-président du Congrès.

Au nom du comité d'organisation, M. de Schœnefeld donne lecture d'un projet de programme des travaux du Congrès. Après quelques observations, ce programme, légèrement modifié, est arrêté de la manière suivante :

Programme des travaux du Congrès.

Vendredi 16 août. — Séance d'ouverture à huit heures du soir.

Samedi 17. — Visite à l'Exposition universelle. — Séance à huit heures du soir.

Dimanche 18. — Excursion à Fontainebleau.

Lundi 19. — Visite de l'herbier de M. Cosson, des parcs des buttes Chaumont et de Monceaux. — Séance à huit heures du soir.

Mardi 20. — Excursion à Verrières; visite des cultures de la maison Vilmorin-Andrieux.

Mercredi 21. — Excursion à Versailles; visite du potager impérial, des pépinières de Trianon, etc. — Séance à huit heures du soir.

Jeudi 22. — Visite de l'École de pharmacie et du Jardin-des-plantes. — Séance à huit heures du soir.

Vendredi 23. — Visite du Jardin-fleuriste de la ville de Paris et du Musée Delessert. — Séance de clôture à huit heures du soir.

Dimanche 25. — Herborisation et dîner d'adieu à Montmorency.

M. le Président rappelle au Congrès que dans les circulaires que la Société botanique a envoyées pour en préparer la réunion, deux questions principales ont été mises d'avance à l'ordre du jour : l'étude des *lois de la nomenclature* et celle de l'*influence du sol sur la végétation*. Il a préparé sur le premier de ces deux sujets, à la demande du comité d'organisation, et fait imprimer un texte qui doit servir de base aux discussions, et dont il distribue des exemplaires aux membres du Congrès. D'après l'avis des membres du bureau, il propose de nommer une commission qui étudiera d'abord ce texte et fera au Congrès un rapport sur lequel pourra s'engager la discussion.

Cette commission est nommée et composée de MM. Boreau,

Bureau, Cosson, De Candolle, Du Mortier, Eichler, J.-E. Planchon et Weddell.

Relativement à l'influence du sol sur la végétation, M. le Président annonce que plusieurs mémoires ont été envoyés ou sont annoncés, et que la discussion se produira naturellement après la lecture de ces mémoires.

Dons faits au Congrès.

1° Par M. Alph. de Candolle :

> *Lois de la nomenclature botanique.* Broch. in-8°, Genève, 1867.

2° Par M. Du Mortier :

> *Monographie des Roses de Belgique.*

3° Par M. Gœppert :

> *Verzeichniss der palœontologischen Sammlungen.*

4° Par M. J.-E. Bommer :

> *Monographie des Fougères;* 1re partie : *Classification. Considérations sur la panachure et la coloration des feuilles.*
> *Des matières colorantes des fleurs.*

5° Par M. Edm. Lefranc :

> *Des Chaméléons noir et blanc des anciens.*

6° De la part de M. Ant. Bertoloni :

> *Flora italiana cryptogama,* 2e partie.

7° De la part de MM. Cusin et Ansbergue :

> *Herbier de la flore de France.*

8° De la part de M. Ch. Contejean :

> *Les premiers habitants de l'Europe* (conférence scientifique).

9° Par M. Poluta :

> *Sur l'effet nuisible pour les animaux domestiques de la plante nommée dans la Russie méridionale plante-feu ou plante-ivre* (Stellaria graminea β. hippoctona *Czern.*).

10° De la part de M. Migout :

Flore du département de l'Allier.

11° Par M. C. Personnat :

Sur le Ver-à-soie du Chêne (conférence scientifique).

12° Par M. Karl Koch :

Einige Vorschlæge die Systematik betreffende.

13° Par M. Schultz-Schultzenstein :

*Ueber Pflanzenernæhrung, Bodenerschæpfung und Boden-
bereicherung.*

*Ueber den Stickstoffgehalt und den Ursprung des Stickstoffes
im Torf, mit Beziehung auf die Benutzung des Torfs als
Duenger bei der Pflanzencultur.*

14° Par M. Malbranche :

Lichens de la Normandie, 4ᵉ fasc. (*exsiccata*).

M. Barat dit que M. Migout, dans sa *Flore du département
de l'Allier*, lui a fait trop d'honneur en le citant pour la découverte d'un grand nombre de plantes. M. Barat ajoute qu'il a dû
à la tradition conservée par les botanistes locaux la connaissance de la plupart d'entre elles.

Lecture est donnée des lettres suivantes :

1° LETTRE DE **M. SCHNEIDER.**

M. le docteur Gustav L. Schneider, délégué de la Société des
sciences naturelles de Brême, transmet plusieurs exemplaires des deux
cahiers déjà publiés par cette Société, sous le titre d'*Abhandlungen
herausgegeben vom naturwissenschaftlichen Vereine zu Bremen*,
et exprime le désir que ces exemplaires soient distribués aux principales Sociétés savantes de France, avec lesquelles la Société des
sciences naturelles de Brême désirerait faire l'échange de ses publications.

2° LETTRE DE **M. Éd. DUFOUR.**

M. Édouard Dufour, président de la Société académique de la
Loire-Inférieure, 6, rue de l'Héronnière, à Nantes, fait savoir qu'il va

publier un exsiccata des plantes de l'ouest de la France ; les phanérogames de cette collection seront revues par M. Lloyd. M. Dufour
annonce en outre qu'il a entrepris la formation d'un herbier général
considérable, qu'il désire augmenter par la voie des échanges, et
invite les botanistes français et étrangers à entrer en relations avec
lui. Il a préparé dans ce but des prospectus en plusieurs langues
qu'il adressera à ses correspondants.

3e LETTRE DE **M. CUSIN.**

M. Cusin, aide-naturaliste au Jardin botanique de Lyon, présente
en son nom et au nom de M. Ansbergue, son collaborateur, leur
Herbier de la flore de France. Ce travail, dit-il, est produit par la
compression des plantes elles-mêmes sur la pierre lithographique.
On pourra lui reprocher souvent un défaut de netteté inhérent au
procédé ; on trouvera que les organes grossis, dessinés au bas des
planches, laissent à désirer sous divers rapports. Nous eussions pu
atténuer tous ces défauts par des soins minutieux, mais qui eussent
augmenté le prix de l'ouvrage, et notre but était de le mettre à la
portée de toutes les bourses, ainsi que l'on peut en juger par le prix
du volume qui est fixé à 20 francs par volume de 200 planches. Nous
sommes d'ailleurs tout disposés à faire droit à toutes les observations
que l'on voudra bien nous signaler, soit en ajoutant des planches à
celles déjà faites, soit en substituant de nouvelles épreuves à celles
qui seraient défectueuses.

Après la lecture de cette lettre, **M. J.** de Parseval-Grandmaison rappelle que **M.** Ansbergue, l'inventeur du procédé, a commencé par publier seul d'abord les *Graminées fourragères de la
France,* puis les *Plantes fourragères de la France,* et que ce
second travail a obtenu une médaille d'argent (grand module)
au concours régional de Mâcon, en 1865 ; il ajoute que le jury
du concours a regretté de ne pouvoir disposer d'une médaille
d'or en faveur de la belle publication de M. Ansbergue.

M. Germain de Saint-Pierre ajoute que **M.** Bonnet, ingénieur
en chef de la ville de Lyon et directeur du parc de cette ville,
a émis une opinion très-favorable sur l'ouvrage présenté. Les
auteurs étant souvent gênés par l'absence de bons échantillons,
qu'ils ne peuvent trouver à Lyon, dans l'herbier incomplet et

mal conservé de Seringe, M. Germain de Saint-Pierre invite les botanistes français à seconder MM. Cusin et Ansbergue par l'envoi de spécimens intacts et bien préparés (1).

4° LETTRE DÉ **M. CLÉMENÇON.**

M. Clémençon (de Hanau) adresse une collection de ses *Essais phytographiques*. Le procédé dont il se sert est moins coûteux que la galvanoplastie. Il espère le perfectionner encore, car, jusqu'ici, il n'a travaillé qu'avec une mauvaise presse et des instruments qu'il a dû construire lui-même.

5° LETTRE DE **M. DECAISNE.**

M. Decaisne, en transmettant les dessins de M. Clémençon, qui lui ont été remis par M. le général de Jacobi à son passage à Paris, fait remarquer que ces dessins sont d'un fini bien plus délicat que ceux qui proviennent de l'imprimerie impériale de Vienne, et qui ont reçu une grande récompense à l'Exposition de 1855.

6° LETTRE DE **M. DURANDO.**

M. Durando, bibliothécaire de l'École de médecine d'Alger, fait hommage de cinq années des *Comptes rendus annuels* de l'École de médecine et de pharmacie d'Alger, inaugurée en janvier 1859. M. Durando exprime dans sa lettre le désir que les botanistes européens viennent prochainement tenir à Alger un Congrès spécial ; ils verraient, dit-il, qu'il y a beaucoup de civilisation en Barbarie. On exécute des chemins de fer entre Alger et Oran, entre Carthagène et Bayonne ; et la Méditerranée pourra être traversée en dix heures par bateau à vapeur, de Carthagène à Oran.

7° LETTRE DE **M. BOUCHARD-HUZARD.**

M. Bouchard-Huzard, secrétaire de la Société impériale et centrale d'horticulture, invite, au nom de cette Société, les membres du Congrès à assister à la séance qu'elle doit tenir le jeudi 22 août, pendant la durée du Congrès.

M. de Candolle fait passer sous les yeux des membres du Congrès des échantillons du *Quercus Wartmanni*, nouvelle

---

(1) L'*Herbier de la flore de France* vient d'être honoré d'une médaille de bronze à l'Exposition universelle, et d'une médaille de vermeil de première classe au concours agricole de Lyon. Cet ouvrage se trouve chez M. F. Savy.

espèce de Californie, dont le gland est remarquable par un sillon circulaire situé bien au-dessus de la cupule, vers les deux tiers de la longueur totale.

M. Éd. Bureau dit qu'il a apporté de Nantes, en nombreux échantillons secs, des plantes intéressantes qu'il se propose de mettre à la disposition des membres du Congrès; savoir : le *Juncus tenuis* Willd., le *Coleanthus subtilis* Seidel, le *Malva mamillosa* Lloyd, et le *Viola Pesnei*, espèce du groupe du *Viola tricolor*, reconnue comme nouvelle par M. Génevier.

M. Du Mortier fait observer que le *J. tenuis* est fort abondant dans la Campine anversoise. Il demande si l'espèce de l'ouest de la France est bien la même que celle qui a reçu ce nom de la part des botanistes américains.

M. Bureau dit qu'il en a vu des échantillons envoyés d'Amérique par M. Asa Gray, complétement pareils à ceux que la Société botanique a recueillis en 1861 à la Jonnelière, pendant sa session extraordinaire de Nantes.

A ce propos, M. Du Mortier indique les plantes les plus intéressantes qui croissent avec le *J. tenuis* dans la Campine : *Subularia aquatica, Ledum palustre, Carex guestphalica, Scheuchzeria palustris, Andromeda polifolia, Utricularia minor, U. Breynii, U. neglecta, U. intermedia.* Il insiste sur l'intérêt que présenterait pour les botanistes français une excursion, soit dans cette contrée, soit dans les environs de Givet, et les invite, au nom de la Société royale de botanique de Belgique, à se joindre un jour à une des excursions annuelles que fait cette Société sur un des points du territoire belge.

M. Eug. Fournier, au nom des botanistes français présents à la réunion, dit qu'ils acceptent avec empressement et avec reconnaissance l'invitation qui leur est adressée au nom de la Société royale de botanique de Belgique.

Répondant aux demandes de quelques personnes, M. Du Mortier ajoute que les environs de Givet ont offert aux botanistes belges le *Trientalis europœa*, le *Coralliorrhiza innata*, l'*Artemisia camphorata*, l'*Hieracium fallax*, l'*Hutchinsia petrœa*, et une espèce de *Pirola* probablement nouvelle. Il ajoute que l'on peut, sans sortir de France, observer le *Trientalis* très-abondant aux environs de Saint-Omer. Il y a été reconnu par hasard. M. Biélé, horticulteur à Lille, avait fait à l'automne venir de la terre de bruyère de Saint-Omer, et fut fort étonné, au printemps suivant, de voir ses cultures envahies par le *Trientalis*.

D'après l'avis des membres du bureau, M. le Président propose au Congrès d'entendre d'abord les lectures scientifiques qui sont à l'ordre du jour, puis de passer à la discussion des lois de la nomenclature dont la commission nommée aura eu le temps de faire une étude approfondie.

Cette proposition est universellement adoptée, et la séance est levée à onze heures.

SÉANCES DES 17, 19, 21, 22 ET 23 AOUT (1).

Mémoires et communications.

PRÉSIDENCE DE M. ALPH. DE CANDOLLE.

M. Malbranche dépose sur le bureau le mémoire suivant :

DES GENRES EN BOTANIQUE,

Par M. MALBRANCHE,
Président de la Société des amis des sciences naturelles de Rouen.

(Extrait.)

Dans la plupart des ouvrages modernes, le nombre des genres va toujours croissant. Cette augmentation est-elle suffisamment justifiée? est-elle logique, nécessaire, utile? La science profite-t-elle au moins de cette multiplication qui gêne l'étude et fatigue la mémoire? Combien celle-ci gagnerait à la suppression d'un grand nombre, et si, en même temps, la première n'y perdait rien, avec quel empressement unanime ne devrions-nous pas en voter la déchéance!

Le nombre des genres a plus que décuplé depuis Linné; on en compte environ 8000. On ne peut nier que, depuis les travaux du legislateur de la botanique, les découvertes nouvelles, nombreuses, les investigations organographiques plus parfaites ont obligé d'augmenter les cadres; mais la limite ne serait-elle point dépassée? N'a-t-on pas quelquefois cédé au désir d'innover, de faire une dédicace flatteuse, de créer un nom qui fera plus ou moins bien son chemin avec celui du parrain. « Il est bien certain, a dit un auteur » moderne (2), que si les botanistes descripteurs n'avaient point la » mauvaise habitude de joindre le nom du parrain à chaque nom de » plante, cette ardeur créatrice, cette nouvelle espèce de prosélytisme » des botanistes médiocres n'existerait point..... Qu'en est-il résulté?

____

(1) Les séances ayant été fréquemment partagées entre l'audition des mémoires et des communications d'une part, et la discussion des lois de la nomenclature d'autre part, on a pensé qu'il serait préférable, pour faciliter l'intelligence de cette discussion, d'en imprimer le procès-verbal sans interruption. Dans ce but, on a rejeté ce procès-verbal après l'impression des mémoires.

(2) Payer, _Botan. cryptogam._, Préface.

» ajoute-t-il ; des connaissances nouvelles ? En aucune façon ; seule-
» ment la science qui comptait déjà les noms par centaines de mille,
» ce qui lui a valu de la part de quelques critiques le nom de
» science de mots, en compte quelques centaines de plus. »

Je reviens, et sans jeu de mots, aux genres sérieux. D'après quels principes divise-t-on sans cesse? Le créateur d'un genre prend-il assez de souci du profit, de la clarté ou de la confusion qui peut en résulter pour la science? Celui-là se place à un point de vue, celui-ci à un autre, et la synonymie de plus en plus confuse, à laquelle on pourrait bien appliquer cette épithète donnée par Fries à des Lichens litigieux, *crux botanicorum*, la synonymie va toujours s'allongeant pour la plus grande douleur des botanistes et pour le tourment de leur mémoire.

Déjà au XVIᵉ siècle, Gesner en Suisse, et Césalpin à Pise, avaient reconnu que ce sont les fleurs et les fruits qui offrent les caractères les plus certains pour l'établissement des genres. Linné fit faire à la science un pas considérable dans cette voie, mais ce furent les Jussieu, dont le nom est impérissablement attaché à la méthode naturelle, qui vraiment démontrèrent la prédominance et la valeur relative des caractères. Toutes les parties (organes) de la fructification n'ont pas la même importance, et les moindres différences dans la forme, les contours, la couleur, le nombre, la situation, la proportion, la pubescence, etc., etc., sont-elles des motifs suffisants pour faire des séparations et de nouveaux groupes d'ordre générique? Si l'on poursuivait rigoureusement cette méthode pour les diverses parties de la fleur, il ne resterait plus de caractères pour distinguer les espèces ; nous n'aurions plus que des genres.

Ainsi, dans la famille des Acanthacées, je vois la torsion ou la disposition parallèle des loges de l'anthère, l'avortement d'une de ces loges, être autant de motifs, bien légers, ce me semble, de créations génériques. Toutes les espèces de l'ancien genre *Vicia* ont le style barbu ou pubescent sous le sommet, mais quelques-unes ont ce style comprimé latéralement, d'autres d'avant en arrière; pour ce seul motif on a fait le genre *Cracca*. Aucune différence constante n'existe dans les autres parties: calice, corolle, étamines, gousse, semence. A la vérité, le pédoncule floral est plus long dans les *Cracca*, mais ce caractère n'a qu'une très-mince valeur.

Le genre *Bartsia* était caractérisé par une corolle bilabiée avec la lèvre inférieure trilobée. On s'est appuyé sur le port et sur la forme de la corolle pour former les genres *Trixago* et *Euphragia*; mais que la lèvre supérieure soit plus ou moins creusée en casque, et l'inférieure plus ou moins échancrée, sont-ce là des caractères d'ordre générique? Et le port, combien varie-t-il dans beaucoup de genres, sans que l'on ait encore, heureusement, songé à les diviser.

Une nouvelle preuve du peu de valeur de tous ces genres, c'est la divergence d'opinions et l'incertitude des botanistes qui font passer les mêmes plantes de l'un à l'autre, selon le point de vue où ils se placent. Ainsi l'*Ervum hirsutum* L. a été fait *Vicia hirsuta* par Koch, *Ervilia vulgaris* par M. Godron, et *Cracca minor* par Rivinus. L'*Ervum monanthos* a eu bien plus de parrains encore : pour le genre, il a été *Vicia* avec Desfontaines, Moris, Willdenow (*Hort. Ber.*), Loiseleur, Wallroth, *Lathyrus* avec Willdenow (*Species*); *Lens* avec Mœnch, Reichenbach, *Cracca* avec MM. Grenier et Godron; pour nom spécifique, il a eu *monanthos, stipulaceum, articulata* et *multifida*. On pourrait multiplier beaucoup ces exemples. Je m'arrête et je conclus de cette versatilité contre la solidité de ces genres.

Dans la cryptogamie, d'autres règles doivent présider à leur formation; la simplicité et l'uniformité plus grandes des organes de reproduction obligent à tenir compte de différences bien plus légères. Dans les Lichens, par exemple, la forme, la couleur, la division des spores doivent peut-être prendre rang parmi les caractères d'ordre générique. Mais convient-il bien de descendre jusqu'à des nuances dont l'appréciation n'est pas toujours facile? Je m'explique : les spores cylindriques allongées peuvent avoir le sommet aigu ou obtus, être en forme de doigt, de massue, de chenille, d'anguille, de vers, etc. Eh bien, ces légères variations dans la forme sont dans quelques ouvrages des caractères génériques. Le grand genre Acharien, *Lecidea*, en a ainsi fourni une vingtaine. De très-savants lichénographes allemands ont créé une foule de genres dont le moindre inconvénient est d'avoir souvent des noms peu euphoniques, mais un plus regrettable, c'est la fatigue qu'ils imposent à la mémoire obligée de retenir non-seulement un nom nouveau, mais toute une description qui, avec beaucoup de caractères communs à d'autres genres, comprend seulement une petite note différentielle. N'eût-il pas suffi d'inscrire cette petite note en tête d'une section? on aurait ainsi des sections formant des variétés dans le genre comme nous en avons dans l'espèce, et représentées, à un degré supérieur, par la tribu dans la famille.

La science sera-t-elle plus parfaite quand elle sera hérissée de mots qui en rendent l'étude si ardue et si laborieuse. La vie d'un botaniste ne suffit plus qu'à explorer un petit coin de ce champ immense. « Quand j'ouvre les livres qui sont chaque jour publiés sur » ces chères plantes, écrivait, il y quelques années, un des vétérans » de la cryptogamie, le docteur Mougeot, à Auguste Le Prévost, ils » me tombent des mains par l'impossibilité, que je reconnais de suite, » de pouvoir m'en servir. Nous avions du plaisir à nous amuser de » nos Lichens ; aujourd'hui, en voulant les étudier avec les Meyer, » les Fries, c'est un labeur qui nous fatigue, nous épuise et nous » fait abandonner prise. Ne nous reviendra-t-il pas un grand réfor- » mateur qui ramènera les choses à une simplicité saisissable. » Que pourrait-il écrire aujourd'hui des derniers ouvrages de l'école allemande.

Et ne pourrions-nous pas répéter avec plus de raison encore ces récriminations amères que Linné faisait entendre en voyant l'absence de toute règle dans la formation des genres : *Hinc tot falsa genera ! tot controversiæ inter auctores ! tot mala nomina ! tanta confusio !* Et il se demandait aussi si ces classifications n'avaient pas apporté à la science plus de perte que de profit : *nùm plus damni vel emolumenti attulerint systematici.*

Les flores locales, pour se montrer à la hauteur des connaissances du jour, ont adopté ces classifications nouvelles et ne seront bientôt plus comprises par les amateurs ni par les débutants auxquels je les crois surtout destinées. Faire connaître les plantes d'une certaine contrée aux personnes qui ne veulent pas embrasser une trop grande tâche, aider et encourager les jeunes gens qui s'essayent dans une carrière attrayante en ne leur présentant pas trop d'épines à l'entrée, ménager à tous un délassement agréable et sans fatigue, n'est-ce point là le but des flores locales, et ce but ne serait-il pas mieux atteint en simplifiant un peu une nomenclature trop savante ? Je ne sais si je me trompe, mais la botanique, cette science si séduisante par les objets dont elle s'occupe et les secrets merveilleux qu'elle dévoile, ne rencontre pas parmi les gens studieux le nombre de disciples qu'elle devrait réunir, et cet éloignement me semble dû, en partie, aux difficultés premières que je signale. On lit, on comprend encore la poésie des fleurs, on n'en connaît pas, on n'en étudie pas la science.

Dans une de ces flores estimées, auxquelles je fais allusion, je vois que la famille des Ombellifères comprend 40 genres dont 22 ne renferment qu'une seule espèce. Voyez à quels efforts de mémoire vous obligez celui qui veut borner ses études ou occuper agréablement ses loisirs. Sont-ce là, dans le sens attaché à ce mot, des genres, des associations d'espèces réunies par des caractères communs? Je sais bien que parfois des caractères d'ordre majeur obligent à isoler une espèce. On m'opposera aussi que ces espèces, *uniques dans leur genre*, ont des congénères dans les espèces exotiques. Eh bien, je prends au hasard un exemple dans un volume du *Prodromus :* La famille des Acanthacées compte 149 genres sur lesquels 38 n'ont qu'une espèce et 16 n'en comptent que 2.

Loin de moi la pensée de blesser les savants auteurs des flores locales dont je parle ; personne plus que moi n'apprécie leur haute science et leurs aimables relations ; mais je trouve dans ces réflexions un nouvel argument en faveur de ma thèse. Dans ce cas particulier encore, la science générale ne perdrait rien, les synonymes seraient indiqués, les formes décrites avec soin, et les éléments d'étude resteraient complets pour des vues d'ensemble, pour des déductions générales.

Je me résume : la création d'un grand nombre de genres n'est justifiée ni par les nécessités, ni par les progrès, ni par la correction de la science ; des sections, quand le caractère le mériterait, suppléeraient heureusement à l'établissement de nouveaux genres. Cette augmentation des genres, en compliquant nos études, impose à la mémoire d'inutiles fatigues. Elle est dans les flores locales une cause de difficultés et d'éloignement pour les débutants. J'ai étudié la question surtout peut-être au point de vue pratique ; de plus expérimentés pourront avec plus d'autorité l'examiner au point de vue scientifique, et fixer des règles qu'il ne m'appartenait pas d'indiquer.

M. Kirschleger fait au Congrès la communication suivante :

NOTICE TÉRATOLOGIQUE,

Par **M. F. KIRSCHLEGER**,

Professeur à l'École supérieure de pharmacie de Strasbourg.

On connaît depuis le XVIᵉ siècle (Lobel, Dodoëns, Tabernæmontanus, J. Bauhin, etc.) une anomalie très-fréquente chez les *Calendula* et chez les *Bellis ;* nous voulons parler de la naissance de rameaux calathiphores qui se développent à l'aisselle de l'une ou de l'autre feuille anthodiale, dans le *Calendula*.

Ces rameaux ressemblent à des satellites accompagnant et entourant le *soleil primaire*, c'est-à-dire le *capitule primiflore*. Dans les *Bellis*, les rameaux secondaires nés à l'aisselle des folioles anthodiales sont assez courts et donnent à l'ensemble l'air d'une fleur composée, double ou pleine (langage vulgaire).

Dans l'anomalie que nous avons l'honneur de vous présenter, messieurs, ce n'est pas un rameau calathiphore qui se développe, mais une simple fleur femelle ligulée blanche, à l'aisselle des feuilles anthodiales d'un *Leucanthemum pratense* (la Grande-Marguerite des prés). Et ce ne sont pas seulement les feuilles anthodiales qui laissent échapper ces fleurs femelles ligulées blanches, mais encore toutes les feuilles de végétation supérieures de la tige, et cela à partir de 5 à 6 centimètres au-dessous de la calathide terminale.

Ordinairement ces fleurs sont solitaires et sessiles, mais quelques-unes se trouvent réunies par deux ou trois, c'est-à-dire en capitule bi-triflore, axillaire, sessile.

C'est en vain que nous avons cherché dans les livres et dans les notices tératologiques l'indication de cette anomalie que nous croyons fort rare et par conséquent fort intéressante.

Ordinairement ce sont des rameaux calathiphores qui naissent à l'aisselle des feuilles supérieures de végétation et même des folioles anthodiales ; quant à des fleurs isolées, ligulées, femelles, semblables à celles du prétendu *rayon*, nous n'en avions jamais observé. Nous avons constaté cette singularité à la colline herbeuse de grès bigarré de Mutzig (Bas-Rhin).

L'autre fait dont nous avons à vous entretenir est semblable à celui que nous venons de vous faire connaître, mais il a trait au *Scabiosa Columbaria*.

Vous savez que dans les Scabieuses l'axe terminé par une calathide est nu à sa base, c'est-à-dire depuis la paire de feuilles supérieure jusqu'à l'involucre. Dans l'anomalie que nous vous présentons, deux feuilles opposées semblent s'être détachées de l'involucre (*Diremptio* Engelmann) et placées vers le milieu de cet axe ordinairement nu. A l'aisselle de chacune des feuilles de cette paire s'est développée une fleur sessile, radiante, semblable à celles de la périphérie des capitules.

Jamais cette singularité n'a été constatée dans les notices tératologiques que nous avons pu consulter, et pourtant nous sommes à l'affût de tout ce qui se publie à cet égard.

Nous avons trouvé cette anomalie dans les bois de la banlieue de Strasbourg, dits bois d'Illkirch, où la Société botanique, en 1858, a récolté en si grande abondance le *Thalictrum galioides* qui est le *Th. angustissimo folio* C. B., parfaitement figuré par cet éminent botaniste bâlois en 1620. En 1867, cette plante rhénane foisonnait dans cette localité.

Une autre anomalie que je vous présente est offerte par un chaton femelle de *Salix alba*, qui, piqué par un insecte, a produit une *polycladie*, c'est-à-dire une répétition continue des ramuscules nés à l'aisselle des bractées mères qui auraient dû normalement produire des inflorescences femelles.

M. Radlkofer dépose sur le bureau le travail suivant :

SUR LA FLEUR DES SAPINDACÉES,

Par **M.** le professeur **RADLKOFER**,
attaché au Jardin botanique de Munich.

Ce que je me propose de communiquer au Congrès, ce n'est qu'une petite notice préalable sur la structure de la fleur chez les *Sapindacées* et sur la structure de la graine, c'est-à-dire sur ce que l'on a appelé l'arille. Mes recherches sur ces points ne sont pas encore terminées et n'embrassent pas encore tous les genres; cependant je crois que les faits observés jusqu'à présent ne subiront pas de modifications importantes par des recherches ultérieures.

Vous savez, messieurs, qu'il y a parmi les Sapindacées des genres à fleurs régulières et d'autres à fleurs irrégulières, mais symétriques. La plupart d'elles sont construites sur le type quinaire. Je ne veux parler ici que de ces dernières.

Chez les *Sapindus*, par exemple, et également chez les *Cupania*, on observe ordinairement cinq sépales, dont la préfloraison est quinconciale, et dont l'un se trouve placé immédiatement contre l'axe primaire de l'inflorescence. Suivant l'ordre de la genèse, ce sépale est le deuxième. En un mot, c'est un calice pentaphylle et opisthaple (1). Avec ce calice alterne la corolle pentaphylle ; avec la corolle alterne un verticille de cinq étamines (superposées au calice), et avec celui-ci un deuxième verticille de cinq étamines (superposées

____
(1) Ce terme, qui n'est point en usage dans la botanique française, signifie *adossé*.

à la corolle). Ensuite on trouve un verticille de trois carpelles soudés en un pistil triloculaire; l'un d'eux est placé au-dessus de la bractée.

Chez les genres à fleurs irrégulières, cet ordre n'est pas renversé, il est seulement modifié par le développement particulier du torus en disque unilatéral, et par l'avortement de quelques étamines et de l'un ou de plusieurs des pétales. En ce qui concerne ce dernier point, on ne trouve presque nulle part d'interprétation bien correcte chez les auteurs. Les uns considèrent ce pétale avorté comme étant supérieur, les autres comme étant inférieur, d'autres enfin le considèrent comme étant le cinquième. Mais si l'on examine avec soin, on doit reconnaître que ce n'est ni le supérieur, ni l'inférieur, ni le cinquième ; c'est plutôt, suivant l'ordre de la genèse, le troisième, lequel est placé entre le sépale troisième et le cinquième, vis-à-vis du sépale quatrième. C'est par ce même quatrième sépale que passe l'axe de symétrie de la fleur, c'est-à-dire le diamètre sur lequel les parties intérieures de la fleur, je veux dire la corolle, les étamines et les carpelles, sont disposées symétriquement.

Pour bien comprendre ceci, il ne faut pas se borner à l'observation d'une fleur prise isolément ; il faut au contraire observer l'ensemble des fleurs réunies en une inflorescence.

L'inflorescence représente, dans les genres dont il s'agit ici, dans les *Paullinia*, *Serjania*, *Cardiospermum*, etc., ce qu'on appelle *cincinnus* avec M. Carl Schimper, de Mannheim, ou *cyme scorpioïde* avec MM. Bravais. Presque toujours, quand les fleurs d'une semblable inflorescence sont symétriques, l'axe de symétrie a dévié de sa position ordinaire, de sorte qu'il se rapproche le plus possible de l'axe sympodial ou idéal de l'inflorescence entière, pour devenir de cette façon presque parallèle avec lui (comme MM. Karl Schimper et Wydler l'ont démontré pour différentes plantes). La nature sacrifie pour ainsi dire ses propres règles de construction de la fleur à un but plus élevé, c'est-à-dire à la construction harmonique de toute une inflorescence.

Je n'ai à ajouter à ce que je viens d'énoncer que quelques mots concernant le disque et l'androcée. La symétrie de la fleur ne se borne pas à agir sur la corolle et à éliminer un des pétales. Elle affecte aussi le torus, particulièrement entre les pétales et l'androcée, et même l'androcée. Le torus est dilaté dans le sens de l'axe de symétrie, de façon que l'androcée et le gynécée tout entiers sont transportés du centre de la fleur vers le côté opposé au sépale

quatrième. Il suit de là qu'il y a deux centres dans la même fleur :
un pour le calice et la corolle, placé dans le prolongement du
pédoncule, et un autre qui est occupé par le pistil entouré des étamines et situé sur un point avancé de l'axe de symétrie. La partie
du disque située au-dessus de l'insertion du deuxième et du quatrième pétale (et souvent aussi celle située au-dessus de l'insertion
du premier et du cinquième pétale), est gonflée en excroissances
gibbeuses, qu'on appelle généralement des glandes.

Enfin, chez les genres à fleur symétrique, l'androcée n'est pas
complet ; généralement ce sont deux étamines qui ont été suppri-
mées dans le verticille extérieur, mais ce ne sont pas, comme on
serait disposé à le croire, celles qui sont traversées par l'axe de
symétrie ; c'est plutôt la quatrième, située au-dessus du sépale premier, et la cinquième au-dessus du sépale second. Chez l'*Æsculus*, par
exemple, c'est encore la deuxième, au-dessus du sépale quatrième ;
enfin ce sont, pour nous exprimer d'une autre manière, celles qui
se trouvent renfoncées entre les excroissances du disque, et qui sont
pour ainsi dire étouffées dans leur développement. Le verticille
intérieur est complet. C'est en ce point que je diffère de l'opinion
exprimée par M. Payer dans ses leçons sur les familles naturelles,
lequel prétend que le verticille extérieur et épicalicien est complet.
Je veux bien admettre qu'il soit difficile de se mettre entièrement
hors de doute sur ce point. Il faut étudier pour y arriver la direction
des faisceaux fibro-vasculaires, surtout dans les phases de développement où le disque n'a pas encore pris une forme trop irrégulière.
Un fait tend encore à confirmer mon opinion, c'est que le pétale
supprimé est ordinairement celui qui devrait occuper une place
entre deux glandes du disque.

En ce qui concerne l'arille de la graine, il faut, il me semble,
distinguer l'arille proprement dit, qui est pour ainsi dire un
troisième tégument de la gemmule développé pendant l'accroissement de celle-ci en graine mûre, des différentes transformations
du tissu de la gemmule que l'on peut appeler pseudo-arilles. C'est
un semblable pseudo-arille qu'on rencontre, à mon avis, chez les
Cardiospermum, et probablement aussi chez les *Paullinia*, etc. Ce
n'est autre chose que le tissu basal de la gemmule, placé entre le
funicule et la gemmule proprement dite, qui se transforme en masse
spongieuse, et qui se sépare du funicule et plus tard aussi du testa
de la graine. Chez le *Cardiospermum*, on voit prendre part à cette

transformation le tissu qui environne l'insertion du funicule et même les parties du tégument qui entourent le micropyle : développement qui ne peut jamais être interprété comme un arille proprement dit, car celui-ci, étant un troisième tégument, ne pourra naître que de la partie axile, c'est-à dire du funicule de la gemmule, et non des téguments eux-mêmes.

M. Auguste Rivière met sous les yeux du Congrès des Orchidées fleuries, et fait la communication suivante :

SUR UN *LÆLIA* HYBRIDE, ET SUR LA FÉCONDATION DES ORCHIDÉES,

Par M. Aug. RIVIÈRE,
Jardinier en chef du Luxembourg.

J'ai déjà eu l'honneur de mettre sous les yeux de la Société impériale et centrale d'horticulture, le 24 août 1865, la plante intéressante que je présente aujourd'hui au Congrès (1). Elle provient d'un croisement fait entre deux espèces très-distinctes d'un même genre : les deux parents sont le *Lælia crispa*, plante-mère, épiphyte, et le *Lælia cinnabarina*, plante-père, terrestre.

Avant de retracer les caractères de mes semis, je crois devoir donner ici approximativement ceux des deux parents, afin de mettre chacun à même d'apprécier les différences qui existent entre eux :

1° Caractères du *Lælia crispa*, plante-mère. — Les pseudo-bulbes assez gros, en forme de massue, mais un peu aplatis, sont longs de 20 à 25 centimètres, garnis, dans toute leur hauteur, de 6 ou 8 écailles sèches et engaînantes ; la première, celle du bas, est très-petite, tandis que la dernière, qui est très-longue, enveloppe les deux tiers du pseudo-bulbe dans sa hauteur, et le dépasse même quelquefois de 1 à 2 centimètres. Celui-ci est terminé par une seule feuille épaisse, coriace, presque plane, longue de 30 à 40 centimètres, large dans sa partie moyenne de 6 à 7 centimètres. Quand les pseudo-bulbes sont normaux, c'est-à-dire de force à fleurir, il existe à l'aisselle de la feuille une spathe coriace, longue d'environ 15 centimètres et large de 2 ou 3.

Du centre de cette spathe sort, en juillet-août, une hampe de 20 à 30 centimètres, et portant 5 à 8 fleurs grandes, odorantes et à 6 divisions ; 5 de ces divisions sont blanches. Les trois extérieures,

(1) Voy. le *Journal de la Société impériale et centrale d'horticulture*, t. XII, p. 268.

longues de 6 à 7 centimètres, larges de 2, sont terminées en pointe et un peu tourmentées ; les deux autres, intérieures, sont de même longueur, mais beaucoup plus larges que les trois autres, car, dans leur partie moyenne, elles mesurent 3 centimètres et demi de largeur. Ces deux dernières divisions sont un peu ondulées, etc.

Le labelle, qui forme la 6ᵉ division, est long de 5 centimètres environ ; les deux parties latérales viennent s'appuyer sur le gynostème, mais sans le cacher entièrement ; elles se terminent en lobes obtus. Le lobe médian, long de 2 centimètres, est crispé ; les deux bords en sont rapprochés et d'une couleur violette très-intense. Le gynostème est assez gros, un peu arqué, d'une couleur blanche et long de 2 centimètres et demi à peu près.

2° Caractères du *Lælia cinnabarina*, plante-père. — Les pseudo-bulbes, longs de 12 à 20 centimètres, sont renflés à la base et vont en diminuant de grosseur jusqu'à leur sommet, ce qui leur donne la figure d'un cône très-allongé, souvent de couleur brune ou violacée ; ils sont garnis de quatre écailles sèches, engaînantes, de couleur grisâtre. La dernière de ces écailles enveloppe à peu près les trois quarts de chaque pseudo-bulbe dans sa hauteur, et le dépasse aussi quelquefois de 1 ou 2 centimètres.

Une feuille épaisse, coriace, presque verticale, longue de 20 à 30 centimètres, large de 3 ou 4 et un peu en pointe, est placée au sommet du pseudo-bulbe. A l'aisselle de cette feuille, on remarque, quand la plante est prête à fleurir, une spathe sèche, mince, grisâtre, pointue, du centre de laquelle s'élance une hampe flexueuse, longue de 30 à 50 centimètres, où s'épanouissent, en juillet-août, 10 ou 15 fleurs de moyenne grandeur et d'une très-belle couleur d'un rouge cinabre. Il y a, comme dans la plante-mère, six divisions au périanthe ; les trois extérieures sont longues de 3 à 4 centimètres, et larges d'environ 1 centimètre ; les deux autres, intérieures, sont un peu plus étroites. Toutes sont aiguës, un peu arquées, étalées, etc. Le labelle est d'une couleur plus foncée ; les parties latérales, terminées en lobes très-aigus, s'appuient sur le gynostème, lequel se trouve, par cela même, entièrement caché. Le lobe médian, ondulé et crispé, se réfléchit assez brusquement. De chaque côté du lobe médian, qui se trouve entre les deux lobes latéraux, il existe un sinus très-profond. Le gynostème, à peine long d'un centimètre, est de couleur violacée, etc.

3° Caractères du *Lælia* de semis. — La plante obtenue par la fécondation artificielle du *Lœlia crispa* et du *Lœlia cinnabarina*, dont nous venons de signaler les caractères d'une façon très-abrégée, possède des pseudo-bulbes longs d'environ 20 centimètres, renflés et légèrement ovales vers le milieu ; les extrémités sont plus minces que le milieu ; cette conformation leur donne assez la figure d'un fuseau allongé un peu aplati. Six écailles sèches, minces, grisâtres, se déchirant quelquefois, adhèrent aux pseudo-bulbes et les enveloppent complétement ; la dernière, beaucoup plus longue que les autres, prend naissance vers le tiers de la hauteur de chaque pseudo-bulbe et le dépasse de 1 à 2 centimètres, comme dans les deux parents. Une feuille coriace, épaisse, longue de 25 à 28 centimètres, large de 4, un peu arquée, contournée, obtuse, parfois un peu violacée en dessous, termine le pseudo-bulbe ; quand la plante est de force à fleurir, il y a, à l'aisselle de cette feuille, une spathe longue d'environ 14 centimètres, large de 2, du centre de laquelle se détache une hampe assez grêle, de 30 centimètres de longueur, portant 2 ou 3 fleurs odorantes, larges de 8 à 10 centimètres.

Les divisions du périanthe sont d'un jaune pâle terne ; les trois extérieures sont longues de 4 à 5 centimètres, larges de 15 millimètres, aiguës et presque planes ; les deux inférieures sont de même longueur et de même largeur que les extérieures, sont un peu ondulées, tourmentées, et les bords en sont un peu roulés en dessous. Le labelle est d'un jaune plus intense ; il est long de 4 centimètres à peu près. Les parties latérales qui cachent le gynostème se terminent en lobes arrondis, etc. Le lobe médian est réfléchi, recourbé et crispé. Le gynostème, long à peine de 2 centimètres, est un peu courbé et de couleur violacée : il diffère de celui du *Lœlia crispa* ; mais, par sa forme et sa couleur, il se rapproche de celui du *Lœlia cinnabarina*.

La touffe de ce *Lœlia* étant composée de plusieurs individus, nous y avons observé, au moment de la floraison, trois variétés bien distinctes : l'une a le labelle unicolore ; la seconde a les lobes latéraux teintés de violet ; enfin la troisième, qui est la plus belle, et dont les fleurs sont aussi un peu plus grandes, a les trois lobes du labelle d'un rouge violacé.

D'après la description succincte que nous venons de donner de ces trois plantes, il est facile de voir que notre semis tient le milieu entre le père et la mère ; mais, par l'ensemble de son port, de son inflorescence et de la forme de ses fleurs, on y reconnaît parfaitement le *Lœlia crispa* (plante-mère).

Je crois ne devoir point passer sous silence un caractère important à mon point de vue : c'est l'époque de végétation de ces trois plantes.

J'ai dit un peu plus haut que le *Lælia crispa*, plante-mère, donne ses fleurs en août-septembre. Aussitôt après leur chute, on voit les bourgeons se développer, s'allonger et se former en pseudo-bulbes, feuilles, spathes, etc. Ce travail commence vers la fin d'octobre pour se terminer en mars-avril. De ce moment jusqu'à l'époque de la floraison, la plante se constitue. L'inflorescence ne se développe donc, comme on peut en juger, que lorsque la plante a parcouru toute sa période végétative.

Le *Lælia cinnabarina*, plante-père, a au contraire un mode de végétation tout différent : ses pseudo-bulbes, ses feuilles et ses spathes se forment pendant l'été, et ce n'est que dans l'année suivante que la hampe se montre pour faire voir ses jolies fleurs d'un rouge cinabre.

Mais, dans la variété issue de ces deux espèces, la végétation commence dès le printemps pour se continuer au delà même de la floraison. Le moment du repos de la végétation de ce curieux hybride est donc du mois d'octobre au mois de mars.

La première fleur de l'hybride que je présente au Congrès est apparue le 22 août 1865, sept ans après le semis des graines.

Un grand nombre de semis de graines d'Orchidées ont été faits par mes soins au Jardin botanique de la Faculté de médecine de Paris, récemment supprimé à la suite des changements introduits dans la disposition du jardin du Luxembourg, lequel comprend maintenant ce qui reste des anciennes collections de la Faculté.

La collection du Jardin de la Faculté avait été commencée, en 1838, au moyen d'un envoi de plantes fait par M. Peixoto, médecin de l'empereur du Brésil. Ce noyau de collection, composé de 33 espèces, avait été adressé à M. Achille Richard, professeur de botanique, qui le confia aux soins de M. L'Homme, son habile jardinier en chef.

Au moyen d'échanges faits à diverses reprises avec différents horticulteurs et amateurs distingués, tels que MM. Cels, Makoy, Thibaut et Kételèer, Lüddemann, Chantin, Luna, Milleret, Guibert, Pescatore, etc., le nombre de ces plantes s'accrut successivement, et, aujourd'hui, la serre aux Orchidées en contient environ 1200 espèces ou variétés.

Après quelques années d'études et de tâtonnements sur leur végétation particulière et exceptionnelle, M. L'Homme était parvenu à établir, et le mode de culture actuellement employé, et la multiplication de ces plantes par division ou section de leurs pseudo-bulbes.

Vers 1840, il confia à mes soins, sous sa direction, ces nouvelles plantes. Au bout d'un certain temps, il me vint à l'idée de les multiplier par semis; mais, pour arriver à ce résultat, il fallait nécessairement des graines. Je voyais sans cesse fleurir ces plantes, qui gardaient leurs fleurs plus ou moins longtemps selon les espèces, puis je les voyais défleurir, ne laissant pour souvenir d'une si belle apparition que des pétales fanés et des tiges dégarnies.

En observant attentivement, je remarquai que, les fleurs une fois flétries, l'ovaire prenait une teinte jaunâtre, diminuait au lieu d'augmenter de volume, et qu'enfin le périanthe tombait, entraînant dans sa chute, avec l'ovaire non fécondé, tout espoir de fructification. Pourtant, disais-je, elles doivent produire des graines.

Un fait bien simple et bien naturel vint enfin me révéler le mystère.

Un jour, en soulevant un châssis pour donner de l'air à la serre des Orchidées, je fus surpris par le bourdonnement d'un gros bourdon noir, qui entra brusquement dans la serre, et se jeta sur la fleur d'un *Cattleya Mossiæ*, en s'agitant avec vivacité. Quelques jours après, la fleur du *Cattleya* prenait une forme nouvelle; ses sépales s'étaient élargis et recourbés à leur base, rapprochés à leur sommet; son ovaire s'était gonflé et avait grossi; on eût dit que le fruit allait se former, et il se forma en effet.

Je compris parfaitement alors la manière dont s'était accomplie cette fécondation, et, imitant le travail de l'insecte, j'opérai moi-même une fécondation artificielle, opération très-simple, surtout lorsqu'on connaît les organes sexuels des plantes de cette famille.

En y réfléchissant, je compris facilement combien la fécondation naturelle doit être difficile chez les Orchidées (1). Tout s'y oppose, pour ainsi dire, et particulièrement les raisons suivantes :

1° *La nature toute particulière du pollen.* Contrairement à ce qui a lieu chez toutes les espèces de plantes, dont le pollen est pulvérulent, celui des Orchidées, comme celui des Asclépiadées, qui fait aussi exception, est solide, c'est-à-dire que les grains en sont agglutinés en masses désignées sous le nom de *pollinies*.

---

(1) J'ai besoin de rappeler que ces observations ont été faites il y a plus de vingt ans, avant la publication des travaux de M. Ch. Darwin, de M. Beer et d'autres naturalistes.

2° *La persistance de l'opercule*; c'est-à-dire que, lorsque la fleur est arrivée au terme de son existence, quand tous les pétales ont perdu leur couleur, qu'ils se sont affaissés sur le gynostème, on voit celui-ci tout décomposé, portant encore à son sommet les masses polliniques emprisonnées sous l'opercule. — Où sont donc les mouvements organiques qui le jettent au loin?

3° *La position du gynostème*, qui offre cette particularité que, dans presque toutes les espèces, le stigmate est tourné vers le sol. De là l'impossibilité du rapprochement sexuel.

4° *Le labelle souvent appliqué sur le stigmate*, de sorte qu'il en cache complétement l'ouverture. Les masses polliniques, étant placées au-dessus, tombent sur le labelle, puis dans le vide, si l'opercule vient à se détacher; les *Epidendrum*, les *Cattleya*, les *Lælia*, etc., en offrent de remarquables exemples.

5° Dans le *Zygopetalum Mackayi*, etc., l'opercule se détache de haut en bas, emportant dans sa chute les masses polliniques qui, emprisonnées dans l'opercule, s'en séparent difficilement.

6° *La bizarre conformation du labelle*, qui quelquefois enveloppe le gynostème, et dont la partie supérieure vient s'appuyer sur l'opercule et empêche ainsi tout mouvement de celui-ci. Ce caractère se remarque dans plusieurs espèces du genre *Aerides*, et plus particulièrement dans les *A. odoratum, virescens, suavissimum*, etc.

7° *L'entrée du stigmate*. Dans quelques espèces, le stigmate est recouvert par un appendice, en forme de rabat, qui en ferme complétement l'entrée. Ce caractère est très-remarquable dans la Vanille; ce qui explique la rareté des fruits de cette plante.

8° *L'ouverture de la partie stigmatique* est tellement étroite dans certaines plantes, que tout contact des organes mâles et femelles est impossible naturellement. Tel est particulièrement le cas du *Peristeria elata*, des espèces du genre *Stanhopea*, de quelques-unes du genre *Vanda*, surtout du *Vanda tricolor*.

9° *La sortie impétueuse des masses polliniques de certains genres.* Ces masses, dans les genres *Catasetum* et *Myanthus* (1), sont douées d'une sorte de mouvement si brusque, par rapport à la position qu'occupe le caudicule, que, lorsqu'on vient à toucher l'opercule de la fleur de l'une des nombreuses espèces de ces deux genres, elles sont lancées à plus d'un mètre de distance avec une telle vitesse que

____

(1) Je désigne ici des formes connues sans en vouloir préciser le type. Il serait difficile de se faire comprendre autrement.

l'œil peut à peine les suivre. J'ai été bien des fois à même d'observer ce fait des plus singuliers et des plus extraordinaires sur le *Catasetum tridentatum*, fait qui démontre encore une fois de plus l'impossibilité de la fécondation naturelle des plantes de cette étrange famille des Orchidées.

Si, par hasard, certaines Orchidées se fécondent dans nos serres, cela n'est dû qu'à la présence de grosses mouches, comme le xylocope violet, l'abeille ordinaire, etc.

Parfois encore, quelques autres plantes, dont les organes présentent quelques anomalies, semblent se féconder seules; cela se remarque dans un petit nombre d'espèces (*Epidendrum aurantiacum, Maxillaria punctulata, Centrosia Aubertii*, etc.); car le peu d'harmonie qui existe entre les organes mâles et l'organe femelle rend impossible tout contact immédiat et naturel de l'anthère avec le stigmate, et par conséquent la fécondation naturelle est inadmissible. Du reste, les graines de ces Orchidées sont stériles. Ce peu d'harmonie explique, jusqu'à un certain point, l'opinion assez excentrique de Tragus, qui attribuait aux merles la faculté d'*engendrer* ces plantes.

Pour opérer la fécondation artificielle des Orchidées, il suffit, dans le plus grand nombre des cas, d'enlever l'opercule qui coiffe les masses polliniques; puis, à l'aide de brucelles, d'un petit pinceau, ou d'une très-petite spatule de bois, on touche au rétinacle qui supporte l'appareil sexuel mâle et se colle aux corps qui le touchent; on transporte alors les masses polliniques qu'on a ainsi enlevées jusque dans la matière gluante de l'organe femelle, où elles restent adhérentes.

Cette opération exige beaucoup de délicatesse et de précaution.

Dans le genre *Stanhopea*, l'opercule est articulé, c'est-à-dire qu'il est retenu, à sa partie dorsale, par un petit corps filiforme. Les deux masses polliniques, en forme de cuiller très-allongée et un peu fermée, peuvent très-facilement être détachées sans qu'on soit obligé de lever l'opercule. Il suffit pour cela de toucher le rétinacle qui est assez apparent.

Quelquefois, on est forcé d'appliquer fortement les masses polliniques sur l'organe femelle, si l'ouverture de celui-ci est très-étroite, ce qu'on peut remarquer dans le *Peristeria elata*, dans les espèces et variétés du genre *Stanhopea*, dans quelques-unes du genre *Vanda*, particulièrement dans le *Vanda tricolor*, etc.

Nous avons dit que, pour opérer la fécondation des Orchidées, il suffisait, dans le plus grand nombre des cas, quand les masses polliniques étaient caudiculées, de toucher au rétinacle qui est très-variable aussi dans ses formes, et qui, le plus souvent, est très-apparent. Mais dans une espèce d'*Odontoglossum*, l'*O. bictoniense*, le rétinacle, de la même longueur que le caudicule, est placé dans une sorte de fourreau presque en suspension, au-dessus et au milieu de l'antre stigmatique ; de sorte que, pour opérer la fécondation des Orchidées qui offrent cette particularité, il faut toucher le talon du rétinacle, à la base du caudicule, ou bien saisir, quand l'opercule est tombé, les masses polliniques avec des brucelles.

Dans certaines espèces du genre *Epidendrum*, la fécondation artificielle est assez difficile à opérer, parce que le labelle est fortement appliqué sur le gynostème et bouche presque complétement l'entrée du stigmate, qui est très-étroite. Il faut alors déchirer le labelle afin de se donner plus de facilité pour opérer.

Pour la fécondation du genre *Dendrobium* et des espèces analogues, il faut tremper le petit pinceau dont on se sert dans la liqueur stigmatique ; on soulève l'opercule, et les masses polliniques, qui ne possèdent ni caudicule ni rétinacle, tombent sur le labelle ; on les enlève alors au moyen du pinceau enduit de liqueur, et on les enferme dans la cavité du stigmate.

Les organes sexuels des Cypripédiées ont une disposition toute différente ; on ne remarque ni opercule, ni caudicule, ni rétinacle aux organes mâles. Ceux-ci, au nombre de deux, sont placés et soudés de chaque côté du gynostème, et se montrent sous la forme de petits corps glanduleux courbés vers le labelle et supportant chacun deux masses d'un pollen mou et gluant. Immédiatement au-dessus des organes mâles, on voit le gynostème se diviser en deux parties. La partie supérieure est très-élargie, d'une couleur jaune, brune ou verdâtre, selon les espèces, et d'une forme plus ou moins arrondie, ayant à sa partie inférieure une échancrure quelquefois très-prononcée. Cet appendice, par la position qu'il occupe, semblerait remplir les fonctions d'opercule pour abriter ou protéger les organes staminaux ; mais il paraît, d'après les observations de divers botanistes, que c'est une étamine avortée. La seconde partie, qui est inférieure par rapport à la position de la fleur, est moins grande, d'une couleur blanche et d'une forme toute particulière, rappelant assez ce Champignon pédiculé qu'on rencontre quelquefois sur les Bouleaux et qu'on désigne sous la dénomination de *Boletus vernicosus ;* c'est l'organe femelle. Il est recourbé, et sa face stigmatique est tournée vers le labelle. Cet organe, dans le genre *Cypripedium*, est complétement emprisonné par les bords du labelle qui le recouvre entièrement, et semble soutenir ce dernier.

La fécondation artificielle des belles plantes qui composent le groupe des Cypripédiées est une opération assez minutieuse à exécuter. Il suffit cependant de prendre sur les deux étamines ce pollen glutineux dont nous avons déjà parlé, et de le transporter sur l'orifice stigmatique qui se trouve presque en contact avec le labelle, et qui n'est point visqueux comme dans les autres Orchidées. Pour faire plus facilement cette opération, il faut, dans les genres *Cypripedium* et *Selenipedium*, appuyer fortement sur le labelle, afin de dégager complétement l'organe femelle.

Les masses polliniques de la Vanille n'ont ni caudicule, ni rétinacle, et sont presque adhérentes à l'opercule, qui, dans ce genre, est articulé. Pour opérer la fécondation, il faut détacher l'opercule avec des brucelles : ensuite, à l'aide d'un petit pinceau dont on a coupé les poils à moitié pour leur donner plus de consistance, on enlève le pollen par la pression et on le transporte immédiatement sur l'organe femelle, en ayant bien soin, toutefois, de soulever l'appareil qui cache cette partie ; sans cette précaution, le rapprochement des organes sexuels est impossible, et par conséquent la fécondation ne peut avoir lieu. Cependant, si l'on veut encore opérer la fécondation avec plus de facilité et de sûreté, il est utile, et même nécessaire, de fendre le labelle dans toute sa longueur.

Le moment de la fécondation, pour le plus grand nombre des espèces, arrive à partir du deuxième jour de la floraison, depuis 10 heures du matin jusqu'à 4 heures du soir ; mais le genre *Vanilla* fait exception, l'épanouissement du périanthe ou plutôt de la fleur ayant lieu chez lui vers 5 heures du matin et cessant à 10 heures de la même matinée. Il faut donc opérer de 7 heures à 9 heures 1/2 ; passé cette limite, les parties de la fleur se flétrissent et l'opération ne donne aucun résultat.

Quoique l'opération de la fécondation artificielle des Orchidées ne soit pas difficile à exécuter, on ne réussit cependant pas toujours, et bien des fois j'ai échoué dans mes tentatives. Certaines observations m'ont appris que bien des fleurs ne peuvent être fécondées par leur propre pollen. Je ne citerai qu'un fait à cet égard.

Vers l'année 1860, j'essayai de féconder un *Oncidium Cavendishianum* avec son propre pollen : les fleurs restèrent stériles. Prenant alors du pollen sur un pied différent, j'obtins des fruits fertiles : je fis ensuite le contraire, transportant le pollen du pied devenu fertile sur le stigmate de celui qui m'avait servi à le féconder. Le résultat fut satisfaisant.

Aussitôt que l'acte de la fécondation est accompli, on voit, quand il est complet, les bords de l'antre stigmatique se gonfler, celui-ci se fermer, les sépales se rapprocher et changer de couleur ; l'ovaire prend en même temps un accroissement assez rapide, très-rapide même, dans les premiers jours qui suivent la fécondation.

Quelquefois l'effet contraire a lieu ; c'est ce que nous avons remarqué dans une espèce du genre *Stanhopea*. Après la fécondation parfaitement opérée, l'ovaire est resté longtemps inerte, c'est-à-dire sans développement ; sa couleur verdâtre était le seul signe de son existence ; il demeura dans cet état pendant plusieurs mois ; mais tout à coup il prit une vigueur nouvelle et se développa avec une rapidité extraordinaire.

Quant à la maturité du fruit, elle a lieu, selon les espèces, après un espace de temps plus ou moins long. Le fruit de la Vanille, par exemple, met une année entière pour arriver à sa parfaite maturité !

On reconnaît très-facilement les fleurs sur lesquelles la fécondation artificielle n'a pas réussi : leur ovaire jaunit ou noircit, puis il se détache et tombe au bout de quelques jours, etc.

Les remarques que je viens de présenter ont été insensiblement amenées par les expériences faites depuis 1843. Dès cette année, je soumis à l'expérience les plantes suivantes :

Cattleya Mossiæ, *Stanhopea tigrina*, *S. oculata*, *Gongora maculata*, *Leptotes bicolor*, *Epidendrum crassifolium*, *E. radiatum*, *E. cochleatum*, *Chysis bractescens*, etc.

Le résultat des essais que je tentai fut heureux, et j'en suivais attentivement les progrès, c'est-à-dire le développement des ovaires, qui prenaient un accroissement rapide. Mais bientôt des horticulteurs et des amateurs vinrent visiter la serre où se trouvaient mes plantes. En les voyant chargées de fruits nombreux, ils firent des observations qui parurent fondées au jardinier en chef. Les plantes ainsi fécondées, disaient-ils, devaient s'altérer et ensuite périr. Hélas ! on conclut de là qu'il fallait cesser les fécondations artificielles, et même qu'il fallait retrancher tous les fruits. Le jardinier en chef voulait, avant tout, conserver des plantes qu'il aimait tant, et, sous ce rapport, il avait parfaitement raison.

Je dus donc exécuter ses ordres, et, le lendemain, toutes les plantes étaient dégarnies de leurs fruits, à l'exception d'une seule que j'avais pu obtenir de laisser intacte. C'était l'*Epidendrum crassifolium*.

Cependant un pas était déjà fait. Cette fécondation m'avait démontré que, par la forme des fruits, on pouvait facilement, dans les grands genres, former des groupes parfaitement distincts. Pour en donner un exemple, disons que les *Epidendrum cochleatum*, *radiatum*, *fragrans*, etc., qui ont les pseudo-bulbes en forme de massue un peu aplatie, donnent des fruits ailés, tandis que les espèces à pseudo-bulbes ovoïdes ou arrondis, comme les *Epidendrum ionosmum*, *ochranthum*, *phœniceum*, *atropurpureum*, etc., ont les fruits oblongs et sans ailes. Enfin, les espèces de ce même genre, dont les tiges sont longues et cylindriques, comme l'*Epidendrum crassifolium*, etc., ont encore des fruits d'une forme particulière. Je remarquai, en outre, que les pseudo-bulbes qui naissaient sur des plantes munies de fruits devenaient *une fois plus forts*, ou au moins *aussi vigoureux* que les autres.

Ces expériences furent reprises plusieurs fois, mais, par des circonstances toutes particulières, que je ne puis rapporter ici, je ne pus les poursuivre que quand je fus moi-même chargé de la direction du jardin du Luxembourg, et débarrassé des obstacles que m'avait opposés l'autorité de mes supérieurs (1). Aussi ai-je eu la douleur de voir mes expériences, qui avaient donné l'éveil, reprises en Angleterre et en Allemagne par des horticulteurs plus entreprenants que les horticulteurs français, et couronnées bientôt de résultats importants et pratiques. C'est là une nouvelle preuve des entraves qu'une routine aveugle impose souvent à la marche de la science et surtout de la science horticole.

(1) C'est une de mes tentatives qui a permis à M. Éd. Prillieux de soumettre à l'examen microscopique la germination de l'*Angrecum maculatum*, sur laquelle nous avons publié un mémoire spécial dans les *Annales des sciences naturelles*, 4ᵉ série, t. V, cahier nᵒ 3.

M. J.-E. Planchon demande à M. Rivière si l'hybride observé par lui est fertile ou stérile, et, dans le premier cas, quelles sont les conditions de sa fertilité.

M. Rivière répond qu'il a réussi à féconder artificiellement cet hybride par lui-même, et qu'il en a récolté des graines.

M. Planchon fait observer que c'est généralement le pollen qui est stérile dans les hybrides; que, du moins, il l'a toujours trouvé tel.

M. Rivière dit que le pollen s'est trouvé complétement fertile chez le *Lælia* hybride, au contraire de ce qu'il est chez les *Catasetum* et chez les formes singulières connues sous le nom de *Myanthus*.

M. Ed. Morren rappelle que feu le professeur Ch. Morren, son père, est le premier qui ait réussi à féconder artificiellement des Orchidées, en 1836. Les gousses de Vanille obtenues alors par lui l'ont été depuis dans plusieurs établissements. M. Morren ajoute que les expériences d'hybridation faites par M. Rivière l'ont été presque à la même époque par M. Dominy, chef de culture de MM. Veitch.

M. J.-E. Planchon dit qu'il ne faudrait pas généraliser d'une manière absolue l'observation de M. Ch. Darwin, d'après laquelle peu d'Orchidées devraient la fertilité à leur propre pollen. Il cite notamment l'*Ophrys scolopax*, et l'*Ophrys apifera*, dans lesquels la longueur des caudicules permet que le stigmate soit fécondé par un simple abaissement des masses polliniques.

M. Rivière ajoute qu'il n'a vu fructifier l'*Oncidium Cavendishianum* qu'en fécondant entre elles des fleurs de pieds différents.

M. Weddell dépose sur le bureau des échantillons de diverses espèces de Quinquina, et fait la communication suivante :

SUR LA CULTURE DES QUINQUINAS,

Par M. H.-A. WEDDELL.

Messieurs,

C'est avec une vive satisfaction que je me vois chargé, par mon ami M. J.-Eliot Howard, de Londres, d'appeler l'attention du Congrès sur les échantillons que j'ai l'honneur de déposer sur le bureau. Cette satisfaction, vous la comprendrez et vous la partagerez, je crois, lorsque vous saurez que les écorces mises sous vos yeux ont été retirées de caisses débarquées, il y a quelques jours, sur les quais de Londres, et renfermant la première récolte que les plantations de *Cinchona* de l'Inde anglaise aient livrée au commerce européen. Ces écorces témoignent donc du succès d'une entreprise qui, au point de vue de l'humanité, peut être regardée à juste titre comme une des plus utiles de notre siècle.

Les progrès de la culture des *Cinchona*, dans les Indes, ont été exposés dans plusieurs ouvrages de date assez récente. Je demande néanmoins la permission d'en dire ici quelques mots qui, j'ose l'espérer, ne seront pas sans intérêt, surtout en vue des pièces qui vous sont soumises. Et puisque ces pièces me rappellent encore tout naturellement le nom de M. Howard, je dirai, en commençant, que, par ses profondes connaissances en quinologie, aussi bien que par son habileté comme chimiste, et par son noble désintéressement, notre éminent confrère a rendu à cette œuvre les plus importants services, et doit être mis au premier rang de ceux qui ont contribué à sa réussite. A la science, il en a rendu de non moins grands (1) ; mais je me contenterai, en ce moment, de rappeler que c'est en grande partie à son tact persévérant que l'on a dû de connaître enfin l'origine botanique du vrai Quinquina rouge, dont vous avez précisément ici les écorces sous les yeux.

La première tentative de culture des *Cinchona*, dans les Indes britanniques, eut lieu en 1853 (2), époque à laquelle un certain nombre de plants de *C. Calisaya*, d'origine française, y furent transportés sous la surveillance de M. Fortune. Ce ne fut cependant que quelques années après, en 1859, que le gouvernement anglais se mit sérieusement à l'œuvre, en envoyant au Pérou M. Clements Markham. Ce voyageur, auquel on doit les plus grands éloges pour le zèle et la persévérance qu'il a déployés dans la mission difficile qui lui était confiée, partit d'Angleterre avec un habile jardinier (M. Weir), aborda au Pérou par le port de Callao, et se dirigea ensuite sur

(1) Le magnifique ouvrage publié par M. Howard sous le titre de *Illustrations of the Nueva Quinologia of Pavon* (1 vol. in-f° avec 30 planches coloriées) est connu de tout le monde.

(2) Le premier pas officiel fait en Angleterre pour introduire la culture des *Cinchona* dans les Indes britanniques l'a été à la suite d'une dépêche du gouverneur général de l'Inde, en date du 27 mars 1852.

celui d'Islay, pour gagner la province de Carabaya où il suivit, à peu de chose près, l'itinéraire que j'y avais suivi moi-même une douzaine d'années auparavant. Il y recueillit, non sans difficulté, un grand nombre de plants de *Cinchona* qui furent confiés à des caisses de Ward, mais qui moururent malheureusement tous pendant la traversée ou peu après leur arrivée à Madras ; perte considérable, mais qui ne fit pas, fort heureusement, péricliter l'entreprise elle-même. En effet, M. Markham n'avait pas voulu en confier le succès à ses seuls moyens. Dès avant son départ d'Angleterre, il avait eu soin d'enrôler au profit de l'œuvre quelques hommes aussi habiles que dévoués, parmi lesquels on doit citer en première ligne le botaniste Spruce (1), auquel on dut d'obtenir bientôt de jeunes plants, et surtout des graines, de plusieurs espèces de *Cinchona* dont l'expérience avait depuis longtemps démontré la valeur. La perte de la récolte de M. Markham se trouva ainsi amplement compensée.

Quelques-unes des graines obtenues de la sorte furent semées dans les serres du Jardin royal de Kew (2), en Angleterre ; les autres, dirigées immédiatement sur l'Inde, y furent distribuées entre divers sites signalés comme étant les plus propres à fournir aux plantes à cultiver les conditions de sol et de climat qu'elles trouvent dans leur pays natal. Il est inutile de suivre les péripéties de cette culture dans ces diverses localités ; bornons-nous à l'étudier dans celle qui a produit les échantillons que nous avons devant nous, c'est-à-dire Ootacamund dans les montagnes de Nilghiri. Cette plantation, placée sous la direction de M. Mac Ivor, ne tarda pas, grâce à la rare intelligence de ce cultivateur, à atteindre un degré de prospérité qui doit nécessairement la faire prendre pour modèle de toutes celles que l'on pourra établir par la suite. Quelques chiffres montreront du reste, beaucoup mieux que toute description, les rapides progrès de l'établissement. Ainsi, quand M. Mac Ivor s'établit à

---

(1) C'est par le zèle infatigable de M. Spruce que le gouvernement a été mis en possession du *Cinchona succirubra*, qui rivalise avec le *C. Calisaya* par l'importance de ses produits, et d'autres espèces du versant occidental des Andes de l'Équateur. M. Cross accompagnait M. Spruce, comme jardinier, dans cette expédition, et fit ensuite, seul, deux autres voyages quinologiques, avec le même succès : l'un au district de Loxa, l'autre à Pitayo, dans la Nouvelle Grenade. M. Pritchett visitait pendant ce temps les montagnes d'Huanuco, et recueillait des graines et de jeunes plants des espèces de cette localité classique. — Voyez, pour d'amples détails sur ce sujet, le très-intéressant volume de M. Markham, intitulé : *Travels in Peru and India*.

(2) Alors sous la direction du célèbre Sir William Hooker, lequel n'a jamais cessé, non plus que son illustre fils, le directeur actuel, d'apporter le plus vif intérêt à toutes les questions qui se rattachent à la culture des Quinquinas.

Ootacamund, en mars 1861, il y rencontra 635 plants de *Cinchona*, la plupart appartenant au *C. succirubra*. Eh bien! en avril 1862, il y en avait 31 495, et, un an après, 157 704. Ce dernier recensement avait eu lieu en avril 1863. Au mois de décembre de cette même année, le nombre des plants de *Cinchona* existant à Ootacamund était de 277 080! A partir de ce moment on ne les compte pour ainsi dire plus; et, à l'heure qu'il est, c'est presque par millions qu'on peut les dénombrer. Dans la seule propriété particulière de Dova Shola, il y en a 900 000; et l'enthousiasme pour cette culture est tel, qu'indigènes et étrangers, rajas et paysans, tous veulent avoir leur plantation de Quinquinas. J'ajoute que cette immense multiplication a été obtenue par un système de bouturage par très-petits tronçons, grâce auquel, par exemple, un pied de *C. officinalis Uritusinga*, présenté au gouvernement par M. Howard, et arrivé dans l'Inde en avril 1862, a pu compter, dix-neuf mois après, 6850 rejetons.

Les résultats que je viens de faire connaître sont déjà bien remarquables, mais ceux dont il me reste à parler tiennent presque du prodige.

Aux débuts de cette grande expérience, c'est-à-dire il y a quinze ans, on pouvait craindre que le rendement des écorces ne diminuât, par suite de la culture de l'arbre dans des conditions qui ne seraient pas tout à fait celles où il végète en Amérique; tout au moins devait-on avoir quelques doutes sur le résultat; eh bien! on est en droit aujourd'hui d'affirmer que la richesse des écorces des *Cinchona* cultivés dans l'Inde, sera non-seulement égale à celle des écorces américaines, mais arrivera même peut-être dans certains cas à être double et peut-être plus considérable encore. Ceci n'est pas aujourd'hui une hypothèse, mais un fait; et M. Mac Ivor a obtenu ce résultat par un moyen si simple que je n'exagérais pas en disant que les résultats obtenus tenaient presque du prodige. Pour y arriver, il lui a suffi, en effet, d'appliquer sur l'écorce de l'arbre une couche de mousse qui la garantît, pendant une certaine période de sa croissance, de l'influence combinée de l'air et de la lumière. Ainsi, voici par exemple une écorce de *C. succirubra* développée à l'air libre et âgée de quatre ans; son rendement en alcaloïdes est de 6,95 pour 100. Si, au contraire, six mois seulement avant de l'enlever, vous l'eussiez enveloppée d'une couche de mousse, ce rendement aurait dépassé 9 pour 100. Ce n'est pas tout. Ce que cette application de mousse, ce que ce *moussage* de l'écorce offre peut-être de plus intéressant à noter, c'est qu'il permet à l'aubier d'un arbre dénudé de son écorce, pour les besoins du commerce, d'en reproduire une seconde et même une troisième (1); chacune de celles-ci étant non-seulement plus riche en alcaloïdes que l'écorce qui l'a précédée, mais étant proportionnellement plus riche en quinine, cette quinine étant en outre d'une extraction plus facile. Anatomiquement ces écorces diffèrent des autres par l'absence plus ou moins complète des fibres du liber. Enfin, un dernier fait qu'il faut signaler, parce qu'il peut résulter de la culture et qu'il pourra avoir une certaine importance quand on saura exactement sous quelles influences il se produit, c'est la conversion des alcaloïdes voisins l'un dans l'autre (2) : de la quinine, par exemple, en cinchonidine, ainsi que cela s'est vu dans le *C. Calisaya*, ou de la cinchonine en quinidine, comme M. Howard l'a constaté pour le *C. micrantha*.

Je termine ici ce que j'avais à dire sur la culture des Quinquinas dans l'Inde anglaise, et je demande la permission d'appeler pendant quelques instants votre attention d'un autre côté.

C'est à l'Angleterre, nous l'avons vu, que revient la gloire d'avoir offert au monde les premiers fruits de la grande entreprise dont je vous ai retracé quelques-unes des phases les plus intéressantes. Mais, ceci reconnu, il n'est que juste de revendiquer pour deux autres nations la part de mérite qui leur est due dans le développement de cette œuvre bienfaisante. Ces pays sont la France et la Hollande. Je commence par la France, et ici je vous prierai de m'excuser si je mets en avant mon propre nom. Peut-être ne le ferais-je pas si j'étais seul en fait dans le léger oubli dont je crois avoir à me plaindre, mais comme cet oubli porte surtout sur un établissement public,

---

(1) Les habitants de Loxa réussissaient parfois à obtenir de leurs arbres une seconde récolte, mais par un procédé bien moins parfait. Ils enlevaient l'écorce d'un seul côté du tronc. Les lèvres de la bande corticale laissée en place s'étendaient alors peu à peu et finissaient par recouvrir, plus ou moins complétement, la portion d'aubier dénudée. — Voyez Howard, *l. c.*, sub *C. Uritusinga*.

(2) La valeur commerciale des alcaloïdes des Quinquinas, et par suite celle des écorces dont on les extrait, dérive en grande partie de leur rendement thérapeutique. Or, il résulte des rapports publiés récemment par des commissions siégeant à Madras et à Bombay, et dont l'objet est de s'assurer expérimentalement, et sur une grande échelle, de l'importance thérapeutique relative des quatre alcaloïdes de Quinquina actuellement employés, que les sulfates de cinchonine, de cinchonidine et de quinidine sont beaucoup plus efficaces qu'on ne le suppose généralement. Il est donc présumable que cette décision va donner du prix à bon nombre d'écorces que l'on a cessé d'exploiter, depuis que la croyance s'est répandue que la quinine possède seule à un haut degré les qualités dont on est obligé aujourd'hui de reconnaître l'existence, et seulement à un degré un peu moindre chez ses trois sœurs, et en particulier dans la quinidine.

établissement auquel j'ai été fier d'appartenir, je crois qu'il est de mon devoir en ce moment de défendre ses droits. Ce que je réclame pour la France, c'est le mérite d'avoir suscité le mouvement qui a eu pour résultat les diverses tentatives faites pour cultiver le Quinquina, et d'avoir fait le premier pas dans la voie féconde où l'ont suivie, pour la devancer bientôt, la Hollande d'abord, l'Angleterre ensuite. Pour ce qui est de moi personnellement, je désire simplement constater que, quelles qu'aient été les suggestions faites antérieurement, ce n'est, en réalité, qu'à la suite de la publication de ma Monographie des Quinquinas, en 1849, et du rapport dont elle a été l'objet ; ce n'est que sous l'impression du cri d'alarme que j'y ai jeté que l'attention des gouvernements a été éveillée, et que les premiers pas utiles ont été faits pour opérer le transfert de la production et du commerce des Quinquinas du nouveau monde à l'ancien. Voilà, messieurs, la part que j'ai eue dans cette œuvre. Celle qui appartient au Muséum d'histoire naturelle est bien autrement importante. Et d'abord, ne dois-je pas dire que c'est comme voyageur-naturaliste de cet établissement que j'ai été à même d'étudier l'état des forêts de Quinquinas et d'appeler l'attention sur la destruction qui en menaçait les espèces les plus précieuses ? Ce sont ensuite les graines de *Cinchona*, recueillies et remises par moi au Muséum, qui, semées dans les serres de cet établissement, sous la surveillance de M. Houllet, y ont levé et ont donné les premiers plants de Quinquina que l'on ait vus vivants en Europe. Ce sont enfin ces plants qui ont servi aux premiers essais de culture qui aient été faits, soit en Afrique soit en Asie. Dès leur apparition on se préoccupa, en effet, des moyens de les transporter sous des climats que l'on pouvait supposer propices à leur développement, et les premiers qui soient sortis de France furent adressés, en 1849, à M. Hardy, directeur des pépinières des environs d'Alger, et furent livrés à la pleine terre, dans l'établissement du Hamma. C'est là le premier essai de culture du Quinquina, à l'air libre, qui ait été tenté hors de son pays natal. Il ne fut pas heureux, et l'on doit, par cette raison même, regretter plus vivement encore que le gouvernement français n'ait pas donné alors une attention plus sérieuse à une question d'une importance aussi manifeste, en prenant en main l'œuvre dont le Muséum avait eu l'initiative.

La Hollande commença ses essais vers le moment où la France suspendait les siens, en 1852, par conséquent environ sept années avant que l'Angleterre, profitant des fautes comme de l'expérience de ses devanciers, entrât sérieusement dans la même voie. Le gouvernement hollandais savait que le Muséum avait distribué dans le commerce français un certain nombre de pieds de *Cinchona Calisaya*, nés dans ses serres. Il s'en procura chez MM. Thibaut et Ketelêer, et les fit transporter à Java. Ce sont les premiers qui aient respiré l'air des Indes. Ils provenaient, on le voit, du Muséum d'histoire naturelle. J'ai dit aussi, plus haut, que le premier envoi fait par l'Angleterre dans ses grandes possessions asiatiques était d'origine française. Les plants qui le composaient provenaient de la même source que ceux qui se trouvaient déjà dans les Indes néerlandaises : du Muséum d'histoire naturelle.

La Hollande ne s'en tint pas là. Dans cette même année 1852, elle fit partir pour le Pérou le botaniste Hasskarl, avec mandat d'y recueillir des plants et des graines de *Cinchona* et de les accompagner à Java ; ce qui fut fait ; mais, soit par une raison, soit par une autre, les progrès des plantations furent très-lents ; si bien que lorsque, trois ans après, la direction des cultures vint à être confiée à M. Junghuhn, celui-ci n'y trouva que 351 arbres en pleine croissance. À partir de cette époque, cependant, la multiplication prend des proportions considérables, et, sans une circonstance qui est réellement à déplorer, les plantations des Indes néerlandaises n'auraient aujourd'hui rien à envier à celles de l'Inde britannique. Séduit par la plus grande rusticité d'un *Cinchona* d'espèce douteuse, né de graines rapportées par M. Hasskarl, on se prit à le multiplier au détriment d'autres espèces plus délicates peut-être, mais dont l'utilité était démontrée, et l'on reconnut, trop tard, que la plante qui avait coûté tant de soins n'avait que peu ou point de valeur commerciale (1) ; de sorte que, bien qu'il y ait en ce moment plus d'un million d'arbres à Quinquina dans l'île de Java, la proportion des bonnes espèces y est relativement faible. Je n'exagère donc pas

(1) Ce *Cinchona*, provenant des environs d'Uchubamba, dans le Pérou central, a été reconnu nouveau par M. Howard, et a été dédié par lui au gouverneur général des Indes néerlandaises, sous le nom de *C. Pahudiana*. L'espèce avait été confondue, paraît-il, antérieurement, avec le *C. ovata* et avec le *C. carabayensis*, dont elle est bien distincte. Des échantillons de l'écorce de cet arbre, ainsi que de celles de presque toutes les autres espèces de *Cinchona* cultivées jusqu'à ce jour dans les Indes, forment partie de la magnifique collection quinologique exposée par MM. Howard et fils dans le Palais du Champ-de-Mars. On sera heureux d'apprendre que cette collection, que plusieurs d'entre nous ont examinée avec un si vif intérêt, a obtenu une médaille d'or du jury international à l'Exposition universelle.

beaucoup en disant que l'opération devra y être reprise presque en entier, en n'y employant, cette fois, que les espèces ou variétés (1) dont l'expérience, ou mieux encore, l'analyse chimique, aura démontré la valeur. C'est en procédant ainsi que l'Angleterre est arrivée, presque du premier coup, à la solution du problème.

M. David Moore, vice-président du Congrès, dépose sur le bureau une caisse pleine d'échantillons frais de *Nepenthes* et d'autres plantes, et fait la communication suivante :

DE LA CULTURE, DE LA PROPAGATION

ET

DE LA MORPHOLOGIE DES PLANTES A FEUILLES ASCIDIFORMES.

(*Nepenthes, Sarracenia, Darlingtonia* et *Cephalotus*),

Par M. **David MOORE**,

Directeur du Jardin botanique de Dublin, membre de la Société Linnéenne de Londres, etc.

Ayant eu l'honneur d'être invité à prendre part à ce grand congrès international, tenu dans le but de discuter des sujets de botanique pure et appliquée, j'ai pensé que l'étude des plantes à ascidies, actuellement cultivées, pourrait intéresser les savants voués à la fois à la science et à la pratique, qui sont réunis dans cette enceinte. Vu la grande distance qui sépare Dublin de Paris, et la difficulté de transporter ici des plantes que leur grande dimension rend quelquefois fort précieuses, j'ai seulement apporté avec moi, pour vous les présenter, des feuilles fraîches munies de leurs ascidies, qui pourront vous donner une assez bonne idée des différentes espèces, quoique bien maigre en comparaison de celle que vous donneraient les plantes entières.

1° De la rareté de ces plantes et de leur culture.

Soit que nous considérions la rareté des collections des plantes à ascidies vivantes, ou le mécanisme curieux déployé dans la structure de leurs feuilles, phénomène d'une grande importance au point de vue purement morphologique, les plantes à ascidies sont plus

---

(1) Il y a des espèces botaniques de *Cinchona* dont le type peut avoir une écorce pauvre en alcaloïdes, lorsque, au contraire, quelqu'une de ses variétés peut en avoir une très-riche, et *vice versd*. Le *C. lancifolia* et le *C. Calisaya* fournissent des exemples de ces anomalies

intéressantes pour les botanistes et pour les horticulteurs qu'aucun des groupes de plantes auxquels nous sommes accoutumés. On peut donc se poser immédiatement une question : pourquoi sont-elles si rares dans les collections et si difficiles à maintenir en bon état ? Pour toute réponse, je me bornerai à exprimer une conviction, c'est que les horticulteurs nuisent à ces plantes par trop de soins. Au Jardin botanique de Glasnevin, où sont venues toutes les espèces que je présente actuellement au Congrès (excepté le *Nepenthes villosa* et le *Sarracenia psittacina*, qui proviennent des belles collections de MM. Veitch, de Chelsea), nous n'avons pas éprouvé grande difficulté en soumettant ces plantes au traitement suivant. Le sol où nous les plaçons est de la terre de bruyère fibreuse mêlée d'un peu de terre argileuse jaune et d'un tiers de beau sable blanc débarrassé de tout débris de calcaire. La terre de bruyère et la terre argileuse sont placées autour des racines des plantes en petits morceaux qui varient d'un demi-pouce à deux pouces de diamètre et auxquels on ajoute le sable en remplissant les pots. Il faut avoir soin d'établir dans ces pots un drainage parfait au moyen des tessons, car, bien que ces plantes demandent beaucoup d'humidité pour leurs racines, cependant, à certaines périodes de l'année, celles-ci pourrissent et meurent si le sol qui les entoure y laisse stagner l'eau, ou si le liquide peut se corrompre dans les terrines où sont placés les pots. Pour empêcher ce dernier inconvénient, les gens chargés de la surveillance de la serre ont ordre de vider ces terrines deux ou trois fois par semaine, quand les plantes sont développées, et de les laver ensuite. Cela se pratique pendant les mois d'été jusqu'au mois d'octobre environ ; quand la température décroît et que la lumière solaire faiblit, les pots sont enlevés des terrines à eau. Alors les plantes sont arrosées avec grand soin et avec sobriété, avec de l'eau d'une température un peu plus élevée que celle de la serre, pour empêcher les racines de se refroidir. Si les plantes étaient trop arrosées en hiver, elles pourraient tomber dans un état maladif d'où il serait très-difficile de les tirer.

Les espèces qui sont originaires des îles de l'archipel Indien demandent une température plus élevée que celle qui a été jusqu'à présent cultivée dans les jardins de l'Angleterre et du continent sous le nom faux (ainsi que cela est aujourd'hui démontré) de *Nepenthes distillatoria*. La véritable plante qui doit porter ce nom existe déjà dans les cultures, mais à l'état de petits échantillons. Le docteur Hooker pense que l'ancienne espèce est une plante du Bengale, la même que le *Nepenthes melamphora*.

Il faut aux plantes de l'Inde une température variant de 65 à 80 degrés Fahrenheit (18 à 26 degrés centigrades) avec une atmosphère humide, même quand la chaleur est la plus forte, mais l'espèce dont je viens de parler se trouve mieux d'une température inférieure et d'une atmosphère sèche. A Glasnevin, il en existe un spécimen parfaitement bien portant, sur lequel ont été coupées les ascidies qui sont devant vous, avec des tiges d'au moins vingt pieds de long. D'après les mesures prises, ces ascidies ont de neuf pouces à neuf pouces et demi de longueur, et le diamètre en est environ de deux pouces et demi ; elles peuvent contenir près d'une demi-pinte d'eau.

Le beau et très-rare *Nepenthes sanguinea*, dont je vous présente maintenant des ascidies, est une espèce extrêmement intéressante. Ces larges appendices colorés de pourpre attirent ordinairement, dans notre jardin, l'attention des visiteurs les plus indifférents, que frappe d'étonnement une structure aussi curieuse. Ces ascidies ont neuf pouces de longueur et deux pouces de largeur en diamètre. Elles peuvent contenir une demi-pinte d'eau. La plante qui les a produites a été soumise à une culture analogue à celle que j'ai déjà décrite.

Je n'ai pas besoin de caractériser particulièrement les autres espèces qui sont sous vos yeux; l'examen des ascidies montre qu'elles étaient en parfait état. Celles du *Nepenthes Rafflesiana* sont plus petites que ce n'est ordinairement le cas à Glasnevin pour cette belle espèce, quoique la plante qui les a produites soit robuste et en bon état.

2° Obtention par graines.

Les espèces de *Nepenthes* étant dioïques, ou, comme certains auteurs le pensent, polygames, ne produisent pas de graines parfaites dans nos jardins ; à moins que la fleur femelle ne soit fécondée artificiellement par le pollen de la fleur mâle, et il est fort rare que les deux sexes de la même espèce se rencontrent dans le même établissement. C'est là la principale raison pour laquelle ces plantes sont si rares. Le pollen, cependant, peut être emporté à une certaine distance ; il conserve ses facultés pendant huit jours. Mais, d'après mes expériences, il ne les conserve pas plus longtemps. J'ai expérimenté avec du pollen recueilli deux mois aupara-

vant et bien conservé, mais il n'a pas réussi dans mes essais de
fécondation artificielle.

Les graines sont généralement bonnes si la fécondation a été
convenablement pratiquée, et elles doivent être semées aussitôt
après leur maturité, qu'on peut reconnaître à ce que les capsules
se fendent. Si cela se présente vers le commencement de l'hiver ou
pendant cette saison, il vaut mieux conserver les graines jusqu'en
février ou en mars, mois qui sont les meilleurs pour le semis. En
accomplissant cette dernière opération, il faut avoir soin de ne pas
recouvrir les graines de terre, mais de les répandre seulement à la
surface de la terre humide. L'enveloppe lâche et mince qui les unit
indique qu'elles flottent sur l'eau ou qu'elles reposent sur le sol
humide jusqu'au moment de leur germination. Après le semis, les
pots doivent être placés dans des terrines basses contenant de l'eau
et disposées de façon que cette eau puisse être portée à une température de 80 degrés Fahrenheit. Si les graines sont bonnes, les
jeunes plantes apparaîtront avec leurs petites ascidies à l'extrémité
des feuilles dans le mois qui suivra le semis. Quand elles atteindront
un quart de pouce (ou même moins), il faudra les repiquer sur un
sable léger dans des terrines basses, qu'on pourra recouvrir complétement avec des plaques de verre, et les placer ensuite pendant
quelque temps dans une serre chaude où l'air sera humide. A ce
moment de leur croissance, les jeunes plantes seront susceptibles
d'être attaquées par une petite Algue filamenteuse dont le développement est favorisé par l'humidité ; et, si on la laisse s'étendre,
elle aura bientôt détruit les plantules. Quand cet accident se produit, nous avons trouvé que le meilleur moyen est d'arracher les
plantules, de les bien nettoyer et de les replanter dans un sol frais.

3° **Propagation par bouture ou par greffe.**

A peine ai-je besoin d'établir devant une assemblée d'horticulteurs français dont la réputation est si répandue dans toute
l'Europe, pour le talent qu'ils déploient dans la reproduction des
plantes de leur culture, que les diverses espèces de *Nepenthes*
peuvent encore se propager par bouture et par greffe. Mais ceux
qui en ont fait l'expérience m'accorderont qu'il faut apporter à
cette opération le plus grand soin pour empêcher les boutures
de se pourrir avant de s'être enracinées. J'ai pensé que cela peut
être dû à l'organisation particulière de ces plantes, les *Nepenthes*

étant du petit nombre des plantes qui ont dans la moelle de leur tige du tissu vasculaire et du tissu cellulaire mélangés, et ayant en outre une couche épaisse de vaisseaux spiraux entre le bois et l'écorce. On doit donc inférer de cette structure que l'humidité est plus rapidement introduite dans le tissu de leurs boutures que dans celui des végétaux organisés suivant la loi générale.

Pour ce qui est des greffes, je n'ai que peu de chose à dire. Nous avons actuellement à Glasnevin des greffes du *N. Hookeri* sur le *N. ampullaria*, et elles sont encore fraîches au bout de deux mois, bien qu'elles n'aient pas poussé ; je ne puis dire s'il s'est opéré, oui ou non, la jonction nécessaire entre les tissus mis en contact. Je me contente de laisser ici cet avertissement, n'ayant vu usitée nulle part cette méthode de propagation.

A propos de la reproduction des *Nepenthes*, je tiens à vous entretenir des hybridations qui ont déjà été effectuées en Angleterre. Le mérite d'avoir tracé la voie dans ce mode important d'expérimentation appartient à MM. Veitch, de Chelsea, qui ont dans leur magnifique établissement des collections de *Nepenthes* dont l'importance et la variété dépassent tout ce que je connais en Europe. Ils ont fait de la culture de ces plantes leur principale étude, et ce sont les seuls horticulteurs qui aient jusqu'à présent réussi dans l'hybridation des *Nepenthes*. Le principal résultat de leurs expériences est devant vous sur cette table, sous le nom de *Nepenthes hybrida*, mais je préférerais lui donner celui de *Dominiana*, en l'honneur de leur habile chef de culture, M. Dominy, si expert à obtenir des hybrides d'Orchidées et à une foule d'autres pratiques horticoles.

4° Morphologie de la feuille.

A ce sujet, je n'ai rien à ajouter aux descriptions déjà faites dans les traités de morphologie végétale. On admet généralement aujourd'hui pour certain que l'opercule de l'ascidie est la vraie feuille et que sa cavité est produite par une modification du pétiole. Mais je ne sache pas que l'on ait expliqué clairement comment l'eau pénètre dans l'intérieur des ascidies avant le soulèvement de leurs opercules, et lorsqu'elles sont hermétiquement closes. Je pense donc qu'on me permettra de demander que l'on discute la physiologie de la feuille relativement à ce phénomène. Le *Nepenthes* fait sans doute de son singulier pétiole le même usage que les autres plantes font de leurs vrilles, en se saisissant des espèces les plus fortes et les

plus capables de les soutenir. A l'exception de quelques Palmiers,
je ne connais pas de plantes qui aient pour cet acte physiologique
d'organes plus puissants que les feuilles des *Nepenthes*.

Voici les noms des espèces dont je présente ici des ascidies : ce
sont les *Nepenthes phyllamphora* Jack, *N. lœvis* Lindl., *N. ampullaria* Jack var. *guttata*, *N. sanguinea* Hort., *N. Hookeriana*,
N. Rafflesiana, *N. hybrida*.

Le second genre dont j'ai à vous entretenir est le genre *Sarracenia*, dont les espèces sont plus généralement cultivées que les
espèces de *Nepenthes*, bien qu'elles soient rarement bien vigou-
reuses dans nos établissements horticoles. Les échantillons qu'on en
a présentés l'année dernière à l'exposition internationale de Londres
et cette année même à Manchester, montrent à quel degré de perfection on peut porter ces curieuses et intéressantes plantes par des
soins bien entendus. Ce que je me propose aujourd'hui, en appor-
tant celles-ci au Congrès, ce n'est pas tant de faire connaître ce
qui a été déjà publié sur leur culture, que de montrer une espèce
venue de graine à Glasnevin, le *Sarracenia variolaris*. Il est à
croire que c'est la première germination de ce genre qui ait eu lieu
dans les jardins anglais; et, comme il est désirable qu'on ait des
renseignements à ce sujet, je prierai les personnes présentes de me
faire connaître si quelque autre fait analogue s'est produit dans les
jardins du continent. J'ai décrit la méthode à suivre pour faire
réussir ces semis, dans une courte note publiée dans le *Gar-
deners' Chronicle*, de Londres, en décembre 1866, et je ne répéterai
pas ici cette communication, dans laquelle j'ai fourni aussi quelques
données sur la question de savoir si la végétation des *Sarracenia*
est exogène ou endogène. Les spécimens qui sont devant vous
représentent toutes les espèces qui ont été introduites en Europe, et
je me bornerai à signaler la culture du *Sarracenia purpurea*,
parce qu'il s'est développé à l'air libre durant tout l'hiver dernier
sans en souffrir, la température étant tombée à 6 degrés Fahrenheit
(environ — 14 degrés centigrades). Il y a ici des spécimens de *Sarracenia flava*, de *S. flava* var. *Catesbæi*, de *S. rubra*, de *S. purpurea* et du vrai *S. psittacina*.

Je dois maintenant appeler l'attention du Congrès sur un genre
de plantes à feuilles ascidiformes récemment introduit et fort remarquable : je veux parler du *Darlingtonia californica* Torrey.
Quand la culture de cette plante sera bien comprise, nous avons

sujet d'espérer que ce sera un des végétaux les plus intéressants que l'on ait introduits en Europe depuis quelques années.

Un des premiers exemplaires vivants qui aient été introduits en Angleterre a été reçu à Glasnevin en 1854 ; il y a été cultivé avec un grand succès pendant quelque temps. La plante produisit plusieurs pousses qui servirent à la reproduction et permirent d'en donner des rejetons à quelques amis. Mais toute la lignée en fut finalement détruite par l'exagération des soins et des précautions. Ils avaient été enfermés dans des serres chaudes, où ils ne recevaient que très-peu d'air, tandis qu'il aurait fallu, tout au contraire, les tenir fraîchement, en laissant abondamment circuler l'air autour d'eux. Je suis parfaitement convaincu que le *Darlingtonia* deviendra assez rustique pour pouvoir supporter en plein air nos hivers d'Irlande, et cela sans aucune protection.

La plante à laquelle ont été prises les ascidies que vous voyez est demeurée tout l'hiver dernier dans une serre froide qu'on ne pouvait aucunement chauffer et dans laquelle il gela fortement pendant quatorze jours. La seule précaution qu'on prit fut de les recouvrir d'un pot à fleur ordinaire qui fut peu à peu et avec précaution soulevé, puis enlevé quand le froid eut diminué. Le *Darlingtonia* est jusqu'à présent la seule espèce de l'ordre des Sarracéniées qui ait été découverte en Californie (sur la pente occidentale des Montagnes-Rocheuses). Elle se rencontre à une altitude considérable sur des terres marécageuses, notamment vers la source du Rio-Sacramento, où croissent des Conifères et d'autres plantes qui peuvent parfaitement supporter sans abri nos hivers ordinaires. Après la perte de nos premiers *Darlingtonia*, il se passa plusieurs années avant qu'on en importât d'autres, mais dernièrement des graines envoyées à Kew et aussi à un particulier des environs d'Edimbourg, ont produit un nombre considérable de jeunes plantes qui se trouvent maintenant dans plusieurs établissements. La figure donnée dernièrement dans le bel ouvrage de M. Van Houtte, la *Flore des serres,* a été, je pense, dessinée d'après une plante qui lui a été envoyée de Glasnevin et qui provenait de la première introduction. Les ascidies que je vous présente ont été prises sur une jeune plante et ne donnent qu'une très-faible idée de la taille des grands *Darlingtonia,* qui atteignent souvent une hauteur d'un pied à un pied et demi.

Je quitte l'étude d'une plante qui habite les contrées les plus occidentales du globe pour appeler, quelques instants encore, votre attention sur une des plantes les plus remarquables du groupe qui nous occupe, sur l'élégant *Cephalotus follicularis*, originaire d'Australie. Grâce au nombre considérable d'échantillons de cette espèce qui ont été importés dernièrement tant sur le continent qu'en Angleterre, le *Cephalotus* est aujourd'hui parfaitement connu et fait partie de la plupart des belles collections de plantes, bien que peu d'horticulteurs s'entendent à le maintenir longtemps en bonne santé. Je ne l'ai vu nulle part aussi bien soigné qu'au Jardin botanique du Collège, près de Dublin, où M. Bain, le conservateur de ce jardin, en a obtenu de fort grands pieds ; assurément nous ne connaissons aucune plante dont l'obtention puisse nous payer aussi bien de nos peines et de nos soins. Ces touffes de neuf à dix pouces de diamètre, portant en même temps de vingt à trente ascidies, offrent un spectacle qui frappe tous les admirateurs des beautés de la nature, et l'on ferait volontiers un long voyage pour le contempler ; le *Cephalotus* n'a jamais été à Glasnevin aussi beau que dans ce jardin, bien que nous en ayons aussi quelques exemplaires remarquables. Pour qu'il vienne bien, il faut le placer sur une tablette derrière la vitre d'une serre froide et aérée, où il puisse être abrité contre le soleil durant les mois d'été. Il importe aussi de le recouvrir partiellement d'une cloche de verre que l'on soutient sur le dessus de trois petits pots à fleurs renversés et plongeant, ainsi que celui qui porte le *Cephalotus*, dans une terrine pleine d'eau. De cette manière, on maintient autour de la plante la libre circulation d'un air dont l'humidité demeure à peu près la même ; c'est ainsi qu'on a obtenu les plus beaux exemplaires qu'on voie dans les jardins d'Angleterre. Le *Cephalotus* ne souffre pas qu'on l'enferme ni qu'on l'échauffe trop, et quoiqu'il puisse commencer à végéter un peu dans une atmosphère chaude et confinée, si ce traitement est poursuivi pendant un temps considérable, il languit bientôt et périt.

A l'égard de la reproduction du *Cephalotus*, je dois faire observer qu'il repousse fort bien de petits fragments des racines des plantes les plus fortes et les plus âgées. Il faut sectionner ces racines horizontalement en morceaux courts que l'on répand à la surface de pots remplis de terre de bruyère et de sable blanc fin. Ces pots doivent alors être placés dans un lieu où l'atmosphère soit chargée de vapeur et la température plus élevée que dans celui où croissaient les plantes dont on a coupé les racines. En employant cette méthode et en plaçant des plaques de verre au-dessus du pot, on verra sortir des racines des bourgeons adventifs qui donneront des plantules.

Je termine cette lecture en remerciant le savant auditoire de l'attention qu'il a bien voulu m'accorder, me permettant ainsi de contribuer à atteindre un des buts de ce Congrès international : celui de nous communiquer réciproquement les renseignements propres à intéresser la science pure ou appliquée.

M. J.-E. Planchon dit que le *Darlingtonia* a été figuré par Torrey, et que lui-même a suivi l'auteur américain pour le dessin qu'il en a donné dans la *Flore des serres*. Il ajoute qu'il est convaincu, d'après ses études, que les *Sarracenia* doivent être éloignés des Papavéracées, près desquelles on les place généralement, et rapprochés des *Pirola*.

M. L. Kny fait au Congrès la communication suivante :

SUR LE DÉVELOPPEMENT DU PROEMBRYON DE L'*OSMUNDA REGALIS* L.,

Par **M**. le docteur **L. KNY**,
Privatdocent à l'Université de Berlin.

Les recherches dont j'ai l'honneur de présenter les résultats au Congrès ont été poursuivies pendant les deux derniers mois, et n'embrassent par conséquent que les premières phases du développement du proembryon. Elles offrent cependant, au point de vue morphologique, un intérêt si particulier, que les savants qui m'écoutent me pardonneront, je l'espère, l'insuffisance de cette communication.

Parmi les Fougères, c'est à la famille des Polypodiacées que se sont tout d'abord attachées les études des organogénistes. Après que M. Nægeli eut décrit la formation des anthéridies, M. le comte Leszczyc-Suminski suivit la plantule depuis la germination de la spore jusqu'à l'acte de la fécondation. Plus tard, Mercklin et M. Hofmeister montrèrent que ce n'est pas seulement parmi les Polypodiacées qu'il existe une grande conformité dans la structure de l'embryon et dans la partition des organes de la fructification, mais que, dans ses points essentiels, cette conformité s'étend aux Cyathéacées, Schizéacées et Marattiacées. Mais le type de ces quatre familles n'est plus suivi par le développement du proembryon chez les Ophioglossées et les Hyménophyllées, comme Mettenius l'a observé le premier. Chez les premières, ce proembryon produit un

corps celluleux tubériforme, chez les secondes, un filament cloisonné
et ramifié. On ne connaît encore ni le mode de germination ni celui
de fécondation chez les familles des Gleichéniacées et des Osmun-
dacées. Mais si personne, à ma connaissance, n'a fait du développement des premières l'objet de recherches organogéniques, on a fait
avec les spores de l'*Osmunda regalis* un grand nombre de sem
qui malheureusement ont presque constamment échoué.

Cet insuccès surprenant est principalement dû à ce qu'on a pris
des semences dans les herbiers, comme on l'a fait pour les Polypodiacées. Comme elles sont riches en chlorophylle et que les mem-
branes en sont assez minces, on peut penser qu'elles ne conservent
pas longtemps la faculté germinative. Aussi ai-je préféré les faire
tomber immédiatement de la fronde sporigère sur le substratum disposé à les recevoir. Le substratum que j'ai employé était, dans la
plupart des cas, de la tourbe ou bien un mélange de tourbe et de
terre de bruyère; quelquefois du sable mouillé ou de l'eau pure. La
germination, avec des circonstances favorables d'ailleurs, commença
toujours au début du troisième jour. Après avoir suivi un peu, d'une
manière passive, la dilatation de l'endospore, la membrane externe
de la spore se fend au sommet sur trois lignes qui correspondent aux
angles par lesquels la spore touchait les spores voisines. La première
cloison qui apparaisse dans l'intérieur de la cellule est toujours per-
pendiculaire au sens suivant lequel elle s'allonge, et sépare la première *cellule radiculaire* de la *cellule-mère du proembryon*, dont
elle forme le prolongement immédiat. Tandis que la cellule radiculaire, sans se cloisonner davantage, s'accroît notablement en longueur, bientôt il apparaît dans la cellule-mère du proembryon une
deuxième cloison parallèle à la précédente, et sur laquelle, dans
chaque cellule-fille, il en tombe verticalement une autre. Alors le
jeune proembryon se compose, abstraction faite de la cellule radiculaire, de quatre cellules disposées en croix. Trois d'entre elles,
savoir les deux inférieures, voisines du premier poil radiculaire, et
une des deux supérieures, se comportent à peu près de même dans
leur cloisonnement ultérieur, c'est-à-dire se subdivisent en cellules
marginales de même rang, dont chacune se développe suivant le
mode connu ; pendant cela, la seconde des deux cellules supérieures
devient la *cellule apicale* du proembryon. Elle se divise par des
cloisons perpendiculaires à sa surface, cloisons inclinées alternativement l'une sur l'autre dans deux sens opposés. Après s'être

répété cinq ou six fois pour l'ordinaire, ce procédé normal de développement se trouve toujours terminé. Alors, dans la cellule apicale de dernier ordre, apparaît une cloison *verticale* dans sa longueur, qui sépare une cellule superficielle à trois pans d'une cellule marginale à quatre pans. Les divisions qui se montrent dans celle-ci ne se distinguent en rien de celles des cellules marginales qui les précèdent à droite et à gauche ; elles résultent soit d'un cloisonnement longitudinal produisant deux cellules marginales semblables de la génération suivante, soit d'un cloisonnement transversal séparant une cellule superficielle d'une cellule marginale d'un degré ultérieur encore. Le développement en longueur du proembryon de l'*Osmunda regalis* a lieu dès lors comme celui de la feuille du *Pellia epiphylla*, par *plusieurs cellules marginales qui se pressent dans l'échancrure terminale*. Quoique dans les phases ultérieures du développement du proembryon, la direction des premières lignes de division s'efface toujours plus ou moins par suite de l'enchevêtrement réciproque des cellules, cependant on reconnaît ordinairement encore avec toute évidence, quand l'ensemble a pris sa forme dernière et définitive, que les groupes de cellules s'ordonnent suivant les quatre secteurs 'un cercle.

D'après ces observations, le proembryon de l'*Osmunda regalis* offre, quand on le compare avec celui des Polypodiacées, quelques particularités importantes. La spore ne se développe pas ici en une série celluleuse simple et primitive susceptible de s'élargir à son sommet sur un plan formé d'une seule couche de cellules, et de pousser latéralement des poils radicaux sur ses cellules. Le *premier* poil radical est au contraire toujours la continuation de la cellule-mère du proembryon, et il se relie *immédiatement* à la surface de la cellule-mère de celui-ci. Une autre différence consiste dans la formation d'une *nervure moyenne à plusieurs couches* qui traverse le proembryon de sa base vers son sommet, et se trouve bornée à son extrémité supérieure par les deux bords latéraux aliformes. Les premières cloisons de séparation parallèles à la surface apparaissent de très-bonne heure. Sur les proembryons les plus âgés (ils avaient deux mois) que j'aie examinés, j'ai trouvé la nervure moyenne épaisse de sept couches cellulaires.

Relativement au développement des anthéridies et des archégones, mes recherches laissent des lacunes à combler. Tout ce que je puis dire ici, c'est que ces organes apparaissent fort tard. La première anthéridie que j'ai observée l'a été au quarante-cinquième jour. Je m'abstiendrai même de parler en détail de la conformation et des transformations de la chlorophylle particulièrement faciles à suivre sur les spores en germination de l'*Osmunda*. Mais je tiens à insister spécialement sur ce que le proembryon de cette plante, dans l'évolution régulière de ses développements successifs, se comporte complétement comme le jeune axe foliacé du *Pellia*. De même que chez cette Hépatique, on voit se changer en cellule apicale une des cellules marginales du corps paucicelluleux résultant de la partition de la spore, et cette cellule se diviser, pendant un certain temps, par des cloisons verticales inclinées alternativement à droite et à gauche; enfin tout l'ensemble se transformer en l'état définitif de l'organe adulte par la multiplication des cellules marginales. C'est là un exemple remarquable de cette loi que les phases inférieures du développement des organismes plus élevés peuvent présenter exactement les mêmes procédés de formation qui caractérisent l'état adulte des organismes inférieurs.

M. David Moore fait au Congrès la communication suivante :

SUR QUELQUES PLANTES D'IRLANDE,

Par **M. David MOORE**,
Directeur du Jardin botanique de Dublin.

J'ai l'honneur de mettre sous les yeux du Congrès des plantes remarquables par leur rareté aussi bien que par leur distribution géographique. Je fixerai d'abord son attention sur un échantillon frais du très-rare *Neottia gemmipara* Smith, qui, jusqu'à une époque très-récente, était regardé comme tout à fait confiné dans un espace très-limité du comté de Cork, sur la côte sud-ouest d'Irlande, le point peut-être le plus occidental de l'Europe.

M. le professeur Reichenbach, de Hambourg, m'a dernièrement informé qu'il a reçu, depuis quelques années, de la côte occidentale de l'Amérique du Nord, des échantillons identiquement semblables à notre plante d'Irlande qu'il affirme être très-distincte du *Spiranthes cernua* Rich., auquel quelques auteurs l'ont rapportée.

Il est à craindre que cette plante, si intéressante pour la flore européenne, ne soit bientôt perdue pour l'Irlande, car les habitants, dans la localité où elle croît, ont déjà défoncé le sol pour la culture des céréales et pour d'autres motifs agricoles.

Nous avons en Irlande quelques Éricacées fort rares, parmi lesquelles l'*Erica Mackayana* Bab., dont j'ai le plaisir de mettre des échantillons sous les yeux du Congrès. Cette plante a été considérée par quelques botanistes comme un hybride de l'*Erica tetralix* et de l'*E. ciliaris*, qui croissent tous deux près de la localité où elle se trouve.

Je dois mentionner ici que feu Sir William Hooker m'a dit avoir reçu de la partie occidentale des Pyrénées des échantillons pareils à ceux d'Irlande qui militent contre l'origine hybride de cette plante.

La forme curieuse de l'*E. tetralix*, qui croît dans le Cornouailles sur la côte méridionale d'Angleterre, et qui est l'*E. tetralix* var. β. *Watsoni*, a été regardée par quelques personnes comme la même que l'*E. Mackayana*. Les spécimens frais des deux formes que je dépose sur cette table mettront les botanistes présents à même de se renseigner sur ce point. Selon moi, elles sont tout à fait différentes.

La plante qui se présente ensuite à notre examen est un spécimen, récemment cueilli en fleur, du *Calluna atlantica* Seem., dernièrement figuré et décrit dans le *London Journal of Botany*, numéro d'octobre 1866.

Celle dont je place des exemplaires sur cette table me vient de Terre-Neuve, et cette plante ne nous permet plus de douter que notre Bruyère commune d'Europe n'atteigne l'Amérique dans l'ouest de son aire géographique. Les exemplaires que je présente montrent que la plante de Terre-Neuve est plus grêle dans toutes ses parties que la plante d'Europe ; les fleurs en sont un peu plus grandes, et elle en diffère quelque peu par sa constitution, attendu qu'elle souffre considérablement du froid, même dans nos hivers ordinaires, tandis que la Bruyère commune, croissant à ses côtés, reste indemne. Ce fait, dans ma pensée, peut dépendre de ce que la plante est depuis longtemps sous l'influence des hivers de Terre-Neuve, où elle est couverte par la neige et ainsi protégée contre le froid. Car dans mon opinion ce n'est qu'un état de l'espèce vulgaire et non une forme différente.

Le bel *Erica mediterranea*, dont je présente des échantillons desséchés parce que l'époque de sa floraison est passée depuis longtemps, est une de nos espèces les plus intéressantes. Elle est aussi confinée sur la côte occidentale d'Irlande et dans les comtés de Mayo et de Galway. Durant les premiers mois de l'été, cette plante communique une sorte de charme magique à des marécages naturellement froids et stériles qui couvrent une si grande étendue de ces comtés.

La dernière plante dont j'ai à parler ici est celle que nous appelons en Irlande la Bruyère de Saint-Dabéoc, le *Menziesia polifolia*. Comme ses congénères, cette plante est confinée sur la côte occidentale d'Irlande, où le climat est humide et égal, et la température douce pendant les mois d'hiver. Le comté de Galway paraît être la station de cette plante la plus éloignée de la région pyrénéenne, qui est le centre de son aire spécifique.

Lecture est donnée de la note suivante, adressée au Congrès :

TRANSFORMATION

DU SYSTÈME FOLIAIRE DU *PELARGONIUM CAPITATUM* Ait.

Por **M. ROBILLARD**,

Horticulteur à Valence (Espagne).

Je cultive cette plante sur une grande échelle pour la production de l'essence, sur un terrain composé de sable calcaire avec un dixième d'alluvion, très-pauvre, situé aux bords de la Méditerranée, à 2 mètres seulement au-dessus de son niveau, à Valence (Espagne) ; c'est là, vers le nord, la dernière limite où cette plante peut vivre sans abri. J'ai remarqué, il y a quatre ans, dans les endroits les plus humides, les plus stériles, que certaines touffes donnaient des drageons dont la foliaison et les ramifications étaient très-différentes de celles du type. Ces drageons portaient des feuilles presque entières et des ramifications à toutes les aisselles ; tandis que le type a le feuillage très-découpé, et ne se ramifie pas ou très-peu.

Cette transformation me parut avantageuse au point de vue de la production d'essence, car elle offre plus du double de parties foliacées que le type ; et ce sont elles qui produisent l'essence.

Je multipliai ces branches, et j'en obtins des plantes qui conservèrent tout le caractère de la transformation, croissant dans ces milieux pauvres beaucoup plus rapidement que le type, au point de m'offrir en poids deux fois plus de matière herbacée que lui.

Aussitôt que j'en eus une quantité suffisante, je la distillai de la même manière que le type, mais je n'ai obtenu comme rendement en essence que le quart de ce que m'aurait donné ce dernier.

Je fis une seconde opération, mais d'après le procédé Millon, en employant pour véhicule le sulfure de carbone ; le résultat a été à peu près le même, bien que par ce procédé on obtienne de l'essence concrète ; c'est-à-dire que le rendement de la plante modifiée devient réellement, de quelque manière qu'on opère, au plus la moitié de celui du type. Voyant que, pour obtenir de la variété un poids d'essence égal à celui que fournit le type, je devais au moins opérer sur une masse double de branches ; et que, malgré l'espérance qu'elle m'offrait avant l'essai, les résultats en produit net, frais défalqués, sont inférieurs à ceux que donne le *Pelargonium capitatum* type, j'ai dû l'abandonner. Pourtant, dans la transformation, l'organisme de la plante ne paraît pas avoir changé ; les organes extérieurs semblent les mêmes, mais plus nombreux à cause de l'augmentation de surface. Les poils y sont plus nombreux que dans le type, à base vésiculée et remplie d'huile essentielle.

Les deux plantes ont reçu un engrais pareil, très-azoté (du guano et des chiffons de laine).

Je joins à cette note deux échantillons des deux plantes.

M. G. Planchon, secrétaire du comité d'organisation, donne lecture du mémoire suivant, adressé au Congrès :

SUR LA FLORE DES GABRES DE TOSCANE,

Par M. Th. CARUEL.

La plus grande partie du sol de la Toscane est composée d'un mélange de terrains calcaires et siliceux. A l'exception des argiles connues dans le pays sous le nom de *mattajoni*, qui occupent une certaine portion des provinces de Volterre et de Sienne, les terrains qu'on trouve en Toscane sont généralement constitués soit par une roche essentiellement calcaire nommée *alberese*, soit par le *macigno* qui est une pierre arénacée où du calcaire empâte une grande quantité de grains de silice dans la proportion d'environ 50 pour 100, soit encore par des sables siliceux jaunes appelés *tufi*.

Au milieu de ces terrains sédimentaires, surgissent çà et là, en assez grand nombre, des îlots de roches éruptives. Ce sont des ophiolithes, au contact desquels le terrain sédimentaire s'est profondément métamorphosé. Toutes ensemble, ces masses rocheuses forment des collines de peu d'élévation, mais d'un aspect remarquable.

Les géologues toscans leur ont donné le nom collectif de *gabbri*
(de Gabbro, village près de Pise), qu'on peut traduire en français
par *gabres*. On distingue le gabre noir ou ophiolithe proprement dit,
et le gabre rouge ou roche métamorphosée (1).

Les collines de gabres sont en général nues et se reconnaissent
de loin à la couleur sombre de la pierre, qui contraste avec le
gris du calcaire environnant. Leur surface pierreuse et sèche est
parsemée de gros blocs de rochers. Sur les pentes moins abruptes il
se forme des pelouses herbeuses, et dans les plis les plus profonds
du terrain coulent quelques rigoles sur un fond sablonneux.

Sauf la couleur, les autres qualités physiques de ces collines sont
à peu près les mêmes que celles de la généralité des portions mon-
tueuses de la Toscane. Mais la composition du sol est différente ; la
chaux n'y domine plus, elle est remplacée par la magnésie. Le
gabre noir ou roche ophiolithique est essentiellement un silicate de
magnésie ; le gabre rouge ou roche métamorphosée est surtout un
silicate d'alumine (2). Avec des conditions physiques semblables à

(1) Voyez sur ce sujet le mémoire du professeur Paolo Savi, *Delle rocce ofiolitiche
della Toscana*. Pise, 1838-39.

(2) Voici la composition exacte de ces roches, dont je dois la communication à l'obligeance de M. Bechi, professeur de chimie à l'Institut technique de Florence :

Serpentine.

Silice	42,97
Magnésie	41,66
Eau	12,02
Alumine	0,87
Oxyde de fer	2,48
	100,00

Diallage.

Silice	53,20
Magnésie	14,91
Chaux	19,09
Oxyde de fer	8,67
Oxyde de manganèse	0,38
Alumine	2,47
Eau	1,77
	100,49

Gabre rouge.

Silice	60,458
Alumine	30,375
Chaux	2,450
Oxyde de fer	5,208
Oxyde de manganèse	1,083
Magnésie	0,950
	100,524

celles des terrains environnants et une composition chimique différente, les gabres toscans offrent donc un champ propice aux recherches sur la question encore si confuse de l'influence de la nature
chimique du sol sur la distribution des plantes.

Il est certain que les gabres possèdent quelques formes végétales
qui leur sont propres ; tous les botanistes qui ont herborisé en
Toscane le savent. Déjà au xvie siècle, Césalpin avait fait la remarque que son *Lunaria quarta* (*Alyssum Bertolonii* des modernes) ne se trouve que sur les serpentines (*De plantis*, p. 369).
De nos jours, un de ces modestes médecins de campagne qui servent si bien les intérêts de la science en consacrant leurs loisirs à
des recherches locales d'histoire naturelle, le docteur Amidei, a
rappelé l'attention des botanistes sur la flore des gabres, par un
travail qu'il présenta au troisième congrès des savants italiens réunis
à Florence en 1841 ; il leur signala sept espèces comme n'ayant été
rencontrées par lui que sur ces terrains (1). Tel était l'état de la
question quand j'ai voulu l'examiner de plus près, dans l'espoir
d'en tirer quelques données plus précises que ces premiers aperçus.

J'ai commencé par dresser la liste de toutes les plantes qui ont
été trouvées sur les gabres par moi-même ou par d'autres botanistes
contemporains (2). Cette liste donne un total d'environ 200 espèces.
Je ne crois pas que des recherches ultérieures en augmentent beaucoup le nombre ; la stérilité du sol et l'uniformité de la flore des
gabres en sont garants.

Sur ce total de 200 espèces, il se trouve tout d'abord que la
grande majorité représente le fond de la végétation de toutes les
localités analogues en Toscane. Ce sont des espèces plus ou moins
communes sur toutes les collines ou basses montagnes arides et nues
qui couvrent une grande partie du pays et en forment un des traits

---

(1) *Atti della 3ª riunione degli scienziati italiani.* Firenze, 1841, p. 523. — Voici
la liste des espèces indiquées par M. Amidei :

Stipa pennata.	Iberis umbellata.
Trinia vulgaris.	Alyssum argenteum.
Ferula Ferulago.	Acrostichum Marantæ.
Euphorbia spinosa.	

Sur les sept espèces, il n'y a réellement que les deux dernières qui appartiennent en
propre aux gabres.

(2) Je dois en particulier à mon ami M. Marcucci la liste des plantes qu'il a recueillies
dans les localités que je n'ai pas visitées moi-même. M. Amidei m'a communiqué ses
plantes. D'autres indications se trouvent dans les livres, notamment dans mon *Prodromo
della Flora toscana.*

caractéristiques. Si l'on ajoute un certain nombre d'autres espèces, plus clair-semées, rares même, mais qui se rencontrent aussi fréquemment sur les terrains ordinaires que sur les gabres, on se trouve avoir en fin de compte un chiffre d'environ 190 espèces, c'est-à-dire les 19/20es du total, qu'on peut regarder comme indifférentes. Elles ne paraissent pas influencées par l'absence presque complète de chaux, non plus que par la présence de la magnésie ou de l'alumine, particularités qui distinguent surtout le terrain de gabre comparé aux terrains calcaréo-siliceux qui l'environnent.

On pourrait à la rigueur augmenter encore cette liste, en y ajoutant un très-petit nombre de plantes, telles que l'*Herniaria glabra*, le *Juniperus Oxycedrus*, le *Stipa pennata*, qui se trouvent, il est vrai, de préférence sur les gabres, mais qu'on a aussi rencontrées quelquefois sur d'autres terrains.

Ce triage fait, voici quelles sont les plantes spéciales aux gabres, c'est-à-dire qui viennent exclusivement sur les terrains de cette nature, et qui, en général, se montrent partout avec ceux-ci :

Alyssum Bertolonii Desv.

Alsine striata Gren. var. *eglandulosa*.

Centaurea paniculata Lam. var. *microcephala*.

Armeria denticulata Bert.

Euphorbia nicæensis All. var. *prostrata*.

Festuca duriuscula L. var. *glauca*.

Nothochlæna Marantæ R. Br.

Asplenium Adiantum nigrum L. var. *serpentini*.

Ce sont donc huit formes végétales, espèces ou variétés. J'en omets à dessein une neuvième, le *Carex humilis*, quoiqu'il n'ait été trouvé jusqu'à présent que dans deux localités de gabres (voy. mon *Supplemento al Prodromo della Flora toscana*, p. 49) ; mais comme c'est une plante rare, difficile à voir, et dont la présence en Toscane n'a été constatée que tout récemment, il y a tout lieu de présumer que des recherches ultérieures la feront découvrir sur d'autres terrains, puisque ailleurs, en Italie même, elle ne paraît pas avoir de prédilection sous ce rapport (voy. Parlatore, *Fl. italiana*, t. II, p. 176).

L'espèce placée en tête de la liste, l'*Alyssum Bertolonii*, est éminemment spéciale aux gabres. Non-seulement elle y abonde, mais on la voit suivre pour ainsi dire à la trace les éboulements des roches au bas des collines de gabres, et se porter même à une certaine distance le long des routes voisines où des cailloux de serpentine ont été transportés pour le macadam. C'est du reste une forme très-voisine de l'*Alyssum argenteum* All., dont M. Bertoloni ne la distingue même pas. Elle est également très-rapprochée de l'*A. serpyllifolium* Desf.

La forme ordinaire de l'*Alsine striata*, à pédicelles et calices glanduleux, se trouve en Toscane, mais elle y est très-rare ; je ne l'ai rencontrée qu'une seule fois sur un des sommets calcaires des Alpes apuanes. La variété sans poils glanduleux est assez commune sur les gabres.

Il en est de même de la variété à petits capitules du *Centaurea paniculata*. La forme ordinaire à capitules plus gros n'est pas rare dans les endroits sablonneux ou pierreux.

L'*Armeria denticulata* est considéré comme une espèce très-distincte par M. Boissier (*Prodr.*). Ceci doit s'entendre relativement à la variabilité extrême d'autres types dans un genre aussi polymorphe que les *Armeria*, puisque d'autres botanistes, notamment M. Ebel, ont confondu l'*A. denticulata* avec l'*A. alliacea* ou avec l'*A. plantaginea*, et que M. Bertoloni lui-même, l'auteur de l'espèce, en a rapporté quelques exemplaires à une variété de l'*A. plantaginea* (*Flora italica*, t. X, p. 483).

La variété rabougrie et à tiges couchées de l'*Euphorbia nicæensis* est ce que j'ai mal à propos désigné dans ma *Flore toscane* sous le nom d'*E. Gerardiana*. La forme grande et dressée se trouve dans les sables du littoral toscan.

J'ai quelques doutes sur la présence exclusive sur les gabres de la variété glauque du *Festuca duriuscula*. Les formes ordinaires de l'espèce se trouvent partout.

Le *Nothochlæna Marantæ*, commun sur les gabres, a été découvert dans une localité de l'île d'Elbe, sur le Mont-Serrato, près de Porto-Longone, dont la nature minéralogique du terrain n'est pas bien déterminée. Se pourrait-il que la présence de cette Fougère si caractéristique fût un indice suffisant pour révéler l'existence du silicate de magnésie comme élément constitutif du sol, à l'instar de ce qui a lieu, dit-on, pour le *Viola calaminaria* à l'égard du zinc ?

La variété *serpentini* de l'*Asplenium Adiantum nigrum* est indiquée par M. Bertoloni (*Fl. ital. crypt.*) dans une localité des Alpes apuanes (aux sources du Frigido), où il n'y a pas de serpentine. Mais comme dans le voisinage (à l'endroit nommé *Rasceto*), il existe de la dolomie, terrain également magnésien, il y a toute probabilité que cette variété caractéristique a été trouvée sur ce terrain ; c'est pourquoi je n'ai pas voulu l'exclure de la liste des spécialités des gabres.

Des observations que je viens d'exposer sur les plantes spéciales aux gabres de la Toscane, il ressort un fait qui frappe tout d'abord : c'est que, à l'exception du seul *Nothochlæna Marantæ*, toutes les autres formes se rapprochent plus ou moins de types qui végètent sur d'autres terrains de nature différente, soit dans le pays même, soit ailleurs, et auxquels on peut les rattacher plus ou moins directement comme dérivés.

Je n'ai pas besoin de m'étendre sur les autres conséquences qu'on peut tirer des données que j'ai réunies sur le sujet de ce travail. Elles concordent, ce me semble, avec les résultats obtenus jusqu'à présent par l'ensemble des études sur l'influence du sol sur la végétation, et qu'on pourrait résumer ainsi :

Indifférence de l'énorme majorité des plantes à la composition chimique du sol ;

Prédilection d'un très-petit nombre d'espèces pour certains éléments du sol ;

Influence déterminante des éléments du sol dans la production des variétés et des formes dérivées.

Je me hâte pourtant d'ajouter que c'est sous toute réserve que je donne ces conclusions de mes études. Le sujet qui m'a occupé est bien loin d'être épuisé. De nouvelles recherches seraient nécessaires pour réunir encore plus de matériaux que je n'en ai eu à ma disposition, et pour trancher certaines questions que je n'ai pas pu aborder ; par exemple, la spécialité (s'il y en a une) de la flore des serpentines dans l'ensemble de celle des gabres, c'est-à-dire la part qui revient à l'élément magnésien dans cette distribution de végétaux caractéristiques, ou encore le degré d'influence exercée par les gabres pour exclure une certaine portion de la flore des terrains adjacents. Je serais heureux si l'intérêt que présente ce sujet d'étude pouvait déterminer quelque botaniste du pays, qui fût en même temps minéralogiste, à en aborder l'examen avec tout le soin qu'il mérite, pour fournir à la science une solution satisfaisante de toutes les questions qui s'y rattachent.

Florence, juillet 1867.

M. Cosson dit que dans toute étude de géographie botanique

il faut rechercher avec grande attention s'il n'existe pas, sur un sol généralement homogène, des accidents locaux qui expliquent certains faits en apparence anomaux. Il cite la forêt de Fontainebleau (où le grès est, sur quelques points, recouvert d'une couche de calcaire), et des faits élucidés par M. Planchon, relativement au Châtaignier. Il ajoute que rarement les cartes géologiques sont assez détaillées pour donner, à ce sujet, des renseignements suffisants. Il excepte de cette appréciation la belle carte agronomique des environs de Paris, publiée par M. Delesse, qui tient compte des moindres accidents locaux, et qui pourrait servir avec grand avantage aux botanistes parisiens pour étudier la distribution géographique des plantes.

M. J.-E. Planchon regrette que les terrains dont M. Caruel a étudié la flore ne soient pas plus tranchés. Sur le fond de la question, il dit que, quant à lui, il croit indubitablement à l'influence chimique du terrain, mais pour un pays donné. En effet, tandis qu'aux environs de Montpellier la végétation des calcaires diffère complétement de celle des sols siliceux, dans le Briançonnais, elle est la même sur ces deux terrains. Cependant, dans ce dernier pays, le Châtaignier ne se rencontre que sur des pentes où M. Lory a indiqué des schistes particuliers, se délitant à l'air, c'est-à-dire susceptibles d'exercer, dans un état de division extrême, une influence plus immédiate sur la végétation. Dans ce dernier exemple, c'est l'influence physique du sol qui agit. Un autre exemple, pris dans les environs de Montpellier, montrerait une bande de poudingues siliceux très-denses, où ne vivent pas les plantes silicicoles. Les deux théories sont vraies; aucune des deux n'exclut l'autre.

M. Barat cite aussi quelques exemples. Aux environs de Périgueux, dit-il, il se rencontre sur des collines crayeuses dégradées par les gelées d'hiver des nodules siliceux; et sur une de ces collines, celle où l'on place un ancien camp de César, apparaît le *Cistus salvifolius*, qui a là une de ses stations les plus boréales. — D'autre part, à Alger, sur la Bouzaréah, où domine le terrain schisteux, il a rencontré abondant le *Diplotaxis amplexicaulis*, mais sur une bande calcaire.

M. J.-E. Planchon dit que le *Cistus salvifolius* ne se rencontre que là où est la silice ou la dolomie, et jamais sur des calcaires parfaitement purs.

M. Éd. Morren se réserve de revenir sur ce sujet dans une des séances ultérieures du Congrès, à l'occasion d'un mémoire qu'il se propose de lire sur la flore calaminaire.

M. Gubler expose une opinion générale : il croit fermement qu'il existe une relation causale du terrain au tapis végétal. Il en cite comme exemples les faits qu'il a observés en Provence, entre Marseille et Nice, en parcourant la chaîne de l'Esterel, où les terrains varient pour ainsi dire à chaque pas, soit dans leur âge géologique, soit dans leur structure physique ou chimique : il y a là deux flores; l'une silicicole (*Pinus maritima*, *Erica arborea*, *Cistus salvifolius*, *Lavandula Stœchas*); l'autre calcicole (*Pinus alepensis*, *Thymus vulgaris*, *Lavandula vera*, etc.), qui se représentent selon la nature chimique du sol avec une régularité frappante, même sur de petits îlots renfermés dans un terrain tout différent du leur ; ce qui justifie les réflexions exprimées précédemment par M. Cosson. M. Gubler cite plusieurs exemples démonstratifs à l'appui de sa proposition générale. Il ajoute qu'il ne faut pas se fier, pour juger de la nature chimique du sol, à l'espèce minérale, car il y a des schistes qui renferment 15/100 de calcaire.

M. de Geleznow dit qu'il faut tenir un compte sérieux des propriétés physiques, et surtout du degré d'humidité du sol, qui peut varier toutes choses égales d'ailleurs, et de la coloration de sa surface. Dans les steppes de la Russie, on observe des alternances remarquables de végétation. Quand elles ont été récemment ameublies, ces steppes, couvertes d'une terre noire et facilement perméables à l'eau, sont d'une grande fertilité. Au bout de quelques années, cette fertilité diminuant, on les laisse en jachère. Elles sont alors envahies par les mauvaises herbes, surtout par des Synanthérées (*Onopordon*), le *Dipsacus Gmelini*, des *Eryngium*. Quand le terrain se dessèche en se consolidant, ce sont des Légumineuses et quelques Graminées qui apparaissent; quand il devient plus compacte, ce sont les *Stipa pennata* et *capillata*, dont la présence témoigne qu'il faut défoncer à nouveau le terrain. M. de Geleznow a constaté lui-même, la bêche à la main, ces divers degrés de consistance du sol.

M. Camille Personnat cite deux plantes observées par lui sur des sols de nature différente : le *Nothochlœna Marantœ*, cueilli par lui dans l'Ardèche aux Sallèles, et à Magres sur des éboulements basaltiques, et le *Cistus salvifolius*, qu'il a trouvé à Auch, sur les terrains tertiaires et dans l'Ardèche, aux Ollières, sur le terrain primitif.

M. J.-E. Planchon dit que M. Diomède Tueskiewicz a observé le *Nothochlœna*, près du Vigan, croissant sur le calcaire métamorphique qui est siliceux.

M. de Candolle recommande de ne pas négliger la comparaison des pays très-éloignés les uns des autres. Les résultats que l'on obtient de l'étude isolée de chacun diffèrent souvent beaucoup entre eux. Ainsi le blé, qui croît bien en Irlande sur les terrains sablonneux, ne vient guère, dans le Midi, que sur les terres argileuses fortes. Cette idée a été développée dans sa *Géographie botanique raisonnée.* Depuis l'achèvement de cet ouvrage, une idée nouvelle lui est venue, surtout en réfléchissant à l'extension de certaines espèces qui deviennent prédominantes dans le *struggle for life* de M. Ch. Darwin. C'est que la prédominance de ces espèces est probablement due à ce qu'elles rencontrent un terrain très-favorable à leur développement, et supplantent d'autres espèces placées dans des conditions moins heureuses.

M. J.-E. Planchon, résumant ce qui vient d'être dit dans la discussion, dit que les espèces spéciales à certains terrains sont en très-petit nombre et appartiennent surtout à la silice et à la dolomie. Il cite, entre autres, l'*Arenaria tetraquetra*, qu'il a observé à Montpellier sur la dolomie, et que M. Reboud a observé en Algérie, dans les mêmes conditions. D'un autre côté, certaines plantes de la région méridionale qui croissent dans l'ouest n'y végètent plus que sur le calcaire, peut-être pour trouver un sol plus chaud, nécessaire à leur développement sous une latitude plus élevée. Les vulgarités du Midi deviennent alors les raretés de l'Ouest. En somme, ce qui a com-

promis la thèse de l'influence chimique, c'est l'abus que l'on en
a fait ; elle ne cesse pas d'être vraie, mais dans un pays restreint, jouissant d'un climat uniforme.

M. Du Mortier explique une raison qui modifie artificiellement le
caractère chimique du sol dans certaines localités. En Hollande,
on trouve des dunes composées d'un sable formé de coquillages
brisés (avec lequel on fait de la chaux), et que l'on transporte
comme engrais sur des terres schisteuses et froides. L'Ardenne
a été ainsi transformée ; stérile avant l'apport de la chaux, elle
est devenue fertile, preuve nouvelle de l'importance du calcaire.
S'il n'est pas très-important dans le Midi, il est indispensable
dans le Nord, où il semble suppléer au calorique. Il faut se garder
d'une théorie trop générale en pareille matière. Le système
doit varier suivant les contrées. Les plantes localisées sont beaucoup plus rares que l'on ne se l'imagine. Les stations des plantes
ne sont qu'une série d'exceptions aux règles que l'on pose. Il
cite comme exemple des difficultés de ce sujet, la distribution
géographique du *Lathræa clandestina* qui, commun dans le midi
de la France, n'est pas signalé aux environs de Paris, et se retrouve abondant en Belgique.

M. Bureau reprend l'idée indiquée par M. Planchon sur la
végétation des calcaires de l'ouest de la France. Là les plantes
méridionales se trouvent, ou sur le bord de la mer, où la température est plus douce, ou dans de petits bassins calcaires de
l'intérieur, indifférents d'ailleurs à l'âge géologique du terrain ;
par exemple, jusque sur le coteau qui avoisine Ancenis (Maine-
et-Loire). Il pense, comme M. Planchon et M. Du Mortier, que,
dans ce cas, le calcaire supplée à la latitude par la facilité avec
laquelle il s'échauffe. Il ajoute que la chaux employée en agriculture commence à influer sur l'aire locale des plantes calci-
coles de l'ouest, et que plusieurs d'entre elles sortent des bassins
calcaires, notamment le *Lepidium campestre*. Dans quelque
temps, il sera bien difficile de continuer ces observations.

M. Laisné dit que, sur les côtes du département de la Manche,
comme en Hollande, on exploite la tangue, c'est-à-dire le sable
constitué, presque par moitié, de coquillages brisés, pour le

transporter sur les terres schisteuses ou granitiques de l'intérieur. Il en résulte que toute la surface du pays est imprégnée
d'une légère couche de calcaire. Le grès de Fontainebleau, dont
on a beaucoup parlé dans la discussion, comprend un élément
calcaire important; on sait qu'il est aggloméré par un ciment
uniquement calcaire, et qu'il cristallise suivant une forme qui
n'est pas celle du quartz, mais bien un dérivé de la forme ordinaire au carbonate de chaux, lequel englobe les molécules de
silice. M. Laisné ajoute qu'il a trouvé dernièrement, sur les
bords de la baie du Mont-Saint-Michel, le *Lathræa clandestina*,
qui n'y était point connu, et cela sous la latitude de Paris.

M. Warner fait au Congrès la communication suivante :

SUR LES PRINCIPES GÉNÉRAUX DE LA CULTURE DES ORCHIDÉES,

par **M. Robert WARNER**, de Londres.

Il sera évident pour ceux qui ont fait une étude spéciale de la
culture des Orchidées, que les principes généraux établis dans ce
mémoire devront être modifiés dans quelques cas.

Il est cependant certain que quiconque suivra des règles bien
définies en commençant une étude quelconque, sera capable d'entreprendre des expériences avec des chances de succès meilleures que
celui qui s'y livrera sans aucun plan d'action établi d'avance.

Il est indispensable que la grandeur et la forme des serres à
Orchidées soient en raison des plantes qu'on se propose d'y cultiver.
Dans les contrées septentrionales du continent européen, il faudra des
serres garnies d'un double vitrage. Cela est moins nécessaire en Angleterre, le froid de l'hiver y étant moins intense. En Italie, le double
vitrage est également inutile; on aura plutôt à y lutter contre la
chaleur estivale que contre le froid hivernal.

La largeur intérieure des serres ne doit pas être inférieure à dix
pieds ou supérieure à dix-huit. Avec la première largeur, on aura
dans l'axe de la serre un chemin large de quatre pieds; avec la
seconde largeur, deux chemins latéraux de trois pieds chacun, bordés
extérieurement de bâches larges de trois pieds et entre lesquelles la
bâche médiane aura environ cinq pieds de largeur. Les serres à
Orchidées devront être plutôt basses que hautes; la hauteur ne
doit pas y excéder sept pieds et demi dans le centre de la serre.

Il faut ménager une ventilation abondante, au sommet et à la base de la serre, mais surtout au sommet, et toutes les ouvertures doivent être garnies d'un tissu métallique qui empêche les mouches et les abeilles de pénétrer, et cependant permette l'accès de l'air. Il faut dans la serre une obscurité relative, mais pas trop épaisse. Le pouvoir échauffant des chaudières et des tuyaux doit être de 50 pour 100, au-dessus de ce qui est nécessaire pour l'usage de chaque jour.

Toute l'eau de pluie qui tombe sur les toitures doit être recueillie dans l'intérieur des serres, dans des citernes que l'on placera de façon que l'eau puisse arriver à la même température que l'air de la serre ou même à une température plus chaude de 10 degrés. Pour les collections ordinaires, il sera généralement suffisant de construire deux serres, l'une pour les plantes des Indes orientales, l'autre pour celles du Mexique ou du Brésil ; celles qui réclament un traitement moins chaud seront bien dans quelque serre à raisin basse, où la chaleur du feu n'est employée que pour préserver du froid. Les Vignes y seront alors dirigées de manière qu'il n'y ait qu'une seule couche de feuilles entre le vitrage et les Orchidées.

Les détails qui concernent la culture particulière de chaque espèce sont au mieux donnés dans le *Manuel des Orchidées* de M. B.-P. Williams.

J'arrive à présent à la question des achats de plantes. La première règle que je pose à cet égard pour les débutants, c'est qu'il ne faut jamais acheter de plantes faibles ou malades. La seconde, c'est que les Orchidées, comme les autres végétaux, aiment une chaleur modérée et un peu humide pendant l'époque de leur croissance. C'est une erreur complète que de supposer que les Orchidées dites Orchidées froides, font exception à cette règle. Si elles se différencient des autres, c'est surtout parce qu'elles demeurent plus longtemps qu'elles dans le repos de la végétation. Ceci me conduit à la troisième règle qui est une des plus importantes ; c'est que toutes les Orchidées doivent être maintenues un certain temps dans ce repos.

Plus le climat de leur patrie est froid, plus la saison de repos qu'elles réclament doit être prolongée. Il y a quelques Orchidées des Indes orientales qui ne demandent qu'un court repos, mais il leur en faut toujours si l'on désire qu'elles fleurissent abondamment.

La manière de déterminer cet arrêt dans leur végétation varie

considérablement. Certaines espèces y sont amenées par le refroi-
dissement de la température ; d'autres par le défaut relatif d'humidité ; au contraire, il y en a qu'on ne peut porter à fleur à moins
de les exposer aux rayons directs du soleil.

La quatrième règle est de donner une aération abondante ; il est
même à désirer que l'air circule en tout temps, même en hiver : l'air
introduit doit être chauffé ou seulement tiède ; cela dépend de la
nature des plantes que l'on cultive ; mais en tout cas, il faut éviter
un courant d'air froid.

La cinquième règle est de donner l'attention la plus soigneuse à
écarter tous les insectes ennemis qui sucent les feuilles, ou bien se
nourrissent des racines, des jeunes plantes ou des jeunes fleurs. Les
Orchidées ne sont pas plus attaquées par les insectes que les Roses
et quelques autres belles fleurs de jardin.

Si les règles ci-dessus exposées sont bien suivies, le succès est
certain, et dans beaucoup de cas les bulbes et les feuilles des plantes
seront plus grands et plus robustes, et les fleurs plus belles et plus
nombreuses que dans leur pays natal. Il faut cependant qu'on sache
que les Orchidées peuvent quelquefois mourir malgré tous les soins.
Les membres de l'humaine race, qui peuvent apprendre au médecin
où et comment ils souffrent, ne vivent pas longtemps ; et le Chêne
lui-même, qui peut durer un millier d'années, finit aussi par mourir.

M. G. Planchon, secrétaire du comité d'organisation, dépose
sur le bureau le mémoire suivant :

SUR L'ÉTAT ACTUEL DE LA FLORE GRECQUE,

par **M. Théodore ORPHANIDÈS**,

professeur de botanique à l'Université nationale d'Athènes.

(Athènes, 1/13 août 1867.)

La formation d'un Congrès botanique, depuis longtemps désirée,
est aujourd'hui absolument nécessaire. Il n'y a que les savants réunis
en corps qui puissent mettre de l'ordre dans le chaos que l'ignorance et l'arbitraire ont introduit dans la science ; ce malheur,
comme nous le savons tous, oblige les botanistes à perdre plus de
temps pour contrôler les fautes des autres que pour contribuer au
véritable progrès de la science.

Désirant, quoique de loin, répondre à l'obligeante invitation qui

m'a été faite de prendre part au Congrès international de Paris,
je m'empresse de donner par ce mémoire quelques renseignements
sur l'état actuel de la flore grecque, détails qui pourront intéresser
les botanistes au point de vue de la géographie botanique.

La végétation de la Grèce, et en général celle de l'Orient, occupe
depuis quelque temps des hommes éminents en Europe. Plusieurs
collecteurs de trésors végétaux ont entrepris des voyages pénibles,
et formé des collections où brillent une multitude de nouvelles découvertes, décrites déjà en grande partie par l'illustre auteur du
Flora orientalis.

Cet ouvrage, admirable de clarté et de précision, embrasse la
végétation de tout l'Orient, d'une partie des Indes, de la Perse, etc.,
et, s'il était entièrement publié aujourd'hui, le mémoire que j'ai
l'honneur de présenter au Congrès n'aurait pu en être regardé que
comme un fragment, car ce sont les plantes grecques qui ont occupé
spécialement depuis plusieurs années M. Boissier. Mais à peine le
premier volume du *Flora orientalis* est-il paru ; aussi je ne crois
pas sans utilité d'entreprendre l'examen de la flore qui m'occupe
spécialement.

§ 1.— **Étendue de la flore grecque. Nature du sol.**

D'abord je crois indispensable de dire quelles sont les limites de
cette flore.

J'appelle flore grecque (*Chloris hellenica*) non-seulement la
végétation spontanée qui couvre le Péloponèse et toutes les îles de
l'archipel grec, la Roumélie jusque au Jeni-Barar, sur les frontières
de la Servie (c'est-à-dire la Thessalie, l'Épire, la Macédoine et la
Thrace en deçà du mont Hémus), mais encore l'Asie-Mineure depuis
les Dardanelles et Smyrne jusqu'à Trébizonde et aux rives de l'Eu-
phrate.

En d'autres termes, j'appelle flore grecque, la végétation de ce
qu'on appelait anciennement Grèce et de ce que le botaniste anglais
Sibthorp a parcouru dans ses voyages.

Les traditions historiques de cette belle contrée, son caractère
climatologique et l'uniformité de sa végétation, obligent l'homme de
science à ne pas reconnaître des limites imposées par l'invasion de
peuples barbares ou par les injustices de la politique. Ni l'historien,
ni le botaniste ne concevront qu'on sépare l'Olympe de Bithynie
ou l'Olympe de Thessalie du Parnasse ; le Cadmus ou le Sipyle du

mont Cyllène et du Taygète ; les îles de Samos, de Chio, de Chypre ou de Rhodes des îles Ioniennes, des Cyclades et de la Crète.

Le sol de cette contrée est très-inégal, mais plein de beautés. De grandes et hautes montagnes dont les sommets restent couverts de neiges pendant tout l'été la divisent en plusieurs grandes vallées. Sur ces montagnes, parmi les raretés caractéristiques du pays, se donnent rendez-vous les plantes des Alpes et les plantes proprement orientales. Ainsi l'*Aster alpinus*, les *Vaccinium*, les *Gentiana*, vivent avec les *Biebersteinia* et les *Acantholinum*, etc.

Du pied de ces montagnes s'étendent jusqu'aux bords de la mer de grandes plaines où le Dattier et les Hespéridées sont naturalisés. Ces plaines, ordinairement très-fertiles, rarement stériles, et plus rarement sablonneuses, nourrissent une multitude d'Ombellifères, de Légumineuses et de Cynarées. Ici des vallons, patrie du Laurier, du Myrte et du *Nerium*, sont couverts d'une végétation luxuriante, arrosée par des ruisseaux nombreux ; là, des collines arides et nues portent les Orchidées, les Liliacées et les Graminées. Quelquefois ces collines et les pentes inférieures des montagnes d'alentour se couvrent d'une végétation toujours verte, où se distinguent les Chênes à feuilles persistantes, le Lentisque, l'Olivier sauvage, les Arbousiers, le Caroubier, quelques espèces de Conifères, les Légumineuses, les Cistes et plusieurs Labiées frutescentes.

Au pied de ces collines se trouvent ordinairement des ravins, lits des torrents qui, vers le pied des montagnes, aboutissent à des gorges donnant passage aux eaux provenant de la fonte des neiges. Ces gorges sont presque toujours bornées à droite et à gauche par des rochers escarpés et effrayants, sur lesquels souvent la chèvre et le botaniste ont laissé intactes, en soupirant à l'envi, des plantes qui secouaient au-dessus de leur tête leurs panaches fleuris. Des deux côtés de ces gorges se trouvent des plateaux très-hauts et très-froids. Enfin des bois, le plus souvent composés totalement de Pins ou de Sapins, sont le refuge de quelques rares *Galium*, de Labiées et de Composées.

Les côtes de la mer et les îles à climat doux offrent sur leurs rochers, près des plantes du littoral, une foule de Composées, de Papilionacées et de Graminées, parmi lesquelles se trouvent quelquefois groupées des Campanules et des Caryophyllées très-rares.

La température de toutes ces localités diffère beaucoup, et tandis que le botaniste en excursion sur la plaine méridionale de la Thes-

salie, par exemple, étouffe sous une chaleur de 35 à 38 degrés cent.,
quelques heures après il rencontre, sur le sommet de l'Olympe,
une température de 5 à 8 degrés seulement. Entre ces deux
extrêmes, on trouve superposés les différents climats dont chacun
favorise une végétation spéciale, et le passage d'un climat à l'autre
se fait quelquefois très-brusquement.

Cependant ce panorama magique a un défaut digne d'attention.
Comme tout ce qui est beau sur terre dure peu, cette végétation
splendide s'éteint comme un éclair, et le botaniste qui compte recueillir à son retour dans une localité une plante qu'il a vue en
fleur trois ou quatre jours auparavant, la reverra avec étonnement en fruit ; qu'il retarde davantage, et il en retrouvera à peine
les traces. La rapidité avec laquelle passe et défleurit la végétation
grecque est, sans doute, le résultat de la grande chaleur et des vents
qui facilitent la fécondation ; mais je crois qu'elle peut être aussi
attribuée à une tendance naturelle de la vie de ces végétaux, c'est-
à-dire à une fugacité propre à ces espèces.

En général, la végétation de la Grèce se développe, hors quelques
petites exceptions, à deux courtes époques : pour les plantes des
plaines et du littoral, depuis le mois de mars jusqu'à la fin de mai,
et pour les plantes des montagnes, depuis le mois de juin jusqu'au
15 août.

Passé le mois de mai, dans les plaines, tout est brûlé par un soleil
ardent, partout règne une sécheresse affreuse, et le botaniste étranger, ignorant qu'il foule aux pieds les germes d'une riche végétation, peut avec raison maudire le pays. De même, sur les montagnes,
passé le 15 août, c'est-à-dire après les premières pluies, on ne trouve
plus que des plantes en pleine fructification ou quelques plantes
d'automne, telles que des Colchiques et des *Crocus*. Cependant,
entre ces deux saisons, quelques vallons privilégiés, situés dans une
région moyenne, servent de transition entre la sécheresse estivale
des plaines et le printemps tardif des montagnes.

Indépendamment de tout ce que je viens d'exposer, il existe encore d'autres différences frappantes entre la végétation grecque et
celle du reste de l'Europe. 1° Dans notre flore, nous avons un grand
nombre de plantes épineuses, notamment dans les genres *Euphorbia, Rhamnus, Poterium, Verbascum.* 2° Il est rare de rencontrer
en Grèce des bois composés d'un grand nombre d'espèces d'arbres,
comme il arrive souvent en Europe. Si cela arrive chez nous, ce

n'est que dans la région moyenne des montagnes. Une de celles qui se distinguent le plus pour la variété des arbres dont se composent ses bois est le mont Athos.

§ 2. — Richesse de la flore grecque. Énumération de ses plantes par classes et familles naturelles.

Sibthorp, ayant parcouru la Grèce dans deux voyages depuis le Pont-Euxin jusqu'au bout de l'Asie-Mineure, et depuis les confins de la Servie jusqu'au cap Ténare, dans le Péloponèse, toute la Thrace et toutes les îles de l'archipel grec, y a trouvé :

Plantes phanérogames	2335
Plantes cryptogames	253
	2588

Le but principal de Sibthorp, à ce qu'il paraît, était de retrouver les plantes mentionnées par Dioscoride, et cela se voit dans le *Prodromus Floræ Græcæ*, où se trouvent, auprès des noms scientifiques, les noms grecs vulgaires et les noms de Dioscoride. Ces derniers, d'après les résultats d'une étude spéciale que j'ai faite depuis plusieurs années, non-seulement ne sont pas toujours exactement expliqués, mais dans plusieurs cas sont tout à fait erronés.

Après Sibthorp, Tournefort, dans son voyage au Levant, a découvert quelques rares espèces, principalement en Crète et dans les îles.

Dumont d'Urville et Castagne, plutôt amateurs que botanistes de profession, ont ajouté quelques chaînons à la grande chaîne de la végétation grecque.

D'autres botanistes ont fait encore deux bons ouvrages : Grisebach, qui nous a donné une très-belle Flore de Roumélie, Bory de Saint-Vincent et Chaubard, qui ont décrit, dans la *Flore du Péloponèse et des Cyclades*, 1821 espèces de plantes, faisant partie des collections que l'expédition scientifique envoyée en Morée par le gouvernement français, a faites dans cette partie de la Grèce.

Les *Illustrationes Plantarum orientalium*, de MM. le comte Jaubert et Spach, ouvrage d'un grand mérite, ont ajouté à notre flore un bon nombre de belles espèces.

Mais tous ces excellents travaux n'étaient que des fragments, des études partielles et séparées de la grande flore grecque. Tous ces botanistes n'ont parcouru le pays qu'à la hâte ; ils n'ont pris que ce qu'ils ont trouvé sur leurs pas ; aucun d'eux n'a habité le pays constamment, aucun n'avait de correspondants réguliers parmi les habitants du pays pour en recevoir continuellement des collections et des découvertes nouvelles.

Cette honorable tâche était réservée à M. Edmond Boissier, qui dans l'étude qu'il a entreprise depuis vingt-cinq ans de la végétation de l'Orient, a compris la riche et belle flore de la Grèce.

M. Boissier, après plusieurs voyages qu'il a faits en Grèce et en Orient, a trouvé ou a su se créer des correspondants zélés ; en outre, il a envoyé à ses frais plusieurs collecteurs qui ont parcouru l'Asie-Mineure et plusieurs autres provinces de la Grèce. En un mot, M. Boissier, après la publication de sa première livraison des *Diagnoses*, en 1842, a centralisé les recherches de tous les observateurs qui s'occupaient de la flore grecque. Ainsi dans les dix-neuf livraisons de ses *Diagnoses*, il a décrit une grande quantité d'espèces nouvelles, et récemment il a complété son œuvre par la publication de son *Flora orientalis*. J'ai regardé comme un honneur de me ranger parmi ses correspondants et amis, et je lui ai communiqué mes découvertes, qu'il a bien voulu publier dans ses *Diagnoses* et dans son *Flora orientalis*.

Grâce à ces grands travaux, la flore grecque, dans les limites mentionnées ci-dessus, compte actuellement, d'après le catalogue et le tableau ci-après, 5668 espèces, c'est-à-dire plus du double de celles que Sibthorp a recueillies et que Smith a énumérées dans le *Prodromus Floræ Græcæ*.

Mais ce qui étonne, c'est que 1649 espèces ont été découvertes dans l'espace de trente ans ; c'est ce qui démontre la grande recherche de la flore grecque, et je n'hésite pas à assurer que si de zélés collecteurs examinent la grande montagne du Rhodope et des monts Acrocérauniens, le Pinde et le grand Olympe de Thessalie, la montagne d'Ossa, les montagnes de la haute Macédoine dans la province d'Ochrida, le Cerceteus dans l'île de Samos, et les hautes montagnes du continent opposé ; si l'on étudie avec zèle les Cryptogames dans toutes les régions de la flore grecque, et les Algues marines de toutes les côtes, plus de 1500 espèces nouvelles seront à ajouter, et la flore grecque parviendra au nombre de 7500 espèces.

Si nous comparons maintenant notre flore à celle d'une plus grande étendue de terrain, à celle, par exemple, de toute l'Allemagne, qui est la septième de l'Europe entière, si nous examinons l'excellent ouvrage de Koch, qui a pour limites les bords de l'Adriatique et les sommets des Alpes, nous compterons 3426 espèces seulement, c'est-à-dire 1000 espèces de moins que n'en comptent nos Dicotylédones.

Voici le tableau des familles de la flore grecque :

Énumération des classes, familles, genres et espèces de la flore grecque.

I. Acotyledoneæ.

	Genres.	Espèces.	Espèces nouvelles.
Algæ	52	132	9
Fungi	15	63	1
Lichenoidæ	28	124	2
Muscinæ	27	74	0
Hepaticæ	12	24	1
Filices	19	44	3
Lycopodiaceæ	2	2	0
Equisetaceæ	1	9	1
Characeæ	1	2	0
Total	157	474	17

II. Monocotyledoneæ.

	Genres.	Espèces.	Espèces nouvelles.
Gramineæ	72	314	51
Cyperaceæ	7	72	3
Juncaceæ	2	27	2
Araceæ	5	11	2
Typhaceæ	2	4	1
Palmæ	1	1	0
Melanthaceæ	4	15	2
Asparaginaceæ	5	13	0
Liliaceæ	17	158	62
Amaryllideæ	6	13	0
Dioscoreæ	1	2	0
Irideæ	5	47	14
Orchidaceæ	13	72	8
Butomaceæ	1	1	0
Alismaceæ	3	4	0
Najadeæ	5	13	0
Lemnaceæ	1	2	0
Total	150	769	145

III. Dicotyledoneæ.

	Genres.	Espèces.	Espèces nouvelles.
Abietineæ	2	9	3
Cupressineæ	2	14	2
Taxineæ	1	1	0
Gnetaceæ	1	3	1
Betulineæ	2	3	0
Quercineæ	6	27	1
Salicineæ	2	22	2
Total	16	79	9
Report	16	79	9
Juglandeæ	1	1	0
Cæsalpinieæ	2	2	0
Papilionaceæ	51	542	203
Amygdaleæ	3	16	3
Pomaceæ	7	25	9
Rosaceæ	10	66	11
Spiræaceæ	1	2	0
Rhamnaceæ	3	16	3
Elæagneæ	1	1	0
Thymeleaceæ	3	15	0
Lauraceæ	1	1	0
Granateæ	1	1	0
Myrtaceæ	1	1	0
Stackhousieæ	1	1	0
Lythrarieæ	1	7	0
Œnotheraceæ	3	15	1
Halorageæ	4	6	0
Cucurbitaceæ	3	6	1
Cytineæ	1	1	0
Aristolochiaceæ	2	13	3
Ceratophyllaceæ	1	1	0
Loranthaceæ	3	3	0
Santalaceæ	2	10	3
Umbelliferæ	78	277	105
Araliaceæ	2	3	0
Cornaceæ	1	3	0
Balsamifluæ	1	1	0
Platanaceæ	1	1	0
Saxifragaceæ	2	28	13
Ribesiaceæ	1	4	0
Crassulaceæ	5	55	15
Elatinaceæ	1	1	0
Datisceæ	1	1	0
Mesembrianthe-maceæ	3	4	0
Cactaceæ	1	1	0
Phytolaccaceæ	1	1	0
Chenopodaceæ	11	49	0
Amarantaceæ	2	9	0
Sileneæ	12	228	122
Alsineæ	11	96	43
Paronychiaceæ	11	29	6
Total	267	1622	552

	Genres.	Espèces.	Espèces nouvelles.		Genres.	Espèces.	Espèces nouvelles.
Report....	267	1622	552	*Report*....	440	2497	797
Portulacaceæ...	3	4	0	Monotropaceæ..	1	1	0
Polygonaceæ...	5	46	10	Primulaceæ....	7	30	4
Urticeæ........	2	8	0	Plumbagineæ ..	5	29	14
Moreæ.........	3	4	0	Plantagineæ ...	1	24	0
Celtideæ.......	3	4	0	Labiateæ......	33	320	114
Cannabineæ...	1	1	0	Verbenaceæ	2	3	0
Nymphæaceæ..	2	2	0	Globulariaceæ ..	1	4	1
Ranunculaceæ..	17	144	37	Jasminaceæ....	1	2	0
Berberidaceæ ..	4	6	0	Acanthaceæ....	1	3	1
Fumariaceæ...	2	17	6	Gesneraceæ	1	2	2
Papaveraceæ...	5	22	5	Orobanchaceæ..	3	18	4
Resedaceæ.....	1	7	1	Utriculariaceæ..	2	5	0
Capparideæ. ...	2	2	0	Scrophulariaceæ.	18	252	123
Cruciferæ.....	61	260	97	Solanaceæ.....	8	18	0
Violaceæ	1	22	12	Borraginaceæ ..	20	142	62
Droseraceæ.....	1	1	0	Convolvulaceæ ..	5	36	9
Frankeniaceæ ..	1	2	0	Apocyneaceæ...	3	5	0
Viniferæ.......	1	2	0	Asclepiadaceæ..	5	13	6
Staphyleaceæ...	1	1	0	Gentianaceæ. ..	5	16	1
Celastrineæ....	1	2	0	Rubiaceæ	8	114	48
Coriariaceæ....	1	1	0	Caprifoliaceæ ..	3	14	2
Acerineæ......	1	10	3	Valerianaceæ ..	4	30	13
Hippocastaneæ..	1	1	0	Dipsaceæ......	7	61	24
Rutaceæ......	3	13	5	Compositæ.....	124	686	223
Anacardiaceæ ..	2	4	0	Lobeliaceæ	1	1	0
Zygophyllaceæ..	4	5	0	Campanulaceæ .	8	99	39
Oxalidaceæ....	1	2	0				
Linaceæ.......	2	26	8	Total....	717	4425	1487
Geraniaceæ...	3	39	9				
Polygalaceæ ...	1	10	4				
Euphorbiaceæ ..	5	68	13	**Récapitulation.**			
Malvaceæ.	10	32	4				
Hypericineæ ...	2	47	28				
Tamaricineæ...	2	6	1	I. Cryptogamæ	157	474	71
Cistineæ	3	25	2	II. Monocotyle-			
Ebenaceæ.....	1	1	0	donæ......	150	769	145
Oleineæ.......	4	8	0	III. Dicotyledo -			
Ilicineæ	1	1	0	næ.	717	4425	1487
Styracaceæ	1	1	0				
Ericaceæ......	7	14	0	Total....	1024	5668	1648
Pyrolaceæ.....	1	4	0				
Total.....	440	2497	797				

Ce tableau a été tiré du catalogue général de mon propre herbier,
et des bons ouvrages que j'ai mentionnés ci-dessus. Dans sa rédaction, j'ai omis toute plante douteuse et toutes les variétés même les
plus notables.

Des chiffres de ce tableau il résulte :

1° Que la flore grecque comprend 137 familles naturelles ;

2° Que les Cryptogames y sont aux Phanérogames comme 1 : 12 ;

3° Que les Monocotylédones sont aux Dicotylédones comme 1 : 7 ;

4° Que les dernières découvertes, montant à 1649 espèces, forment les 2/7ᵉˢ de la végétation totale ;

5° Que les familles et les genres prédominants sont dans l'ordre suivant :

NUMÉROS.	FAMILLES.	ESPÈCES.	GENRES PRÉDOMINANTS.
1	Compositæ............	686	Senecio 41. Achillea 30. Anthemis 41. Centaurea 99.
2	Papilionaceæ..........	542	Trifolium 92. Onobrychis 20. Vicia 40. Astragalus 88.
3	Labiateæ.............	320	Salvia.
4	Gramineæ............	314	Phleum, Poa, Festuca, Avena, Bromus.
5	Umbelliferæ..........	277	Bupleurum 31. Seseli 15.
6	Cruciferæ............	260	Arabis, Erysimum, Sisymbrium, Alyssum.
7	Scrophulariaceæ........	252	Scrofularia 32. Verbascum 84. Veronica 47.
8	Sileneæ..............	228	Dianthus 64. Silene 112.
9	Liliaceæ.............	158	Ornithogalum 20. Allium 63.
10	Ranunculaceæ..........	144	Ranunculus.
11	Borraginaceæ..........	142	Anchusa, Alkanna.
12	Rubiaceæ.............	114	Galium.
13	Campanulaceæ.........	99	Campanula.
14	Alsineæ..............	96	Cerastium 25. Alsine 27.
15	Cyperaceæ............	72	Carex 40. Cyperus 14.
16	Orchidaceæ...........	72	Orchis 33. Ophrys 13.
17	Euphorbiaceæ..........	68	Euphorbia.
18	Rosaceæ	66	Potentilla 27. Rosa 20.
19	Dipsaceæ	61	Scabiosa.
20	Crassulaceæ...........	55	Sedum.
21	Chenopodaceæ.........	49	Chenopodium.
22	Hypericineæ..........	47	Hypericum.
23	Iridaceæ	47	Iris 12. Crocus 26.
24	Polygonaceæ..........	46	Polygonum.
25	Geraniaceæ	39	Geranium.
26	Convolvulaceæ.........	36	Convolvulus.
27	Malvaceæ	32	
28	Primulaceæ...........	30	
29	Valerianaceæ	30	Valeriana, Valerianella.
30	Paronychiaceæ.........	29	
31	Plumbagineæ..........	29	Statice.
32	Saxifragaceæ	28	Saxifraga 27.
33	Quercineæ............	27	Quercus.
34	Juncaceæ	27	Juncus 20.
35	Linaceæ	26	Linum.
36	Pomaceæ.............	25	
37	Cistineæ.............	25	Cistus.
38	Salicineæ............	22	Salix 16.
	Etc., etc.		

M. Germain de Saint-Pierre fait au Congrès la communication suivante :

CONSIDÉRATIONS SUR LE PHÉNOMÈNE DE L'HYBRIDITÉ
DÉDUITES D'EXPÉRIENCES
SUR LES ESPÈCES DU GENRE *LAGENARIA*
(FÉCONDATION D'UNE MÊME FLEUR PAR PLUSIEURS POLLENS ; HYBRIDES DE PREMIÈRE,
DE DEUXIÈME ET DE TROISIÈME GÉNÉRATION),

Par **M. E. GERMAIN DE SAINT-PIERRE.**

Messieurs,

Dans une communication que j'ai eu l'honneur de faire, l'année dernière, à la Société botanique de France, j'ai exposé sommairement le résultat que j'ai obtenu (dans mon jardin de Saint-Pierre-des-Horts, à Hyères, Var) de la fécondation de la fleur femelle du *Lagenaria sphærica* par le pollen du *Lagenaria vulgaris* (var. *leucantha-longissima*). Je rappellerai que le *L. sphærica*, plante d'Afrique (que M. Naudin a fait connaître il y a peu d'années), est une espèce très-éloignée du *L. vulgaris*, plante commune dans les jardins de l'Europe, probablement originaire de l'Inde.

Le *L. vulgaris* est annuel et monoïque, le *L. sphærica* est vivace et dioïque ; feuilles, fleurs, fruits, graines, présentent des différences essentielles sur lesquelles j'ai déjà insisté.

Les fleurs mâles du *L. sphærica* me manquaient alors ; les fleurs femelles de cette belle plante se développaient, au contraire, en abondance ; après de nombreuses tentatives infructueuses pour les féconder par les fleurs mâles du *L. vulgaris*, l'opération réussit pour une fleur ; l'ovaire grossit, le fruit mûrit ; ce fruit ne différait en rien, en apparence, des fruits normaux du *L. sphærica* que j'obtins ensuite plus tard ; les graines contenues dans ce fruit étaient également normales en apparence, toutes étaient parfaitement conformées, également mûres et en nombre indéfini comme à l'ordinaire.

Ces graines, semées au printemps suivant, levèrent toutes parfaitement bien, et donnèrent naissance à une plante hybride, dont les individus, assez nombreux, étaient tous identiques entre eux : feuilles, inflorescence, fleurs, fruits, tenaient exactement autant de la mère que du père. Seulement, ainsi qu'il arrive presque toujours chez les plantes hybrides, les étamines étaient stériles, les granules polliniques nuls ou atrophiés ; la plante était donc, par conséquent, incapable d'être fécondée par elle-même ; les ovaires, au contraire, et les ovules qu'ils renfermaient étaient parfaitement conformés.

A proximité de ces plantes hybrides végétaient et fleurissaient en abondance le *L. sphærica* (la mère), le *L. vulgaris* (le père), et un autre *Lagenaria*, récemment découvert en Afrique, et semé pour la première fois en France : le *L. angolensis* Naudin. La plupart des fleurs femelles hybrides furent fécondées à la fois par du pollen provenant de ces trois espèces (les seules dont se compose le genre *Lagenaria*, regardé, il y a peu d'années encore, comme monotype).

Un assez grand nombre des fleurs femelles de la plante hybride qui subirent cette triple fécondation artificielle, parurent avoir accepté l'imprégnation ; les ovaires grossirent, et, à mesure qu'ils grossissaient, on pouvait remarquer qu'ils revêtaient une forme, un volume, une couleur, parfaitement intermédiaires entre la forme, le volume et la couleur des espèces maternelle et paternelle. C'est ce fruit que j'ai eu déjà l'honneur de présenter, l'année dernière, à la Société botanique, et dont nous allons maintenant examiner la postérité.

Plusieurs de ces fruits hybrides étant ouverts, montrèrent un très-grand nombre de graines restées à un état incomplet de développement ; les téguments seuls avaient pris un certain accroissement, l'embryon ne s'était pas formé. Ces graines, vides, étaient petites et de couleur blanche ; mais un certain nombre d'autres, une sur vingt environ, avaient évidemment subi la fécondation ; elles étaient beaucoup plus volumineuses, de couleur brune, et renfermaient un embryon apte, en apparence, à la germination.

Une partie de ces graines furent semées au printemps dernier. Une assez longue absence de ma propriété d'Hyères, où avaient lieu les expériences, ne me permit pas de suivre toutes les phases de leur développement ; à mon retour, en automne, je pus m'assurer que presque toutes les graines semées avaient réussi ; quelques-unes avaient dû ne fournir que des plantes mâles ou peut-être stériles, alors desséchées, mais un certain nombre étaient chargées de très-beaux fruits ; deux formes nouvelles s'étaient produites : l'une dont les fruits sont parfaitement intermédiaires de forme, de volume et de couleur entre la mère (l'hybride de première année : *L. vulgari-sphærica*) et le père probable (*L. sphærica* type) ; l'autre dont les fruits sont également tout à fait intermédiaires entre l'hybride mère et le père probable (le *L. angolensis* type).

Au printemps de cette année (1867), j'ai fait de nouveaux semis des mêmes graines de l'hybride de première année, et j'ai pu assister aux premières périodes de leur développement. La plupart de ces graines, conservées depuis deux ans, ont germé et annoncé une vigoureuse constitution ; un certain nombre des jeunes plantes ont malheureusement été détruites par divers accidents. Quatre d'entre elles seulement ont pu être sauvées et se sont vigoureusement développées. Il y a quinze jours environ (à mon départ), elles présentaient les états suivants : la première était une reproduction identique du type du grand-père et en même temps père probable (le *L. vulgaris* var. *leucantha-longissima*); cette variété est reproduite dans toute son intégrité; il ne reste aucune trace d'hybridité. Cette plante fournit des fleurs mâles et des fleurs femelles dont plusieurs sont, actuellement, passées à l'état de fruit. La seconde plante est une reproduction du *L. angolensis* mâle dans toute son intégrité, seulement les étamines m'ont toutes paru dépourvues de pollen bien conformé (le *L. angolensis* est évidemment son grand-père, ou père de l'hybride dont elle sort, et en même temps son père) ; la troisième et la quatrième plante n'avaient pas encore fleuri lors de mon départ; mais, d'après la forme des feuilles, l'une paraissait devoir reproduire le type du *L. sphærica;* l'autre, le type du *L. angolensis;* ou peut-être constitueront-elles des formes hybrides de deuxième génération, analogues à celles obtenues par le semis fait l'année dernière.

Occupons-nous maintenant de la postérité des hybrides de seconde génération : les fruits de l'un des deux, de celui qui est intermédiaire entre l'hybride de première année (sa mère), et le *L. sphærica* type, renfermaient des graines parfaitement mûres et bien conformées, dont la plupart ont levé et ont fourni, par conséquent, des plantes de troisième génération. Ces plantes montraient, il y a quelques jours, des fleurs en bouton se rapportant au type *L. sphærica;* malheureusement, ces plantes, en assez grand nombre, paraissent devoir appartenir toutes au sexe mâle ; dans ce cas, les fruits de cette troisième génération nous manqueraient cette année, mais de nouveaux semis de graines que je possède en abondance pourront, plus tard, compléter le résultat, en nous fournissant le sexe femelle dans les plantes à obtenir l'année prochaine.

Des fécondations successives dont je viens d'exposer les résultats, on peut, je pense, déduire les conséquences suivantes :

1º La fécondation peut avoir lieu, sinon fréquemment, du moins accidentellement, entre des plantes d'espèces très-différentes, mais appartenant cependant, soit à un même genre, soit du moins à deux genres très-voisins.

2° Le fruit de la fleur fécondée artificiellement ne diffère ordinairement en rien, en apparence, du fruit normal de la plante fécondée.

3° Une même fleur femelle (du moins chez les Cucurbitacées à fruits renfermant des graines nombreuses, telles que les *Lagenaria*) peut être fécondée à la fois par les pollens de plusieurs espèces appartenant au même genre; de sorte que diverses graines, sorties d'un même fruit, peuvent produire des plantes différentes, soit ayant des caractères d'hybridité, soit retournant à l'un des types spécifiques normaux.

4° Les graines de la fleur femelle normale fécondée par le pollen d'une autre espèce normale peuvent toutes être fécondées et parvenir à la maturité. Le fruit fécondé d'une plante hybride ne produit généralement, au contraire, qu'un petit nombre de graines fertiles; ce qui tient à ce que, dans les fleurs hybrides, les ovules ne sont pas toujours tous régulièrement conformés.

5° Très-généralement, les étamines des fleurs des plantes hybrides sont ou dépourvues de pollen ou à pollen abortif. Les fleurs femelles des plantes hybrides, bien que possédant des ovules bien conformés, resteraient donc stériles, si la fécondation n'était pas opérée par le pollen d'espèces normales.

6° Le sexe femelle est donc, dans ce cas, protégé et maintenu par la nature, tandis que le sexe mâle est abandonné. Cette prépondérance du sexe femelle est très-digne d'être remarquée, et aurait pu autoriser, selon moi, le système de nomenclature qui consiste, dans la fabrication du nom composé de l'hybride, à écrire le nom de l'espèce mère avant le nom de l'espèce père. (Tout en admettant la supériorité de l'ovaire sur l'étamine, chez les hybrides, le procédé de nomenclature inverse a été maintenu, le nom de la femelle au nominatif, bien qu'inscrit le dernier, étant regardé comme dominant le nom modificateur du mâle inscrit le premier.)

7° Une plante hybride peut présenter dans toutes ses parties, dans tous ses organes, des caractères parfaitement intermédiaires entre les formes de la mère et les formes du père. (Système de végétation, dimension de la plante, direction des rameaux, forme, couleur et pubescence des feuilles; forme, couleur, odeur, dimensions des diverses parties de la fleur; forme, volume, couleur et saveur du fruit, peuvent, chez un même individu hybride, tenir exactement le milieu entre l'une et l'autre espèce.) — Ce mélange intime de deux types quelquefois très-éloignés l'un de l'autre bien qu'appartenant à un même genre, ce mélange, disons-nous, est bien digne de nos méditations. La plante femelle semble ne fournir que les téguments de l'embryon et, plus tard, les matériaux de sa nutrition; la plante mâle semble fournir les premiers matériaux constitutifs de l'embryon. L'ovule (du moins selon l'opinion que j'ai cherché à faire prévaloir) est un bourgeon (un petit axe portant des feuilles modifiées) produit par la feuille carpellaire; le grain de pollen est une cellule modifiée, appartenant au parenchyme de la feuille staminale; et cependant, ces organes de nature diverse : le bourgeon ovulaire et la cellule pollinique, imposent, en quantité égale, les caractères de leur espèce au produit qui résulte de leur union. (Faisons remarquer, à ce sujet, qu'un rameau greffé n'emprunte cependant aucun caractère, dans son évolution, à l'arbre dont la séve le nourrit.)

8° Les fleurs femelles des hybrides fécondées par le pollen d'une espèce normale peuvent donner des fruits et des graines fertiles; ces graines produisent une deuxième génération, dont les individus peuvent retourner exactement à l'un des types normaux, ou constituer des hybrides de second degré ayant une partie des caractères de l'hybride mère, et une partie des caractères de l'espèce normale père.

9° Ces hybrides de deuxième génération ou second degré peuvent, à leur tour, être fécondés par une espèce type, et donner des fruits mûres et des graines bien conformées et fertiles revenant ou non à l'un des types normaux.

10° Les plantes vivaces hybrides se conservent naturellement comme individus, et peuvent être multipliées par dédoublement, par bouture ou par greffe; il n'en est pas ainsi des plantes hybrides annuelles; comme elles ne peuvent, très-généralement, être fécondées par elles-mêmes, et qu'elles exigent, pour mûrir leurs fruits, d'être fécondées par une espèce typique, la génération suivante tend à se rapprocher du type paternel, lequel ajoute moitié des éléments à la quantité déjà fournie par la plante hybride; souvent même, celle-ci reproduit tout à fait le type paternel, ce qu a presque toujours lieu à la troisième génération,

11° Le maintien d'une forme hybride par génération ne peut donc être espéré que dans le cas fort rare où la plante hybride mère produit un pollen fertile pouvant féconder les fleurs femelles.

12° Les fécondations croisées ont lieu généralement dans la nature par l'intermédiaire des insectes (des abeilles surtout) qui se transportent, chargés de pollen, d'une fleur à une autre. Les fécondations croisées ou hybrides sont cependant rares entre espèces typiques ; elles sont, au contraire, assez faciles entre fleurs femelles de plantes hybrides à fleurs mâles ou à étamines stériles, et fleurs mâles ou étamines d'espèces typiques.

M. J. Poisson dépose sur le bureau le mémoire suivant :

SUR LA MANIÈRE
DE PRÉSERVER DES INSECTES LES COLLECTIONS BOTANIQUES,
Par **M. Jules POISSON**,
Préparateur au Muséum d'histoire naturelle.

On a agité plusieurs fois au sein de la Société botanique la question de la conservation des plantes sèches d'herbiers, et je la crois assez digne d'intérêt pour porter à la connaissance du Congrès les renseignements que j'ai pu recueillir sur ce sujet.

C'est dans le vaste herbier du Muséum de Paris, ainsi que dans divers herbiers d'amateurs, que j'ai recueilli mes assertions ; je ne suis d'ailleurs l'auteur d'aucun procédé nouveau qu'il me soit permis de préconiser, sachant bien que plusieurs causes concourent ensemble ou séparément à la conservation des collections d'histoire naturelle ; on ne trouvera ici que le simple rapporteur de faits déjà connus.

Toutes les personnes qui possèdent des herbiers ou qui en ont à leur garde savent que lorsqu'ils ne sont pas fréquemment compulsés, les insectes, tels que les Anthrènes, Anobium, Dermestes, Ptinus, Cis, Phalènes, Psocus, etc., attaquent bientôt ces collections. On a opposé à ces ennemis du camphre, des essences volatiles, et enfin une recette découverte, paraît-il, par Sir J.-E. Smith, en 1805, l'immersion ou l'imbibition des échantillons à préserver dans une solution alcoolique de sublimé corrosif (bichlorure de mercure), qui jusqu'alors avait été considérée comme radicale. Malheureusement ce moyen n'a pas été reconnu définitif, et, en dehors de nos propres observations, M. Cosson déclarait, dans une séance de la Société, il y a peu de temps, qu'ayant rencontré du dégât dans son herbier, considérable on le sait, il s'était décidé à doubler la dose de poison dans l'espoir d'un meilleur résultat. C'est à ce dernier mode d'empoisonnement (1) que nous reviendrons en y proposant quelques modifications.

---

(1) Plusieurs botanistes, pour distinguer cette expression proprement dite de l'acte dont les plantes sont l'objet, disent *empoisonnage*; nous ne savons, quoiqu'elles n'aient pas la même signification, laquelle des deux expressions doit prévaloir.

Les collections du Muséum ont eu des dommages à enregistrer, quoique les plantes qui les composent soient à leur arrivée soigneusement passées au sublimé corrosif; mais le voisinage de collections d'autre nature qu'on ne peut isoler faute de place, puis enfin les locaux différents dont la température est également différente, sont des motifs qui pourraient donner raison à des accidents très-rares heureusement.

Il ressortirait de nos observations que :

1° Des plantes d'herbier placées dans un local à température moyenne et sèche sont plus à l'abri des insectes que celles qui sont situées dans un milieu à température variable.

2° Nous avons remarqué qu'un local à lumière vive était moins favorable qu'un local un peu sombre; la plupart des insectes dont il est question à l'état parfait, se dirigent de préférence vers la partie éclairée et supérieure des appartements (1).

3° Les plantes dites cultivées pour des usages divers, les plantes de jardin, etc., sont bien plus recherchées de ces parasites que les plantes spontanées ou sauvages.

4° Les plantes de montagnes, généralement de petite taille, mais à souches, racines ou tiges volumineuses ou succulentes, sont plus promptement atteintes que les plantes des régions basses, habituellement plus développées, et qui, par la nature de leur tissu plus pénétré de ligneux, offrent moins de prise aux ravageurs.

Cette dernière observation, quelque douteuse qu'elle puisse paraître tout d'abord, n'est pas sans valeur si on ne la regarde pas comme absolue, et qu'on l'applique à la flore générale du globe. Ainsi l'on pourra avoir moins de crainte pour des plantes de la Guyane, du Brésil, des Antilles, de la Péninsule indienne, etc., qui même sans être empoisonnées pourraient se garder longtemps, tandis que même avec les moyens de conservation employés jusqu'à ce jour, il n'est pas certain qu'on puisse maintenir intactes des plantes du Chili, de la chaîne des Andes, des plateaux de l'Abyssinie, de l'Orient, etc. C'est du moins ce que nous avons été à même de constater dans la limite de nos observations, abstraction faite toutefois de certaines espèces qui par leur contexture défient toute attaque, ou bien d'autres, comme les Chicoracées, les Ombellifères, les Euphorbes, qu'on a tant de peine à conserver en raison des sucs propres qu'elles contiennent.

(1) M. Th. Delacour a lui-même constaté ce fait plusieurs fois.

Une des causes plus fréquentes qu'on ne le pense de la destruction des plantes qui ont subi l'empoisonnement au sublimé, est la transition de température qu'elles sont à même d'éprouver, ou le passage de la sécheresse à l'humidité et réciproquement. Or, le bichlorure de mercure, comme la plupart des composés de ce métal, est susceptible de se transformer ou de se volatiliser ; nous lisons dans le *Traité de Chimie* de MM. Pelouze et Fremy : « Tous les sels de mercure sont volatils ou décomposables par une chaleur modérée ; » puis ailleurs : « Le protochlorure de mercure est volatil, mais beaucoup moins que le bichlorure. »

Déjà, en 1852, M. Cloëz, chimiste dont le nom fait autorité, nous avait engagé à ajouter à la solution de sublimé une certaine quantité de sel ammoniac (chlorhydrate d'ammoniaque).

Un paquet de plantes diverses fut consacré à cette épreuve et placé ensuite dans un milieu fort compromettant avec des plantes de jardin et d'autres non empoisonnées ; au bout de douze ans, les plantes d'épreuve étaient intactes quand les autres étaient presque toutes endommagées. Le sel ammoniac, d'une saveur styptique très-prononcée, et l'âcreté horrible du sublimé seraient déjà des garanties de protection, si ces deux sels mis en contact ne formaient une combinaison, qui, en pénétrant mieux les tissus, donne de la stabilité au bichlorure de mercure. Les proportions qui paraissent le plus convenables à M. Cloëz sont les suivantes :

Bichlorure de mercure pulvérisé...........	72	grammes.
Chlorhydrate d'ammoniaque pulvérisé........	28	
Alcool ordinaire...................	2 litres 1/2.	

Il est inutile de dire qu'on pourrait équilibrer ces chiffres en ramenant la quantité de sublimé à 70 grammes et celle de sel ammoniac à 30 grammes.

Les plantes d'épreuve dont il est parlé plus haut avaient été immergées dans une solution beaucoup moins concentrée que celle-ci, et des essais comparatifs répétés apprendraient peut-être jusqu'à quel point on peut varier les doses.

Une opinion qui ne nous paraît pas solidement fondée, est celle de l'avantage que certains botanistes reconnaîtraient d'employer de l'alcool à un degré fort élevé, comme pénétrant mieux les plantes qu'on y plongerait et s'évaporant plus promptement. Personne n'ignore qu'en immergeant dans l'alcool concentré des fruits ou des matières molles, des pièces anatomiques, des Champignons, etc., puis les exposant à l'air, la partie superficielle au moins se contracte, durcit et devient souvent friable ; conséquemment, il doit en être de même pour des rameaux de fleurs ou de feuilles qui, en raison de leur peu d'épaisseur et de leur perméabilité, sont soumis au même phénomène, quoique l'échantillon passe assez rapidement dans le liquide, et la friabilité des échantillons d'herbiers est trop connue des botanistes.

Enfin il est notoire que la verdeur de beaucoup de plantes sèches fraîchement recueillies, et qui ne perdent nullement d'intérêt à la conserver, disparaît très-souvent après l'empoisonnement, si surtout on a le tort de laisser trop longtemps les échantillons dans les coussins de papier buvard destiné à les essorer. Nous pensons donc que l'alcool affaibli et ramené de 85 degrés centésimaux à 65 degrés par exemple, donnerait un liquide tout aussi pénétrant qu'on pourrait le désirer, si toutefois la plante qu'on y abandonne n'est pas enduite d'une matière gommeuse, d'une pruinosité, ou ne recèle pas de matières insolubles ou impénétrables par l'alcool.

Les procédés mis en usage depuis quelques années par plusieurs botanistes, d'air saturé de sulfure de carbone, de benzine ou d'acide phénique, sont d'excellents moyens à opposer aux insectes, mais qui sont transitoires ; le sulfure de carbone est le plus énergique de ces agents, car rien de ce qui vit ne peut supporter ses vapeurs concentrées ; mais il n'est pas suffisamment prouvé que les œufs et même toutes les larves soient détruits par ce gaz, à moins qu'on ne répète sans cesse l'opération, ce qui ne paraît guère praticable pour un herbier considérable.

Quant à la benzine et à l'acide phénique, qui devrait être choisi de préférence à cause de son odeur plus pénétrante et de sa volatilité moins rapide, ce ne seront jamais que des palliatifs excellents pour éloigner les insectes à l'état parfait, mais qui devront être sans cesse renouvelés. Ces moyens de conservation peuvent être suffisants pour un petit herbier contenu dans quelques meubles bien clos, mais seront insuffisants pour des collections importantes. Pour ce qui est de la répugnance que certaines personnes éprouveraient pour les odeurs désagréables que répandent les produits susnommés, on comprendra que c'est une considération toute personnelle qui doit guider le naturaliste dans son choix.

M. Faivre fait au Congrès la communication suivante :

OBSERVATIONS SUR LA FLORAISON D'UN *AGAVE*,
Par M. E. FAIVRE.
Professeur à la Faculté des sciences de Lyon.

1° Accroissement de la hampe.

Dans une note publiée en 1860 (1), nous avons fait connaître après Warthausen, Gay, Lister, Martins, Regel, des résultats relatifs à la croissance de la hampe et d'un *Agave densiflora*.

Nous apportons aujourd'hui de nouvelles observations auxquelles de récentes controverses sur les conditions de croissance chez les végétaux donnent un intérêt particulier.

L'Agave que nous avons étudié est l'*A. lurida* Ait. (2).

Il provient d'un semis fait à l'ancien Jardin botanique de la ville, et se trouve placé, depuis le commencement de la floraison, dans la serre principale du fleuriste. Grâce au concours d'un habile jardinier, François Gaulin, j'ai pu surmonter les difficultés qu'offrait l'élévation de la hampe, et prendre les observations avec régularité, le matin de cinq à six heures et le soir de six à sept heures. Commencées le 1ᵉʳ juin au soir, époque à laquelle la hampe mesurait 3ᵐ,51, ces observations ont été continuées depuis cette époque jusqu'au 3 juillet au soir ; elles comprennent donc une période de trente-deux journées. Les mesurations ont été faites de la manière suivante :

1° Hauteur totale de la hampe à partir de l'aisselle d'une des feuilles inférieures.

2° Hauteur de la partie inférieure de la hampe, prise du point précité à l'origine du pédoncule floral le plus inférieur.

3° Hauteur de la partie supérieure et terminale à partir du même pédoncule.

4° Circonférence de la base de la hampe.

Pendant le cours des observations, la plante a été laissée dans les mêmes conditions, bien isolée sur le gazon de la serre.

Le résultat général de toutes les mesures prises a été le suivant : En trente-deux jours la hampe s'est élevée de 3ᵐ,51 à 5ᵐ,46, soit 1ᵐ,95. Mais quelle a été la marche de cette croissance,

(1) Note sur la floraison et le développement de la hampe de l'*Agave densiflora* (*Annales de la Société imp. d'Agriculture, d'Histoire naturelle et des Arts utiles de Lyon*, 1866).

(2) Cf. Ait. *Hort. kew.*, I, 472 ; Kunth, *Enum.*, V, 125 ; Jacques, *Manuel des plantes*, IV, 675, etc.

a-t-elle été régulière, lente ou brusque, a-t-elle été plus rapide le jour que la nuit, a-t-elle subi de la part de certaines conditions météorologiques extérieures des influences appréciables?

Le tableau suivant, dans lequel on a pris soin d'indiquer chaque jour les différences de croissance, soit de la totalité de la hampe, soit de sa partie supérieure, fournira des indications précises à cet égard.

CROISSANCE DE LA HAMPE DE L'*AGAVE LURIDA* PENDANT 32 JOURS.

DATES des observations.	CROISSANCE de la hampe entière		Élongations périodiques.	CROISSANCE de la partie supérieure		Croissance de la partie inférieure.	OBSERVATIONS MÉTÉOROLOGIQUES correspondantes (1).		
	du soir au matin.	du matin au soir.		du soir au matin.	du matin au soir.		Température.	Pluies.	Pression.
Juin. 1	Observation initiale à 6 h. du soir.		3,51						
2	0^m,05	• 0,10		»	»	0	20,0	0,50	742,5
3	0,03	0,09		»	»	0	21,8	»	741,5
4	0,02	0,01		»	»	0	16,8	0,90	744,1
5	0,01	0,02		»	»	0	16,6	1,00	748,1
6	0,03	0,07		»	»	0	18,0	»	749,2
7	0,08	0,02	4,04	»	»	0	19,0	»	748,2
8	0,06	0,03		»	»	0	21,8	»	748,7
9	0,05	0,02		»	»	0	21,8	»	748,6
10	0,04	0,07		»	»	0	24,9	»	748,9
11	0,07	0,02		»	»	0	24,7	»	»
12	0,02	0,08	4,50	»	»	0	25,0	»	743,2
13	0,02	0,10		»	»	0	17,5	21,80	743,6
14	0,02	0,03		»	»	0	15,3	5,50	745,9
15	0,01	0,01		»	»	0	17,9	7,50	748,4
16	0,0	0,06		»	»	0	19,2	»	744,9
17	0,02	0,05		»	»	0	15,8	2,50	740,2
18	0,02	0,04		»	»	0	15,0	»	744,2
19	0,02	0,08	5,00	»	»	0	20,0	»	745,5
20	0,02	0,04		»	»	0	20,8	»	748,9
21	0,02	0,06		»	»	0	21,7	»	745,5
22	0,02	0,04		»	»	0	24,8	»	744,6
23	0,01	0,04		»	»	0	23,0	»	746,5
24	0,0	0,04		»	»	0	24,6	1,00	745,7
25	0,0	0,04		»	»	0	24,0	1,20	743,0
26	0,0	0,05		»	»	0	23,7	»	742,2
27	0,0	0,03		»	»	0	22,0	0,70	743,8
28	0,0	0,01		»	»	0	24,5	»	744,3
29	0,01	0,01		»	»	0	21,9	»	744,5
30	0,0	0,0		»	»	0	23,9	21,00	745,3
Juill. 1	0,01	0,0		»	»	0	22,5	»	744,8
2	0,0	0,01	5,46	»	»	0	21,5	»	740,4
3	0,0	0,0		»	»	0	19,7	3,60	741,5

(1) Nous empruntons ces indications météorologiques aux tableaux dressés régulièrement à l'Observatoire de Lyon, d'après des observations faites chaque jour à neuf heures du matin.

Les chiffres indiqués dans ce tableau nous autorisent à tirer quelques conséquences intéressantes au point de vue physiologique.

Considérons successivement la marche de la croissance par rapport aux parties observées de l'organisme végétal, et par rapport aux influences que les circonstances extérieures peuvent exercer.

Un premier résultat est relatif à la différence d'accroissement entre la partie supérieure et la partie inférieure de la hampe; des mesures régulières ont prouvé que la partie supérieure prend seule de l'accroissement, tandis que la croissance est nulle pour la partie inférieure limitée comme nous l'avons indiqué. La circonférence de la base de la hampe mesurée chaque jour a conduit au même résultat.

L'activité végétative, développée surtout vers les extrémités, ne se manifeste pas seulement, comme on le sait, dans les hampes, mais aussi dans les tiges et les rameaux.

Un second résultat est relatif à l'absence d'uniformité dans la croissance; le tableau indique qu'en général, elle a été d'autant moins marquée qu'on s'est rapproché du terme des observations; ce ralentissement graduel, déjà constaté par M. Martins, sur la hampe du *Dasylirion gracile*, est conforme aux lois générales de la croissance des végétaux.

Si l'on partage en trois périodes de dix jours le temps pendant lequel ces observations ont été faites, on trouve les indications suivantes :

```
Durant la première période, la croissance a été de........  0,89
Pendant la seconde.....................................  0,74
Pendant la troisième...................................  0,31
```

La croissance n'a donc point été égale dans des temps égaux; elle est allée en diminuant; mêmes résultats si l'on considère le temps exigé pour produire, aux phases diverses de l'évolution, un égal développement. Au début, six jours correspondent à un développement de $0^m,53$; lorsque la croissance est ralentie, quinze jours deviennent nécessaires pour déterminer la même élongation.

Un autre résultat physiologique de la croissance se rapporte au rapport inverse entre celle-ci et la consistance ou l'épaisseur des feuilles de la rosette inférieure; M. Martins et d'autres observateurs ont déjà insisté sur ce fait, que nos observations confirment entièrement : plus la hampe s'allonge, plus les feuilles perdent les sucs dont elles sont abondamment gorgées au moment de la floraison.

Si nous abordons maintenant la question de savoir quel rôle paraissent jouer, au point de vue de la formation des parties nouvelles, les conditions physiques extérieures, nous nous trouvons en présence d'un problème fort étudié dans ces derniers temps : celui de l'influence des périodes nocturne et diurne sur l'accroissement des végétaux.

D'après les observations récentes de M. Duchartre (1), l'accroissement des jets, coulants ou tiges, mesurés régulièrement le jour et la nuit, chez le Fraisier, la Vigne, le Houblon, le Glaïeul, a donné le résultat général suivant : Dans ces conditions, l'accroissement a toujours été plus actif la nuit que le jour ; la proportion a été fréquemment du simple au double et même au triple ; toutefois M. Duchartre n'a pas généralisé ces données, et l'expérience prouve qu'il était dans le vrai, que les conditions du jour et de la nuit sont relatives, et varient suivant les végétaux et suivant les parties des végétaux que l'on considère.

En ce qui concerne particulièrement la hampe de l'*Agave*, M. Martins avait déjà remarqué, dans une intéressante observation publiée en 1857, que l'accroissement est plus considérable le jour que la nuit (2). Il a depuis confirmé ces premières données par l'étude de l'*Agave americana* et de l'*Amaryllis Belladonna* (3). Il n'en conclut pas cependant que ces données infirment les résultats obtenus par M. Duchartre, mais seulement que la croissance n'est pas la même dans les axes feuillés et dans les hampes florales.

M. Ad. Weiss a également suivi une inflorescence d'*Agave* et constaté avec beaucoup de précision qu'en cinq jours l'inflorescence s'est élevée de $2^m,364$, dont $0^m,79$ ont crû pendant la nuit, $0^m,80$ dans la matinée, $0^m,77$ dans l'après-midi, la croissance de la nuit l'emportant sur celle de l'après-midi, mais non sur celle de la matinée ; d'après cet observateur, la croissance est liée surtout à la température (4).

L'observation que nous rapportons confirme les faits signalés par MM. Martins et Weiss ; elle nous apprend que, sur trente-deux jours d'observations, la croissance de la journée a excédé vingt-deux fois celle de la nuit.

(1) Duchartre, *Comptes rendus de l'Académie des sciences*, 9 avril 1866.
(2) *Bulletin de la Société botanique*, 1857, t. IV, p. 606.
(3) *Comptes rendus*, 30 juillet 1866, p. 212.
(4) Weiss, *Botanische Untersuchungen*, etc. (*Recherches faites au laboratoire de physiologie de l'École d'agriculture de Berlin*, pp. 129-142).

En additionnant les chiffres qui représentent les croissances du jour, prises de cinq à six heures du matin à six à sept du soir, on trouve qu'en trente-deux jours la croissance diurne a été de $1^m,29$ et la croissance nocturne de $0^m,66$ seulement.

Cette influence du jour est générale, mais elle n'est pas constante pendant toute la durée de l'élongation de la hampe.

En consultant le tableau, on reconnaît que la croissance, pendant la nuit, a été trouvée, dans sept observations, supérieure à celle du jour; il n'y a rien de régulier ni dans les quantités de croissance, ni dans les époques où elles ont été notées. Nous pouvons remarquer encore que les arrêts de croissance se sont manifestés particulièrement pendant la nuit.

Ainsi, bien que l'influence diurne se marque nettement comme trait général, elle est loin d'être absolue, et l'*Agave*, comme les autres végétaux, a aussi des périodes de croissance nocturne. De quelles circonstances dépendent-elles? Les circonstances qui règlent ces phénomènes sont trop multiples et trop incomplétement déterminées pour permettre une réponse satisfaisante.

M. Weiss a remarqué que l'état couvert ou serein du ciel est sans influence sur l'évolution, mais qu'il n'en est pas ainsi des variations de la température. Les indications météorologiques que nous avons jointes à notre tableau, permettent en certaines limites la confirmation de ces remarques; on ne constate point de relations entre les pressions, les pluies et la croissance, mais, dans plusieurs cas, aux croissances diurnes les plus marquées correspondent des variations et des élévations dans la température. Nous verrons plus loin comment la phase nocturne semble agir sur l'organisme végétal par l'abaissement de la température et par l'état hygrométrique qui en est la conséquence.

2° Épanouissement et fécondation; croissance des étamines et du style.

L'activité si marquée dans la croissance de la hampe des *Agave* est également manifeste dans les fleurs pendant l'épanouissement. Nous avions déjà, dans un précédent travail, présenté quelques indications à cet égard; nous en ajouterons maintenant de plus positives. Aucun auteur, que nous sachions, n'a insisté encore sur cet ordre de faits.

Si l'on suit l'évolution des fleurs d'*Agave* sur le pied-mère, ou si, après les avoir détachées, on place dans un tube contenant de l'eau des boutons non épanouis, l'épanouissement continue et les phéno-mènes se succèdent de la manière suivante :

Le périanthe s'entr'ouvre, les filets des étamines commencent à s'allonger, et l'on peut constater alors que l'extrémité du filet et l'anthère terminale sont incurvées sur le reste du filet.

Le redressement de ces parties a lieu à mesure qu'elles sortent du périanthe entr'ouvert ; après leur sortie du périanthe, les filets staminaux continuent à se développer.

Lorsque cette rapide croissance des étamines est arrivée à son terme, le style se développe à son tour. Dans le bouton il était caché sous les enveloppes du périanthe ; en peu d'heures il les dépasse de $0^m,050$ à $0^m,060$..

Au moment où il atteint la hauteur des filets staminaux, les anthères que portent ceux-ci, en effectuant leur déhiscence rapide, se sont courbées en arc de cercle.

A partir de cette phase, à laquelle se rattache la fécondation directe ou croisée, les filets des étamines s'incurvent et se flétrissent ; le style s'allonge encore quelque temps.

Telle est la marche générale du phénomène de l'épanouissement ; on en aura une juste idée en jetant les yeux sur des figures photogra-phiques, prises successivement sur la même fleur, soit durant le jour, soit pendant la nuit. Ces figures, habilement exécutées par un de nos élèves, M. l'abbé Tournereau, montrent quel secours la photo-graphie pourra un jour apporter à la physiologie des plantes.

Ajoutons maintenant des détails sur les conditions qui modifient la marche du phénomène ou nous permettent de l'apprécier d'une manière plus exacte.

Et d'abord, l'évolution florale s'accomplit de même, soit qu'on étudie la fleur à l'état normal sur la plante-mère, soit qu'on en détermine artificiellement l'épanouissement après l'en avoir séparée.

On a suivi à l'extrémité de la hampe l'épanouissement d'une fleur, et les résultats ont été les suivants :

Le 4 juillet, à neuf heures du matin, le bouton est encore clos, il s'entr'ouvre à onze heures et demie et les anthères font saillie.

Le même jour, à une heure et demie, les étamines ont déjà dé-passé de $0^m,01$ le périanthe, et le style apparaît.

A six heures et demie la longueur des étamines est double et le style s'est allongé.

Le 5 juillet, à cinq heures du matin, les étamines n'ont pas moins de $0^m,03$ hors des enveloppes et le style mesure 1 centimètre seulement.

De cinq heures à onze heures les filets ont atteint plus de $0^m,05$ et le style en mesure $0^m,03$.

A une heure et demie on constate que la déhiscence des anthères s'est effectuée ; le style atteint à trois heures les anthères ouvertes.

Séparées du pied-mère et plongées dans l'eau, les fleurs s'épanouissent plus lentement ; mais l'évolution en est la même.

Des boutons cueillis sur la hampe six mois après la floraison ne se sont plus développés hors de la plante, même dans les conditions les plus favorables.

L'épanouissement s'effectue à l'obscurité comme à la lumière. Ces expériences directes, si fidèlement représentées par nos images photographiques, indiquent aussi que l'activité végétative serait plus favorisée par l'influence que par l'absence de la lumière ; il est certain, d'un autre côté, que la déhiscence des étamines est plus lente et plus difficile chez les fleurs écloses à l'obscurité, et que chez elles les filets ont tendance à rester plus rapprochés du style et du stigmate ; ils ont moins de consistance, de fermeté.

On s'explique ces modifications si l'on réfléchit à l'abaissement de température et aux changements dans les rapports de l'absorption et de l'exhalation.

Ces faits concorderaient aussi avec les résultats d'observations faites récemment sur les pétales du *Selenipedium caudatum*. On a trouvé que ces pétales se sont accrus de 344 millimètres de longueur pendant les quatorze jours de la durée de leur développement, tandis que la croissance, pendant les quatorze nuits, a été de 326 millimètres seulement (1).

Nous avons fait sur le mode et sur la quantité d'accroissement des étamines et du style de nombreuses observations ; nous en résumerons les indications essentielles ; elles donneront une idée exacte de l'étrange activité que les fleurs présentent alors dans leur nutrition.

Expérience I. — Mercredi 29 juillet, huit heures du matin. Observation sur une fleur coupée et plongée dans l'eau par son pédoncule. Le filet des étamines mesure $0^m,016$, à partir du sommet du périanthe ; le style en dépasse les enveloppes de $0^m,003$ environ ;

____

(1) Delchevalerie dans *Revue horticole*, 16 juillet 1867, p. 279.

le filet de l'étamine à observer est partagé par des marques faites à l'encre en trois parties égales.

A quatre heures et demie, le filet staminal mesure $0^m,050$, l'accroissement a donc été en huit heures de $0^m,034$. La distance primitive entre les espaces indiqués est demeurée la même; la croissance s'est donc faite par la portion inférieure.

Le style a atteint $0^m,017$; on fait une marque à $0^m,026$ au-dessous de son sommet, et l'espace compris est partagé en deux autres égaux.

Jeudi 25 juillet, à huit heures du matin.

La croissance du filet staminal a été de $0^m,003$ seulement; les intervalles primitivement indiqués n'ont pas changé sensiblement.

Le style mesure de son sommet à la marque indiquée, $0^m,035$, il s'est donc allongé dans cette partie de $0^m,009$; on constate en outre que la partie sous-jacente à la marque inférieure l'a dépassé de près de $0^m,01$; l'élongation s'est faite de bas en haut, plus marquée dans l'intervalle inférieur que sensible dans le supérieur.

Jeudi 25, à quatre heures du soir.

Le style atteint $0^m,058$, il s'est donc accru en huit heures de jour de $0^m,023$, beaucoup plus le jour que la nuit. On constate encore que la croissance s'est effectuée très-sensiblement de bas en haut.

Vendredi 26, à trois heures du soir.

Le style mesure $0^m,083$, il s'est donc accru en vingt-trois heures de $0^m,025$.

Les distances entre les marques tracées sur les filets d'une des étamines sont restées les mêmes; la croissance a eu lieu au-dessous des marques inférieures.

Dans une autre expérience, nous avons également mis en évidence la croissance de bas en haut des filets et des styles.

A trois heures du soir on marque un trait à $0^m,020$ au-dessous d'une anthère sur le filet qui la supporte; ce trait correspond alors au sommet du périanthe. Même trait sur un style à $0^m,006$ au-dessous du stigmate; ce trait correspond également au sommet du périanthe. Le lendemain, à huit heures du matin, la ligne marquée sur le filet staminal est distante de $0^m,022$ du sommet du périanthe; l'élongation entre elle et l'anthère est de $0^m,004$ seulement.

Le style n'a acquis aucune croissance au-dessus de la marque indiquée, mais au-dessous de celle-ci, et par suite de l'élongation de bas en haut, il dépasse le périanthe de $0^m,008$.

Le même jour, à quatre heures, la marque inférieure du style dépasse le périanthe de $0^m,022$. On trace un nouvel indice en ce point ; le lendemain, à une heure, ce nouvel indice s'est élevé lui-même par rapport au sommet du périanthe de $0^m,017$.

Ces faits, confirmés par un ensemble d'observations dont il est inutile de rapporter ici les détails, indiquent que la croissance des étamines et celle du style ont lieu très-rapidement et principalement de bas en haut.

Après avoir constaté la croissance si rapide des étamines et des styles allongés par leurs parties inférieures, nous nous sommes proposé de rechercher jusqu'à quel point ces organes de la fleur sont indépendants dans leur évolution.

Rappelons d'abord ce fait général et bien net, qu'une fleur isolée du pied-mère s'épanouit plus lentement, mais suivant le même mode, que lorsqu'elle est adhérente à la hampe. Ce sont les sucs dont sont gorgés le réceptacle et la base des pièces florales qui fournissent à ce développement, comme on en acquiert la certitude en étudiant la fleur avant et après son épanouissement.

Si, dans un bouton, on enlève partiellement, soit une étamine, soit une partie du style ou du stigmate, la croissance continue dans les parties restantes comme si elles eussent été intactes.

Les expériences suivantes mettent en évidence ces résultats.

1° Le 23 juin, à cinq heures du soir, on enlève sur une fleur en bouton isolée, non épanouie, les anthères qui surmontent les filets.

Malgré cette ablation, on constate le lendemain à huit heures, la croissance des filets mutilés ; ils dépassent les enveloppes de $0^m,030$, le style les dépasse de $0^m,005$.

A deux heures, le style a atteint $0^m,012$, les filets des étamines mutilées continuent leur élongation comme s'ils eussent été intacts ; il en est de même le 24 et le 25 à quatre heures et demie : à ce moment, le style dont la puissance d'accroissement semble augmentée par l'ablation des anthères, atteint $0^m,058$.

Sur une autre fleur on pratique, le 23, à cinq heures, l'ablation du stigmate sans toucher aux étamines ; on voit continuer, malgré cette ablation, l'évolution des étamines et même celle du style.

Le 25, à huit heures, les filets se sont allongés et les anthères ouvertes ; le style dépasse le périanthe de $0^m,014$; dans la journée du lendemain il mesure $0,030$; l'accroissement est continu jusqu'au 27.

Sur une autre fleur, un filet staminal encore dans le bouton est coupé en deux parties, dont l'une portant l'anthère non ouverte ; ce fragment, mis dans l'eau, continue à s'accroître et la déhiscence de l'anthère se produit ; le fragment du filet resté adhérent dans la fleur s'allonge également.

Pour nous mettre à l'abri d'erreurs, en partant, pour mesurer l'élongation, du sommet du périanthe, nous nous sommes assuré que les parties de cette enveloppe florale conservent une hauteur constante pendant la durée de l'observation.

Ainsi il y a indépendance dans l'évolution des parties florales par rapport à l'ensemble de la fleur, comme il y a indépendance de l'évolution de la fleur elle-même par rapport à la hampe.

C'est un nouvel exemple de l'individualisation et de l'indépendance du rôle des parties dans l'ensemble, ce fait capital que les physiologistes ont mis en évidence jusque chez les organismes les plus perfectionnés.

Un dernier résultat de nos études consiste dans la détermination du mode de fécondation ; celle-ci ne serait pas directe chez l'*Agave*, mais croisée, comme il arrive si souvent chez les plantes hermaphrodites (1).

Voici les faits qui autorisent cette manière de voir. Ils résultent d'observations effectuées non-seulement sur l'*Agave lurida*, mais sur un *Agave* d'un autre groupe, le *Bonapartea juncea*.

D'abord l'inflorescence composée favorise, chez l'*Agave* comme chez beaucoup d'autres plantes, la dissémination du pollen sur les différentes fleurs d'un même pied.

En second lieu, dans les nombreuses fleurs isolées dont nous avons suivi l'épanouissement, nous n'avons jamais vu que le stigmate ait reçu le pollen des anthères ; les étamines s'allongent les premières, se déjettent du côté extérieur des enveloppes florales, et leur déhiscence a lieu avant que le style et le stigmate soient préparés.

Si l'on observe enfin comment les choses se passent à l'état normal sur la hampe elle-même, on constate que l'épanouissement marche de bas en haut et que les fleurs d'un étage sont toujours en avance sur celles de l'étage supérieur ; l'évolution a lieu de telle sorte qu'il y ait coïncidence, au point de vue de la féconda-

____

(1) Voyez notre travail spécial *Sur les croisements entre individus de même espèce dans le règne végétal*, publié dans le *Recueil des travaux du Congrès médical de France*. Session de Lyon, 1 vol. Paris, J.-B. Baillière et fils, 1865.

tion, entre les stigmates des fleurs inférieures et les étamines des supérieures.

En effet, celles-ci, développées avant le style de leurs propres fleurs, s'incurvent au dehors et émettent leur pollen précisément au moment où le style des fleurs placées au-dessous a terminé son élongation, où leur stigmate est préparé. On reconnaît cette préparation du stigmate, non-seulement à la production visqueuse de ses papilles, mais à l'écartement des lobes qui le composent.

Or ces phénomènes physiologiques s'accomplissent dans la fleur au moment propice, non pour qu'elle reçoive son propre pollen, mais pour qu'elle devienne féconde par le pollen des fleurs supérieures ; c'est dans ces conditions et en observant ces croisements qu'on réalise avec succès les fécondations artificielles.

L'examen des photographies qui accompagnent ce travail vous montrera, messieurs, comment l'évolution des étamines précède celle du stigmate, et la tendance qu'ont les étamines, surtout à l'obscurité, à s'incurver en s'écartant du stigmate.

L'*Agave* qui fait le sujet de cette étude, vient de donner lieu, une année après sa floraison, à une curieuse manifestation physiologique. Les capsules ont produit des graines fécondes, et la hampe s'est maintenue bien vivante ; sur les branches courtes qui en partent et qui portaient l'été précédent des fleurs abondantes, se sont développées d'autres productions destinées à la multiplication du végétal. Ces productions sont des bourgeons mobiles ou bulbilles, dont on n'a point, que nous sachions, signalé l'existence chez l'espèce dont il s'agit, et surtout après sa floraison. Il a suffi d'imprimer des secousses à la hampe pour détacher aisément ces bulbilles, qui ont été employés avec succès à la multiplication de la plante.

L'examen de plusieurs de ces bulbilles nous a révélé un fait intéressant : il s'agit de la transformation florale plus ou moins complète des feuilles intérieures de ces bourgeons ; tantôt les pièces du périanthe y sont seules apparentes, tantôt la fleur est entièrement constituée. Ces anomalies ne laissent guère de doute sur les rapports étroits qui unissent, au point de vue morphologique et physiologique, le bourgeon, le bulbille et la fleur.

M. H. Vilmorin insiste sur la différence que M. Faivre a remarquée entre le développement diurne et le développement nocturne des *Agave*. Il rappelle que Lindley, il y a une vingtaine d'années, a fait sur quelques végétaux des expériences analogues, dans lesquelles cet observateur partageait en quatre fractions la durée du jour ; il avait vu ses plantes atteindre leur maximum de croissance dans des fractions très-diverses de la journée.

M. de Schœnefeld rend compte de l'herborisation faite, le 18 août, dans la forêt de Fontainebleau, sous sa direction.

Cette course, dit-il, ne mérite pas un rapport spécial, parce que vu l'époque un peu tardive de l'année, elle ne pouvait guère que reproduire celle que la Société botanique de France a faite dans la forêt, le 12 août 1855, et qui a été de ma part l'objet d'un rapport détaillé inséré au *Bulletin de la Société*, t. II, p. 592. Le seul fait intéressant que nous ayons relevé dans notre rapide excursion, c'est que le *Goodyera repens* a sensiblement diminué sous les pins du mail Henry IV.

M. Schultz-Schultzenstein, vice-président du Congrès, fait une communication orale sur la nutrition des plantes, et expose principalement que la formation de gaz a lieu beaucoup plus abondamment sur les feuilles immergées dans l'eau, quand on ajoute au liquide une substance acide, notamment du bitartrate de potasse. M. Schultz-Schultzenstein revient en outre sur la théorie de la cyclose, dont il est l'auteur, et qu'il a exposée dans un mémoire sur les laticifères, qui lui a fait décerner par l'Académie des sciences de Paris le grand prix des sciences physiques en 1833. Il s'applique à réfuter les objections qui ont été faites à cette théorie par divers observateurs modernes, et se propose de répéter devant le Congrès, dans un local approprié aux observations, ses expériences sur la formation des gaz, et de montrer au microscope certaines propriétés du latex (1).

M. le Président répond que le bureau s'occupera de chercher le local nécessaire aux expériences de M. Schultz-Schultzenstein.

(1) Le manuscrit de ces deux communications n'a pas été laissé au Congrès par M. Schultz-Schultzenstein.

M. Schultz-Schultzenstein dépose en outre sur le bureau le mémoire suivant :

DE LA DIFFÉRENCE QUI EXISTE ENTRE

LA THÉORIE DE L'ANAPHYTOSE DES PLANTES

ET

LA THÉORIE DE LA MÉTAMORPHOSE,

Par **M. SCHULTZ-SCHULTZENSTEIN**, professeur à l'Université de Berlin.

I. — Essais antérieurs faits pour trouver dans les parties constitutives des plantes l'élément essentiel de leur formation.

Avant d'aborder le sujet principal de ce mémoire, l'étude de l'article végétal (*anaphyton*), qui est l'élément morphologique essentiel des végétaux, je dois rappeler les essais antérieurs que l'on a faits pour déterminer cet élément par d'autres méthodes. On a compris de tout temps que ce principe général et nécessaire, sans lequel le végétal ne pourrait pas exister, doit en régler l'évolution successive et par conséquent servir aussi bien à en expliquer philosophiquement les diverses formes qu'à en classer systématiquement les diverses espèces. De là sont nées les tentatives faites, dès les premiers temps de la science, pour découvrir la nature de ce principe. Jusqu'à présent tous les essais qui ont eu lieu dans cette voie se sont bornés à chercher dans les plantes une partie extérieure qui contînt ce principe et concourût à la formation des autres parties. C'est ainsi qu'on a regardé successivement comme l'élément essentiel du végétal la semence, l'embryon, la feuille. L'opinion d'Aristote, qui attribue ce caractère à la semence, dans laquelle, dit-il, réside l'âme de la plante, fut adoptée implicitement par Césalpin, puis par Ray et par Jussieu, qui en déduisirent que la graine doit fournir les moyens pratiques d'une bonne classification. Il est vrai que ce fut sans en prouver d'abord scientifiquement la vérité, ce qui du reste n'était guère possible, car l'embryon, abstraction faite de ce qu'il ne se produit pas dans toutes les plantes de la même manière, et de ce qu'il est construit tout différemment dans les classes diverses, ne peut pas être l'élément général de l'organisation végétale. En effet, il n'est pas lui-même un élément simple ; il représente plutôt, quoiqu'en miniature, une plante entière munie de sa racine et de ses feuilles ; il consiste en plusieurs parties, à propos desquelles on doit rechercher de nouveau quelle est de chacune d'elles la partie

essentielle. D'ailleurs, si les classes des Acotylédonées, des Monoco-
tylédonées et des Dicotylédonées ont été déterminées par Jussieu
d'après la forme de l'embryon, ce fut d'abord sur l'ensemble de leur
structure qu'elles furent établies, plutôt que sur celle de l'embryon,
qui ne servit guère qu'à les nommer : c'est pour cela que souvent
les embryons qui appartiennent à une même classe diffèrent tant les
uns des autres.

Plus tard se produisit la théorie des métamorphoses dont les auteurs touchèrent souvent au sujet qui nous occupe. Le but de tous
les naturalistes qui ont enseigné cette théorie, depuis Linné jusqu'à
Gœthe, était d'expliquer la génération des fleurs et des autres parties
de la plante. C'est ainsi que d'après Linné et Swammerdam la plante
serait la larve de la fleur. On a dit d'après cela que la fleur est
une plante métamorphosée, et l'étamine un pétale transformé.
Gœthe a retourné cette comparaison en soutenant que la plante est
une fleur transformée ; Linné voyait dans la formation de la fleur un
développement par anticipation (*prolepsis*), qui réunissait dans le
même ensemble plusieurs bourgeons de l'année invaginés les uns
dans les autres par le raccourcissement de l'axe. A cela Gœthe répondait que l'évolution des verticilles floraux est simultanée, tandis
que celle des bourgeons est successive. Mais quoique Gœthe blâmât
la théorie de la prolepsis, il l'a cependant admise et conservée en
principe, puisque sa théorie de l'évolution simultanée et successive
ne dit pas autre chose, en fait, que l'expression dont s'est servi
Linné.

D'après la théorie de la prolepsis, les jeunes pousses, formées de
tige et de feuilles, sont l'élément morphologique qui doit constituer
la fleur ; d'après la théorie des métamorphoses, ce sont les feuilles
seules qu'il faut considérer comme l'élément morphologique essentiel, comme la plante primitive, ainsi que l'appelle Gœthe. Celui-ci
s'en est même rapporté, dans ses écrits ultérieurs, à C.-F. Wolff,
qui considère les feuilles comme des couches de la tige se résolvant
en appendices ; d'après cela, feuille et tige formeraient un tout organique. Meyer, de Kœnigsberg, pensait que l'idée de Wolff n'est que
le complément de celle de Gœthe, et plusieurs autres l'ont admis
comme Meyer (1), mais, en réalité, l'idée de Wolff est inconciliable

(1) Voy. Alfred Kirchhoff, *Die Idee der Pflanzen-Metamorphose bei Wolff und Gœthe* ;
Berlin, 1867. M. Kirchhoff a avancé que l'idée de la métamorphose se trouvait déjà chez
Wolff, et d'autre part, que Gœthe avait déjà exprimé l'idée de l'anaphytose. Ces deux
affirmations sont dénuées de tout fondement.

avec celle de la métamorphose des feuilles, puisque selon lui c'est la tige et non la feuille qui serait le véritable élément-type de la plante, et que la métamorphose s'opérerait aux dépens de la tige et non de la feuille ; d'ailleurs il ne paraît chez lui ni l'expression ni l'idée d'un tel phénomène, car il ne discute que la théorie de l'épigenèse, et il me semble tout à fait erroné qu'on cherche chez lui, comme le fait M. Kirchhoff, la première conception de la métamorphose des feuilles.

Au point de vue historique, c'est encore une grave erreur que d'attribuer à C.-F. Wolff l'hypothèse qui considère les feuilles comme des appendices ou des prolongements de la tige. Cette hypothèse est beaucoup plus ancienne et appartient à Malpighi, qui l'a motivée très-scientifiquement et l'a appuyée de faits probants, sans s'occuper aucunement de l'idée de la métamorphose, et, plus de cent ans avant les travaux de Wolff, Malpighi (1) déduit, comme résultat définitif de ses recherches microscopiques, la conséquence suivante : « Illa enim omnia quæ in trunco seu caule, principe vege- » tantium parte, colliguntur et quasi compendio coercentur, ulte- » riore productione in extremis et junioribus partibus solutæ, in » folia exeruntur, *ita ut elongati et laciniati trunci appendices* » *videantur.* » Malpighi trouve les motifs principaux de cette hypo- thèse dans ses observations, selon lesquelles les faisceaux de vais- seaux ou les nervures des feuilles ont leur origine dans le corps ligneux de la tige. On ne trouve pas plus chez Malpighi que chez Wolff l'idée de la métamorphose des feuilles ; et c'est montrer une entière ignorance des travaux du premier, et se méprendre com- plétement sur les travaux du second, que de vouloir trouver en lui le précurseur de Gœthe. La théorie du philosophe de Weimar est plutôt sortie de la métamorphose des insectes qu'enseignait Swammerdam, ou de la prolepsis de Linné.

C'est une erreur non moins grande que d'attribuer à Gœthe l'idée de l'anaphytose. La théorie de l'anaphytose et celle de la métamor- phose sont très-différentes, comme le prouvera l'exposition que nous allons faire des principes de l'anaphytose. En produisant sa théorie, Gœthe n'a fait qu'élever la feuille au caractère de principe général créateur de la plante. Selon lui, la nature doit se servir de la feuille, type végétal originel, comme d'une partie simple, toujours présente, pour produire en la métamorphosant tous les autres organes. Il

---

(1) *Anatome plantarum*, De foliis, in *Opera omnia.* Lond., 1686, in-fol., p. 38.

attribue à la feuille l'importance de l'embryon, et même une importance supérieure, puisque l'embryon est constitué par des feuilles. Telle est, en substance, la théorie de la métamorphose. Malgré l'extension considérable qu'elle a prise, elle tient cependant à des suppositions erronées, et ne se soutient pas devant des objections morphologiques et taxonomiques, dont les plus importantes sont les suivantes:

1° Si la feuille était la forme-type, de laquelle dussent sortir toutes les plantes et les parties des plantes, il n'y aurait ni plante ni partie de plante qui ne provînt d'une feuille. Au contraire, nous voyons plusieurs parties de plantes, comme les racines, et beaucoup de plantes, comme les Champignons, les Conferves, se développer sans qu'il y ait eu formation antérieure de feuille. Il existe même des plantes complétement dépourvues de feuilles qui, néanmoins, portent des fleurs et des fruits; d'autres, comme les Mousses, les Fougères, émettent d'abord des axes qui, plus tard, se garnissent de feuillage. De tout cela, il ressort que les feuilles ne sont pas une partie commune et nécessaire d'où dépendent la vie et la formation des plantes.

2° Avant que l'on voulût expliquer par la feuille toutes les autres parties de la plante, il fallait expliquer la nature ou la formation de la feuille elle-même, et en faire comprendre le développement. La théorie de Gœthe prétend tout nous expliquer à l'aide d'un élément qui n'est lui-même ni expliqué, ni déterminé, et dont l'explication est précisément la grande énigme de la botanique.

3° Dans cette théorie, la feuille demeure à l'état de conception abstraite, d'élément mécanique; la métamorphose de la feuille ne peut donc être qu'une transformation mécanique, abstraite, mathématique pour ainsi dire; l'explication de l'évolution végétale se réduit à des formules vides. Or ce prétendu élément simple est en réalité un objet très-complexe, dont la complexité dérive de l'application de deux lois, l'articulation et la ramification.

4° En réduisant à la feuille les différentes parties du végétal, on les identifie dans ce qu'elles ont d'essentiel, ce qui contredit complétement la variété de leurs fonctions. Cette observation s'applique surtout à la floraison et à la formation sexuelle de l'embryon. On sait combien les fleurs et les fruits peuvent varier, surtout dans les plantes cultivées, sans qu'il y ait de variations correspondantes dans les feuilles. La formation des hybrides témoigne aussi contre la prépondérance attribuée à la feuille.

5° Les vraies feuilles ont sur la même plante une contexture si différente de celle des fleurs et des fruits, que ceux-ci ne peuvent pas être une simple transformation des premières.

6° Si les feuilles étaient vraiment la forme-type de toutes les autres parties de la plante, le caractère particulier des feuilles devrait se retrouver dans les fleurs et dans les fruits d'une même espèce de plantes ; il devrait y avoir correspondance ou ressemblance entre les fleurs et les fruits d'une plante et ses feuilles ; mais c'est le contraire qui a lieu.

7° De là ressort que l'hypothèse de la métamorphose est tout à fait impropre à caractériser et à classer les plantes.

L'idée de la métamorphose des feuilles a été modifiée et étendue par Turpin et de Candolle ; ils ont établi, outre la feuille, une seconde partie morphologique essentielle, à laquelle ils ont imposé le nom d'axe, et l'on a regardé alors toutes les parties de la plante comme provenant de feuilles ou appendices rangés autour de l'axe. Cela nous amène à rechercher si ces tiges, considérées comme axes, sont constamment présentes dans le règne végétal. Or cela n'est pas plus vrai des tiges que des feuilles, car :

1° Les tiges manquent chez beaucoup de plantes, comme chez les *Ulva*, souvent chez les Lichens, entièrement chez les Lemnacées, tandis que chez d'autres, comme les Hépatiques, la tige ne se développe qu'après un thalle foliacé. La tige n'est donc ni constante dans son existence, ni liée nécessairement à la feuille.

2° On ne peut point soutenir que les feuilles doivent être nécessairement portées par des tiges, puisqu'elles peuvent aussi naître sur d'autres feuilles (Fucoïdées, Lemnacées) ; comme le font aussi les fleurs dans leur totalité (*Ruscus*), ou quelques-uns de leurs éléments (pétales insérés sur le calice, étamines insérées sur la corolle ou sur le périanthe unique).

3° La notion d'axe est tout aussi peu déterminée que celle d'appendice, et n'est tout au plus qu'une abstraction mécanique. Les axes ne peuvent pas être le centre constant de la formation des appendices, puisqu'ils manquent entièrement à beaucoup de plantes et à beaucoup de parties de plantes.

4° On n'explique pas plus l'origine des axes que celle des appendices.

5° Les axes et les appendices ne sont nullement, comme on l'admet, des parties contraires, ni mécaniquement, ni organiquement ;

mais bien plutôt des parties identiques dans l'origine ; on le reconnaît à ce que souvent les feuilles se changent en véritables rameaux, tandis que, d'autre part, des organes morphologiquement caulinaires se résolvent en feuilles parfaites, comme cela est évident pour les Fougères, les *Phyllocladus*, les *Ruscus*, les Cycadées, etc., dont on appelle les feuilles rameaux foliacés.

On a pensé que le nombre des appendices renferme une loi de formation. Cependant il s'en faut que ce nombre concorde avec le type des fleurs ou des fruits, pour exprimer le caractère du végétal que l'on observe. Si les proportions numériques contenaient la loi de formation des plantes, le type de la plante entière pourrait être rendu par une formule. Il n'en est point ainsi. Nous voyons au contraire les nombres des éléments floraux varier dans le même type de fleurs, par exemple, chez les *Rheum*, les *Paris* ; et d'autre part les types les plus différents admettre dans leurs fleurs les mêmes proportions numériques : on en trouve un exemple dans les Liliacées et les Berbéridéés. Le système numérique de Linné, en désaccord avec les affinités naturelles, a prouvé surabondamment combien les types sont indépendants des nombres. Qui pourrait déterminer le type des Amentacées, des Cupulifères, des Cycadées, etc., d'après des proportions numériques ?

II. — La ramification, caractère morphologique des plantes.

Si l'on n'a pu jusqu'ici réussir à trouver dans une partie extérieure des plantes l'élément universel de leur formation, c'est parce qu'aucun de leurs organes ne se reproduit constamment chez tous les individus du grand règne végétal. Il faut chercher cet élément ailleurs, et ce ne peut être que dans les lois de la formation organique. Quels que soient les organes, et quelque nombreux qu'ils soient, depuis la racine jusqu'au fruit, ils doivent porter en eux le caractère que leur impriment ces lois, qui est le caractère morphologique fondamental du végétal. *Nous considérons la ramification comme le véritable principe morphologique essentiel de la plante ;* elle se reconnaît dans tous ses organes ; c'est le fondement de toute formation végétale ; et l'aspect général de la plante n'est qu'une expression tangible de la loi abstraite de la ramification. Il n'y a aucune plante qui ne soit ramifiée dans toutes ses parties, ou qui ne puisse se ramifier.

Dans les théories qui ont régné jusqu'aujourd'hui, on ne considère cependant pas la ramification comme un caractère général, mais comme une fonction spéciale de certaines parties de la plante, les tiges ou axes ; on ne l'attribue pas aux autres parties de la plante, feuilles, fleurs ou fruits. Aux tiges seules on reconnaît la faculté d'émettre, et par formation axillaire, des bourgeons qui s'allongent en rameaux doués des mêmes facultés. Tout cela est trop restreint et ne convient qu'aux tiges qui possèdent des feuilles. Les tiges aphylles, comme celles de certaines Chénopodées, poussent des rameaux et bourgeonnent sans feuilles ni boutons. Il en est de même des plantes chez lesquelles la ramification se produit au-dessous des feuilles, c'est-à-dire des Équisétacées et surtout des Fougères. Si l'on veut, avec Mettenius, contester chez ces dernières la généralité de ce fait, on devra tout au moins en reconnaître l'existence. Non-seulement les tiges des Fougères produisent, sans la formation préalable de boutons, des pousses situées en dehors de l'aisselle des feuilles, mais encore le même fait s'observe dans les variétés dites prolifères, sur les nervures de leurs feuilles, comme sur celles des *Bryophyllum*, des *Begonia*, des *Cardamine*, et de tant d'autres végétaux. Il n'y a là ni aisselle ni bouton. Et veut-on d'ailleurs considérer la racine ? Y a-t-il chez elle feuille ou bouton, et n'y a-t-il pas ramification ? Et ce qui est vrai de la ramification des racines ne l'est-il pas de celle des *Chara*, des Conferves, des Champignons ? Chez tous ces végétaux vous trouverez des rejetons, mais jamais de feuille.

On voit parfaitement, par ces exemples, que la notion de rameaux, considérés comme issus d'un bourgeon, et telle qu'elle a cours dans la science, ne convient point à l'universalité des cas, et que ce que l'on appelle bourgeon n'est qu'un mode particulier de la formation raméale. Il importe donc de rendre la notion générale de rameau et de ramification complétement indépendante de l'existence des boutons et des feuilles. La formation des rameaux est aussi indépendante de celle des feuilles que la formation des feuilles l'est chez les Lemnacées de celle des tiges.

Lorsqu'on aura abandonné cette manière étroite de concevoir le rameau ou la ramification, on pourra facilement se convaincre de la généralité que présente cette fonction chez toutes les plantes et dans toutes les parties des plantes, dans chacune desquelles on doit naturellement en retrouver le caractère. Aucune sorte de ramification ne peut servir de type à la notion générale de la fonction. C'est celle de la tige, répandue à profusion, qui a fait la plus vive impression sur tous ; aussi a-t-elle été considérée depuis des siècles comme le type de la fonction, même par les botanistes morphologistes qui en ont négligé les autres aspects. Cependant elle se rencontre, j'espère le prouver péremptoirement, chez tous les organes ; il n'en existe aucun qui n'en porte l'empreinte. C'est surtout pour la feuille que nous devons le démontrer.   .

Si l'indépendance de structure de la feuille a été méconnue, et si l'examen en a été négligé, c'est parce qu'on la considérait, avec les partisans de la métamorphose, comme un appendice de l'axe, pensant que ses vaisseaux ne faisaient que continuer ceux de l'axe. Cependant on aurait dû reconnaître la formation indépendante des feuilles chez les végétaux où il n'existe pas de tige, les Fucoïdées, les Lichens, les Lemnacées. En réalité, les feuilles sont, dans l'ensemble de la vie végétale, supérieures à la tige : elles sont, placées sur elle, et se forment sans elle ; et quand la tige existe, elles forment sur elle des systèmes particuliers, indépendants, constituant, pour ainsi dire, dans l'échelle végétale, un étage supérieur à l'étage des tiges, l'étage des feuilles.

Les rameaux qui prouvent l'existence de la ramification dans les feuilles sont les nervures qui se produisent, comme les mérithalles successifs des racines, par simple anaphytose, c'est-à-dire par simple superposition d'articles, sans bouton ni aisselle de feuille. L'identité de nature de ces deux formations se reconnaît surtout à ce fait que les feuilles submergées de la Renoncule d'eau acquièrent du chevelu, bien que les ramuscules qui le portent alors ne soient que les nervures divisées des feuilles.

Les pétioles sont les troncs dont la ramification fournit les nervures des feuilles, comme celle des troncs fournit les branches. C'est à cause de cela que les pétioles ont en général la structure de la tige ; ce sont soit des tiges complètes, soit des tiges incomplètes, comme divisées par moitié, chaque moitié ayant son analogue du côté opposé. Dans les feuilles à type termocladique (*Lupinus*, Malvacées, Hippocastanées, Araliacées), les pétioles présentent des couches concentriques comme les tiges des plantes ; quand les pétioles ne forment qu'une demi-circonférence, ils n'offrent qu'une des moitiés de la structure précédente. Dans les feuilles ramifiées des Ombellifères, des Légumineuses, des Fougères, les nervures médianes des feuilles se constituent en pétioles principaux, et les nervures latérales en ramuscules latéraux.

Dans certains cas, la disposition des feuilles sur la tige se répète dans les lobes des feuilles, par exemple, chez certaines Araliacées (*Sciadophyllum*, *Actinophyllum*) et Légumineuses (*Lupinus*), de sorte qu'alors une feuille munie de ses lobes reproduit une plante munie de ses feuilles. On voit même se former, au point où le pétiole finit et où commence la feuille, des prolongements (*ligulæ*) analogues à ceux qui existaient parfois aux nœuds de ramification des pétioles, c'est-à-dire à la base des pinnules des feuilles composées (*stipulæ foliolorum*). Partout se renouvelle, des tiges jusqu'aux extrémités des feuilles, la même application de la loi de ramification, à tous les étages de l'échelle organisée que représente le végétal.

Il semble, d'après tout cela, que l'on ne puisse douter que les feuilles ne présentent, aussi bien que les tiges des plantes, un système indépendant de ramification, et que, par conséquent, elles ne doivent nullement être considérées comme des appendices dépendant de la tige. L'antithèse mécanique d'axe et d'appendice se retrouve même dans les ramifications des feuilles, puisque dans les feuilles ramifiées (pinnées), les pétioles représentent les axes, et les folioles, par contre, les appendices.

On voit que les conceptions d'axe et d'appendice, telles qu'elles sont admises, conduisent à des distinctions artificielles et contraires à la nature. Ces notions paraissent encore plus en contradiction avec la nature quand on considère les rameaux latéraux, qui conservent ou perdent le caractère d'axe selon qu'ils portent ou non des feuilles: chez les Conferves, les Champignons, certaines Chénopodées, ils retombent au rang d'appendice. Les axes et les appendices pourraient donc, suivant l'ancienne théorie, être des parties identiques.

En réalité, dans toute ramification, il ne faut considérer que le rapport de tronc à branche, rapport qui se réalise d'une manière particulière dans chaque système de ramification. Il en existe, comme on sait, trois différents : le système *archicladique* (croissance pyramidale), le système *hypocladique* (croissance sarmenteuse et par bifurcations), et le système *termocladique* (croissance en ombelle ou en éventail) (1); et seule, l'étude du genre de système peut

____

(1) Voyez mes ouvrages intitulés : *Neues System der Morphologie der Pflanzen*, Berlin, 1867; et *Die Anaphytosis oder Verjuengung der Pflanzen*, Berlin, 1843.

conduire à une vue exacte de la nature de la ramification que l'on envisage.

Quand on aura bien compris que les feuilles présentent des systèmes particuliers de ramification, aussi bien que les tiges, tous ceux qui considèrent les bractées, le calice, les pétales, les étamines, l'ovaire et les graines comme nés de feuilles métamorphosées et qui les expliquent ainsi, conviendront sans plus tarder que chacun de ces organes contient aussi bien que les feuilles son système de ramification, et que par conséquent c'est la ramification qui est le principe essentiel de leur constitution, et non pas la nature appendiculaire de la feuille ; enfin que pour expliquer l'origine de ces diverses parties, il ne faut pas d'abord redescendre aux feuilles, puisque celles-ci n'existent elles-mêmes qu'en vertu de leur propre ramification, mais se prendre directement au système particulier de ramification des organes que l'on considère. Aussi bien ne nous étendrons-nous pas davantage à considérer cet acte organique dans les parties diverses des fleurs et des fruits. S'il est une fois démontré que les nervures des feuilles sont de véritables rameaux qui se forment par la ramification des pétioles caulinaires, il va de soi que les nervures du calice et des pétales, aussi bien que celles des fruits, ont tout à fait la même signification, que toutes ces parties portent en elles le caractère général de la ramification, et qu'un squelette de fruit témoigne de la ramification qui le constitue aussi bien que le squelette de la feuille. *Nous avons donc à considérer les fleurs et les fruits, aussi bien que les racines, les tiges et les feuilles, seulement comme des systèmes de ramification*, et à en expliquer ainsi la formation.

III.—Les Anaphyta (articles) considérés comme éléments morphologiques de la formation de la plante (Phytodomie), et de la conception organique de la ramification.

Les rameaux étant composés d'articles successifs, placés bout à bout, les articles (*anaphyta*) sont les éléments morphologiques de la ramification (*anaphytosis*), et par conséquent, de l'aspect extérieur des plantes. En effet, ce n'est pas par expansion, mais par l'adjonction de nouveaux articles à leur extrémité, que se fait l'évolution des rameaux. Quand il existe des nœuds sur les tiges, les articles y sont nettement définis ; ils le sont moins chez beaucoup d'arbres, dont la tige cependant s'augmente chaque année par la formation d'un ou de plusieurs mérithalles qui sont autant de nouveaux articles. Les articles ne manquent pas non plus dans les autres parties de la plante, la feuille ou la racine. La séparation qui s'effectue d'elle-même à certaines périodes, suivie de la chute des parties terminales, feuilles, fleurs, fruits ou racines, prouve clairement l'existence d'articles isolés organiquement les uns des autres. Dans les feuilles ramifiées des Légumineuses, des Ombellifères (*Athamanta*, *Oreoselinum*), l'articulation est aussi fortement marquée par des nœuds que dans les tiges ; mais les feuilles simples offrent elles-mêmes (*Cratægus Oxyacantha*) des articles formés par les nervures. Il en est de même chez les *Arthrophyllum*, les *Citrus*, etc.

Ces articulations existent à tous les étages du végétal, aux points de séparation des organes de divers ordres, entre les racines et le tronc au niveau du collet, entre le rhizome et la tige annuelle qui en sort (*Iris*, *Convallaria*), entre les racines et les bulbes, entre la tige et le pétiole, entre le pétiole et la feuille, entre les pédoncules et les fleurs ou les fruits, entre le réceptacle floral et les organes qui en naissent, entre le placenta et les semences.

Les nœuds qui témoignent la place d'une articulation, et qu'on connaît surtout sur la tige, sont exprimés dans le fruit par les sutures des carpelles. La signification des nœuds a été obscurcie par l'assimilation des nœuds des plantes aux jointures des animaux, assimilation amenée surtout par M. Du Mortier ; c'est à cause de cette interprétation erronée que de Candolle dut déterminer l'articulation comme caractérisée par la cessation naturelle de l'adhérence organique, et par la spontanéité de la séparation des parties voisines. D'après cette théorie, les parties qui ne se séparaient pas ainsi n'avaient ni articulation ni nœud. Il est facile de reconnaître combien cette opinion est fausse : les étamines, les pétales et les sépales ne sont pas caduques dans toutes les plantes, mais souvent persistants bien qu'ils soient articulés sur le réceptacle ; les feuilles, qui sont partout unies à la tige par des nœuds, restent souvent fixées à cette tige après la mort de l'ensemble ; le pétiole même ne s'en détache pas toujours, bien que la nature de l'articulation soit la même chez lui, qu'il s'en sépare ou non ; les sutures transversales ou longitudinales qui unissent les différentes parties du fruit ne se divisent pas toujours à la maturité (noix, baies, légumes de beaucoup de *Mimosa*, *Enarthrocarpus*, etc.). Il ne faut donc pas croire que la chute soit le signe unique et certain de l'articulation ; il se peut qu'il y ait articulation sans séparation nécessaire d'articles.

Lorsqu'il se fait une séparation, elle se produit par la destruction des articulations de vaisseaux et de cellules dans les nœuds ; telle est la raison pour laquelle les parties se détachent les unes des autres, comme cela arrive partout à la maturité d'une formation organique. La chute des couches mortes d'écorces dans la Vigne, la chute des feuilles, des fleurs, des fruits, la séparation des articles de la tige dans beaucoup de plantes, est due à un seul et même procédé de désarticulation, que j'ai désigné sous le nom de *diaphytose*. M. de Mohl (*Bot. Zeit.*, 1860, p. 277) a affirmé récemment que la désarticulation des tiges et des feuilles n'a pas lieu suivant un procédé morphologique, mais suivant un procédé physiologique qui peut se produire dans la continuité de tiges ou de pétioles continus (*Gymnocladus, Gleditschia*), parce qu'il se forme une couche de séparation entre les parties destinées à se disjoindre. M. de Mohl ne dit pas ce qu'il entend ici par *physiologique* et *morphologique*, ni en quoi les deux procédés doivent se distinguer ; son opinion demeure un simple jeu de mots. *Physiologique* ne peut s'appliquer qu'aux diverses fonctions des organes intérieurs ; et l'auteur qui ne distingue ni organes ni fonctions, mais qui ramène tout aux cellules, ne peut parler de physiologie ; *morphologique* s'applique, dans notre opinion, à la formation extérieure, à l'anaphytose, et à celle-là appartient au premier rang l'articulation. L'erreur de M. de Mohl consiste en ce qu'il regarde comme simples ou continus les tiges-axes et les pétioles qui ne sont point simples, mais composés d'articles. Ce qu'il appelle couche de séparation n'est autre chose que la couche d'organes morts situés au niveau des plaies qui se forment pendant la désarticulation. Cette couche n'est pas plus nécessaire pour la séparation d'une feuille, d'une fleur ou d'un fruit qui tombe, qu'elle ne l'est pour la désarticulation des articles de la tige ou pour celle des folioles d'une feuille composée.

Chaque article ou *anaphyton* est un individu complet, qui contient tous les organes et toutes les fonctions intérieures de la plante. Il peut, par lui-même, vivre, germer, former de nouvelles pousses ou fournir une marcotte de la plante. Chaque fragment de racine ou de feuille, ne contenant que des nervures, peut former des boutons. La désarticulation des *anaphyta* est donc un procédé d'individualisation, par lequel les articles deviennent indépendants.

L'articulation est le fondement de la ramification ; les rameaux sont des séries d'articles qui croissent sur un tronc formé lui-même de semblables séries d'articles plus âgés. La formation d'articles est la condition de la ramification ; il y a, entre ces deux actes morphologiques, une connexion naturelle et nécessaire. *C'est en cette connexion que gît la conception organique ou la signification de la ramification dans le règne végétal ;* d'après elle, la ramification est un procédé organique de génération. Selon l'opinion générale, on a considéré la ramification comme un partage, une division mécanique des formations axiles préexistantes ; et, de nouveau, on a fondé là-dessus la théorie des adhérences (adhérence des étamines avec la corolle, etc.). Abstraction faite de ce que cette opinion ne se fonde que sur la ramification de la tige, et qu'elle laisse, par conséquent, hors de considération le caractère général de la ramification dans toutes les parties de la plante, elle est fausse par cela même, que la ramification consiste en un accroissement dû à nouveaux rangs d'articles, qui se produisent sur de plus anciens articles formant leur tronc ; de sorte que les nouvelles parties ne peuvent pas être une division des parties préexistantes, qui demeurent au contraire en arrière des plus jeunes.

La pousse durcie de l'année précédente donne au printemps une nouvelle pousse ; pour cela elle devient tronc, de sorte que les nouvelles pousses ne représentent que les rameaux qui ne pourraient certainement pas naître par une division du tronc plus âgé. Il n'est pas plus logique de croire qu'une étamine insérée sur un pétale soit née d'une division du pétale et puisse former avec lui une adhérence, puisque l'étamine est une nouvelle pousse, émanant par anaphytose du pétale sur lequel elle s'insère.

La condition fondamentale de toute ramification est donc que la jeune pousse croisse sur l'ancienne comme un rameau, qu'un tronc devienne producteur d'un rameau. Les générations organiques d'articles sont donc la partie essentielle de la vie ou les éléments de la ramification, et si l'on veut saisir la signification de la ramification, il faut retourner à ces éléments qui en déterminent le système.

Il résulte de ces considérations que l'ensemble du végétal, tronc et rameaux, forme un assemblage d'individus plus âgés ou plus jeunes liés par leur croissance ; l'arbre représente un tronc en nature, dont les plus jeunes membres sont les derniers rameaux. Le rapport du tronc au rameau est celui du père à l'enfant, et les notions mécaniques d'axes et d'appendices ne peuvent être ici de mise. Ce rapport se retrouve dans la ramification de tous les étages de la plante, des racines, de la tige, des feuilles, des fleurs et des fruits.

La plante s'accroît par ramification; sans la ramification et l'articulation, qui en est le complément, il n'y a pas de croissance possible; la croissance est nécessairement ramification, et la conception de la ramification est identique avec celle de la croissance. La ramification exprime donc le caractère général de la plante, *et l'on peut définir la plante comme un être qui se ramifie.* Là est aussi le caractère qui distingue la croissance de la plante de celle de l'animal. La plante croît par superposition de nouveaux individus, qui meurent dans l'ordre de leur développement; l'animal au contraire comme un seul et simple individu, par développement des organes intérieurs, développement qui manque toujours à l'*anaphyton* végétal. La plante ne se renouvelle que dans ses parties extérieures; l'anima renouvelle aussi ses organes intérieurs.

Ajoutez à cela que l'animal possède l'unité centrale de l'organisation intérieure qui manque aux plantes; aussi s'accroissent-elles toujours par l'extérieur dans une direction linéaire, en formant de nouvelles pousses par une ramification qui n'est jamais terminée. Tandis que la croissance de l'animal est arrêtée, et que sa grandeur est déterminée, les plantes entassent toujours, par anaphytose, de nouveaux individus les uns sur les autres.

IV. — Nécessité organique naturelle de l'articulation et de la ramification.

La ramification a, pour la plante, deux buts vitaux à remplir; elle est, pour elle, à cause de cela, une nécessité de nature. Ces buts sont les suivants :

1° Réunir entre eux, selon les rangs de génération, les *anaphyta* comme individus originels, et

2° Maintenir cependant séparés les individus distincts.

1° En premier lieu, se présente la nécessité d'une liaison des *anaphyta.* Le défaut d'un organe central intérieur a pour conséquence une plus grande dépendance des individus-plantes; ceux-ci, par suite, peuvent offrir, comme individus, beaucoup moins de résistance au monde extérieur. Il est donc nécessaire que les individus soient réunis en un corps, et forment ainsi une unité organique qui les rend plus capables de résister au monde extérieur que s'ils demeuraient dans un état isolé. L'unité organique est obtenue par la ramification, qui compense l'organe central dont les plantes manquent. La ramification est le seul moyen d'effectuer cette compensation et d'établir l'unité organique de la plante. A cause du défaut d'un organe central intérieur, les plantes ne sont pas assez fortement organisées et individualisées pour pouvoir se défendre à l'état d'*anaphyta* simples et isolés contre les influences extérieures auxquelles elles sont exposées ; il leur manque les pieds, sur lesquels se tiennent les animaux ; c'est pourquoi les individus doivent se porter les uns les autres réciproquement : l'un doit servir de pied à à l'autre ; la ramification fournit ce support. *Le tronc forme toujours l'unité dans le système entier de ramification.*

Le tronc ne se présente point comme le centre mathématique des feuilles ; par conséquent, les notions mécaniques d'axe et d'appendice ne conviennent pas, le moins du monde, pour définir l'unité organique de la ramification. Dans la formation des plantes, ce qu'il faut déterminer, ce n'est pas une règle mathématique, mais un but vital. On rencontre une unité organique semblable à celle de la tige dans les autres étages de la plante, qui forment sur le tronc un système achevé de ramification ; de sorte que l'unité de la formation des feuilles existe en elle-même par l'union des nervures avec le pétiole ou par celle des folioles avec la nervure principale dans les feuilles ramifiées ; de même pour l'unité de ramification des racines, de la ramification sans feuilles des Champignons et des Conferves. Dans les fleurs et les fruits on voit aussi naître une unité de système de ramification, pour laquelle ne conviennent nullement ni la notion mécanique d'axes, ni la notion mécanique d'appendices que fournit l'hypothèse de la métamorphose. Car il y a aussi des systèmes de ramification que nous avons appelés paracladiques (croissance sarmenteuse par bifurcation), auxquels manquent totalement les axes véritables, quoique leurs parties soient disposées circulairement ; chez les roses, par exemple, les fruits ne sont pas insérés sur l'axe de la fleur, mais sur les parois du calice. L'unité est donc atteinte ici sans axes, puisque le tronc de la fleur peut se lier avec ses rameaux selon d'autres types.

2° Dans la construction des plantes, ce n'est pas seulement le but essentiel de l'unité organique du tout et de ses parties, que la nature doit réaliser ; mais aussi la séparation des *anaphyta*, afin que chacun d'eux existe comme individu et puisse entrer librement en contact avec le monde extérieur. La plante est formée par des gé-nérations d'individus, qui doivent chacun isolément demeurer en relation avec l'air, avec la lumière, et surtout avec les conditions de la vie. Les *anaphyta* ne doivent pas être enfermés dans un corps commun comme les organes des animaux qui composent l'unité d'un seul individu ; ils ne pourraient pas croître ensemble en un corps épais sans perdre leur individualité. Lorsque les *anaphyta* plus âgés sont enfermés par la superposition de plus jeunes, comme dans la formation du bois ou de l'écorce des arbres, les couches inté-rieures, séparées de la lumière et de l'air, meurent peu à peu, et les plus jeunes couches demeurent seules vivantes. Les rameaux articulés qui sont libres de tous côtés, entourés d'air et de lumière, peuvent seuls se maintenir en vie, tandis qu'ils seraient étouffés s'ils croissaient unis en un corps épais. La ramification est le seul moyen d'atteindre le but essentiel de liaison et de séparation réci-proque des *anaphyta*. Ce but n'aurait pu être atteint d'aucune autre manière. En cela consiste sa nécessité naturelle.

Nous voyons donc deux grands buts nécessaires à la constitution des plantes : — la réunion des *anaphyta* en une unité corporelle, et l'indépendance réciproque des individus isolés, — atteints d'une manière admirable par la ramification ; celle-ci possède avec l'arti-culation, l'importance la plus grande pour le règne végétal ; elle porte en elle-même le plan de création et la loi de formation des plantes.

Il reste à montrer ce qui se lie à ces lois, comment toutes les mé-tamorphoses des feuilles et les feuilles elles-mêmes ne prennent naissance que selon des types déterminés d'articulation ou de rami-fication et par la transformation de ces types ; comment les modes de formation des racines, des arbustes, des tiges, des feuilles, des fleurs et des fruits sont produits par des lois précises de ramification et selon les types de croissance qui en dérivent, par ce que j'ai appelé *phytodomie ;* comment en particulier, avec le secours de l'articu-lation, les divers étages des plantes, les étages des fleurs surtout, se produisent d'après des systèmes spéciaux de ramification, dans lesquels est exprimé le caractère propre des fleurs et des fruits ; comment par un développement graduel des systèmes de ramification se forment des types inférieurs et supérieurs de croissance, qui sont les moyens naturels de l'évolution des végétaux ; comment enfin la formation de l'arbre n'est réglée que par des particularités spéciales de la ramification et non par la théorie des axes et des appendices.

Mais développer plus longuement les lois que nous avons énumérées ou les questions qui s'y rattachent et qui en découlent, serait dépasser les limites que nous nous sommes imposées en rédigeant ce mémoire.

Résumé.

Pour établir et prouver la différence qui existe entre la théorie de l'anaphytose et celle de la métamorphose, il suffit de montrer que ce qui est conforme à la nature dans l'anaphytose n'a point été déjà observé par Gœthe, comme le prétend M. Kirchhoff (Gœthe, *Métamorphose*, §§ 113-115), puisque Gœthe dit expressément que l'élément de composition morphologique le plus simple de la plante est un membre de tige uni à une ou plusieurs feuilles, c'est-à-dire à un jet. La supposition de M. Kirchhoff, que tige et feuille (axe et appendice) pris ensemble représentent l'*anaphyton*, et que les termes de jet et d'*anaphyton* expriment la même idée, est tout à fait erronée. La différence entre l'anaphytose et la métamorphose consiste essentiellement en ceci :

1° La théorie de la métamorphose considère la feuille, ou la réunion de la tige et de la feuille, autrement dit le jet, comme l'élément simple , sans expliquer la nature des feuilles elles-mêmes. La théorie de l'anaphytose montre, au contraire, que la feuille n'est point un élément morphologique simple, mais une formation composée par articulation et ramification des parties vraiment élémentaires; qu'elle est formée dès l'origine de la même manière que la tige, par anaphytose; et qu'elle doit être expliquée ainsi, de même que toutes les autres phases de la plante, fleurs et fruits. La grande énigme de la botanique, qui est d'expliquer d'abord la feuille elle-même, se trouve résolue par la théorie de l'anaphytose.

2° D'après l'anaphytose, l'élément simple de la composition morphologique de la plante est l'*anaphyton*, partie de la plante qui représente un article-individu, susceptible de propager la plante, comme chacune des nervures des feuilles d'un *Begonia* ou d'une Fougère. L'anaphytose montre que la répétition et la ramification des articles se trouvent non-seulement dans la tige, mais aussi dans les feuilles ; et que ce que l'on appelle métamorphose n'est pas autre chose que les diverses formes extérieures de l'articulation et de la ramification des *anaphyta*, une construction (*phytodomie*) formée de membres individuels par ramification ; en conséquence de quoi la plante représente une famille d'*anaphyta*, un arbre généalogique. Gœthe a tenu pour simple un individu tout composé, la feuille ou le rejeton, et il n'a ni conçu, ni discuté l'individualité des plantes comme une individualité composée ; il a regardé la plante entière comme un individu simple, ainsi que l'avait fait ses prédécesseurs.

3° La théorie de la métamorphose explique les fleurs par une métamorphose des feuilles. D'après la théorie de l'anaphytose, les fleurs et leurs parties, telles que les étamines et le pistil, ne se forment jamais par une métamorphose des feuilles, mais par une nouvelle anaphytose à elles propre, c'est-à-dire par un nouveau système d'articulation et de ramification, qui produit un développement graduel propre avec de nouvelles fonctions. Chaque feuille ne croît que selon la forme qu'elle avait d'après le plan primitif ; elle ne se métamorphose jamais en une autre partie ; mais les feuilles qui se succèdent présentent de nouvelles formes par le développement graduel de leur ramification, sans métamorphose de l'une ou de l'autre. Ce que l'on appelle métamorphose ne présente que les degrés de l'anaphytose, et ne peut être expliqué que par l'anaphytose. La métamorphose rétrograde de Gœthe n'est pas autre chose qu'une prolifération anaphytosique des étamines consécutive à l'avortement des anthères, et non pas une métamorphose de l'anthère même.

4° Ce que la théorie de l'anaphytose renferme de conforme à la nature consiste dans la connaissance de l'individualité composée de toute la plante, dans celle de ses racines, de ses fleurs, de ses fruits, et avant toutes choses dans celle des feuilles tenues pour simples par Gœthe et demeurées jusqu'ici inexpliquées. L'opinion d'après laquelle la plante serait formée par la métamorphose des feuilles n'a aucun fondement naturel ; le fait que les Champignons et les Conferves ne possèdent aucune feuille, et cependant acquièrent une forme extérieure, confirme et appuie l'opinion dont tout ce mémoire expose le développement.

MM. Cosson et Balansa mettent sous les yeux du Congrès des échantillons d'un *Eragrostis*, récolté dans la cour du Ministère de la Guerre à Paris.

Cet *Eragrostis* doit être rapporté à l'*Eragrostis pilosa ;* il différerait seulement de l'espèce typique par ses gaînes glabres à leur ouverture et non couvertes de longs poils. Ce caractère, tiré des gaînes glabres ou velues, a déjà servi à plusieurs agrostographes pour distinguer plusieurs espèces d'*Eragrostis* très-voisines les unes des autres, et il est probable, vu le peu de stabilité de ce caractère, que toutes ces prétendues espèces devront disparaître de la nomenclature botanique.

Cet *Eragrostis* a été trouvé aussi, il y a déjà longtemps, dans la cour de la mairie de Versailles. Il paraît avoir été introduit dans ces deux localités par les bois flottés revenant de la haute Seine et servant au chauffage.

Sa synonymie peut être établie ainsi :

Eragrostis pilosa P. Beauv. var.

E. purpurascens Schult. ?

E. inconspicua Hort. par.!

M. Eug. Fournier entretient le Congrès de la publication prochaine d'une *Flore morphologique et synoptique de France*, entreprise par M. Germer Baillière, libraire-éditeur à Paris, et dont la direction principale lui a été confiée.

Cet ouvrage, rédigé en langue française, doit paraître dans le format grand in-8°, avec de nombreuses figures intercalées dans le texte. Il comprendra deux parties distinctes, consacrées la première aux Phanérogames, la seconde aux Cryptogames, qui y seront traités complétement.

Les familles et les genres y seront étudiés conformément aux progrès récents de l'anatomie et de la morphologie végétale, et la terminologie sera, à ce point de vue, l'objet d'une attention toute particulière.

La synonymie et la distribution géographique générale et spéciale de chaque espèce, le sol et l'altitude où elle croît, seront soigneusement indiqués; mais la description en sera réduite à une courte diagnose. Les auteurs anciens qui ont écrit sur la flore de France, notamment Dalechamp, les Bauhin, Magnol, Tournefort, Barrelier, seront cités quand on connaîtra certainement les plantes dont ils ont parlé. Les genres dont la fondation est antérieure aux ouvrages de Linné seront attribués à leurs auteurs véritables.

Des tableaux synoptiques, convenablement choisis, auront pour but d'exposer le groupement des genres dans les familles nombreuses et des espèces dans les genres nombreux. De nombreuses gravures sur bois éclairciront les différences génériques ou spécifiques qui embarrassent dans la détermination des Phanérogames, et rendront accessible à tous les botanistes l'étude des familles cryptogamiques inférieures, jusqu'ici réservée à un petit nombre de savants spéciaux.

L'ouvrage sera précédé d'une introduction où sera exposée la constitution orographique et géologique du sol de la France, dans ses rapports avec la disposition des végétaux qui l'occupent; on y indiquera l'altitude des massifs montagneux et des sommets les plus fréquentés par les botanistes.

Une liste aussi complète que possible y sera dressée, par ordre de dates, de tous les travaux spéciaux publiés jusqu'ici sur la flore de France. On y joindra l'indication des principaux herbiers où se trouvent des matériaux importants pour l'étude de la végétation française.

Un appendice à la partie phanérogamique contiendra l'énumération des espèces exotiques observées temporairement à l'état de naturalisation dans certaines localités du midi de la France.

Les découvertes faites dans le domaine de la flore française dans ces onze dernières années, et l'addition des espèces dues à l'annexion du comté de Nice et de la Savoie, ne peuvent manquer de donner un nouvel intérêt à cet ouvrage, le premier dans lequel doive être tracée une description complète de la végétation de la France depuis la publication du *Botanicum gallicum* de M. Duby.

Le plan sur lequel est conçue la *Flore morphologique et synoptique de France* permet d'attacher à son élaboration tous les botanistes français, soit comme monographes des différentes familles de la *Flore*, soit comme consultants. Ceux qui auraient quelques documents nouveaux sur la *Flore* française sont vivement invités à les faire connaître ; ceux qui habitent les centres où se trouvent des matériaux scientifiques importants, notamment des herbiers anciens, tels que ceux de Requien, de Lapeyrouse, de Villars, de Mutel, pourront fournir des renseignements utiles.

Un grand nombre de savants ont promis leur collaboration à cet ouvrage. La partie cryptogamique, la plus difficile à rédiger dans l'état actuel de la science, et partant la plus importante, a préoccupé tout d'abord et est complétement organisée; les savants nombreux qui ont bien voulu accepter d'y coopérer, et dont plusieurs ont déjà commencé leur travail respectif, sont les suivants :

Diatomées et Desmidiées.........	M. de Brébisson.
Algues supérieures.............	M. Alph. Derbès, professeur à la Faculté des sciences de Marseille.
Lichens....................	M. Santo Garovaglio, professeur à l'Université de Pavie, avec le concours de M. le professeur Gibelli pour la partie iconographique.
Champignons................ ..	Le rév. M.-J. Berkeley.
Characées....................	M. H.-A. Weddell.
Hépatiques	M. le docteur Gottsche, avec le concours de M. Grœnland pour la partie iconographique.
Sphaignes et Mousses..........	MM. Ém. Bescherelle et Ern. Roze.
Equisétacées................	M. Duval-Jouve, inspecteur de l'Académie de Strasbourg.
Fougères....	M. Eug. Fournier.
Lycopodiacées (Ophioglossées et Lycopodiées)..................	M. E. Roze.
Sélaginellées..................	M. E. Roze.
Isoëtées	M. Durieu de Maisonneuve, directeur du jardin botanique de Bordeaux.
Rhizocarpées..................	M. E. Roze.

La partie phanérogamique n'est pas encore distribuée complétement. Toutefois, on peut citer un grand nombre de monographes français ou étrangers qui ont promis leur collaboration, savoir : MM. Decaisne (Plantaginées) ; Naudin (Cucurbitacées); Trécul (Droséracées), membres de l'Institut ; MM. les professeurs Chatin (Typhacées, Butomées, Alismacées, Loranthacées, Santalacées, Cytinées, Monotropées) ; Kirschleger (Violariées, Silénées) ; Parlatore (Conifères, Gnétacées) ; J.-E. Planchon (Théligonées, Linées, Parnassiées, Cistinées); Sælan (*Hieracium*); et MM. Bouvier (*Rosa*) ; Cauvet (Solanées); Chaboisseau (*Fumaria*, *Rubus*) ; Duval-Jouve (Graminées, Cypéracées, Joncées) ; de Franqueville (Saxifragées); Lebel (*Callitriche*, Alsinées) ; Pérard (*Quercus*) ; Prillieux (Orchidées) ; Rodin (Élatinées) ; Verlot (Frankéniacées), et Weddell (Lemnacées, Urticées).

En outre, M. le professeur Ch. Martins a bien voulu se charger de l'introduction, où sera exposée la constitution géologique et météorologique de la France, dans ses rapports avec la végétation, et M. Lespinasse de l'énumération des plantes adventives.

M. J.-E. Planchon fait ensuite au Congrès la communication
suivante :

SUR LES

ANOMALIES DE STRUCTURE DE LA TIGE DE L'*ERODIUM PETRÆUM* L.,

Par **M. J.-E. PLANCHON**,

Professeur à la Faculté des sciences de Montpellier.

La note suivante n'est que le résumé succinct d'un travail que
l'auteur se propose de publier en l'accompagnant de figures.

C'est parmi les lianes, les plantes parasites et les familles du groupe
des Cyclospermées qu'on a surtout signalé des exceptions à la structure ordinaire des tiges ligneuses des plantes Dicotylédones. Tout
n'est pas dit néanmoins à cet égard, et bien des faits de ce genre se
révéleront encore par l'étude détaillée de familles supposées normales;
témoin les singuliers faits de structure récemment découverts
par M. Trécul chez diverses Ombellifères ; témoin aussi l'*Erodium
petræum*, c'est-à-dire un végétal indigène assez remarquable pour
qu'on pût le croire bien connu.

La souche ligneuse de ce joli sous-arbuste se divise, dans sa partie
aérienne, en branches courtes et rugueuses ; elle se prolonge en bas,
sans démarcation tranchée, en un long pivot de racine simple ou peu
rameux. C'est la tige que nous étudierons de préférence dans sa
constitution intime. On peut la ramener au type suivant :

Au dehors, une enveloppe assez épaisse de périderme rouge-brun,
plus ou moins exfolié, formé de nombreuses couches de cellules
tabulaires.

Sous le périderme, une couche épaisse d'écorce constituée principalement par des lames rayonnantes de tissu libérien faisant suite
aux lames de tissu ligneux, et séparées l'une de l'autre par des
bandes de tissu parenchymateux. Ces dernières bandes sont le prolongement des rayons médullaires ; elles se réunissent entre le liber
et le périderme en une zone mince de tissu médulliforme, une sorte
de moelle externe, répondant à ce qu'on appelle ailleurs couche herbacée de l'écorce. La moelle interne existe à l'état de cylindre obs-
curément pentagonal dans les rameaux encore jeunes et non aoûtés.
Elle disparaît vite et se résout en rayons médullaires, à mesure que
se dessinent les faisceaux ligneux des tiges adultes : elle persiste
ailleurs, sous la forme de zone médullaire interne, autour des productions ligneuses anomales dont il va être question, alors surtout

que ces productions occupent l'axe de la tige. Ce tissu parenchymateux médullaire existe également à l'état disséminé dans les lames
du liber. Ses cellules renferment de nombreux cystolithes arrondis,
à surface granuleuse ; sa couleur d'un blanc mat, son apparence un
peu spumeuse, le distinguent, à la longue, du tissu plus compacte
du liber et du corps ligneux.

Le corps ligneux, vu sur une coupe transversale, se présente en faisceaux rayonnants, linéaires-cunéiformes, tantôt simples, tantôt bi-
lobés ou bifurqués, tantôt plus ou moins lobés-flabellés, toujours alter-
nant avec des rayons médullaires qui, pendant le retrait produit par la
dessiccation, se divisent aisément sur leur longueur et tapissent
alors les faces latérales des faisceaux ligneux contractés. Ces faisceaux
ligneux, d'un jaune très-pâle, sont absolument dépourvus de fibres :
ils sont formés de cellules cylindroïdes, deux ou trois fois plus hautes
que leur diamètre transversal, très-élégamment réticulées-annelées,
à la façon des fausses trachées. Du reste, pas de trachées véritables.
Le liber, formé d'un tissu compacte, à cellules prismatiques, courtes,
épaisses, très-cohérentes, ne saurait se confondre avec le bois aux
faisceaux duquel ses propres faisceaux semblent faire suite, en se
séparant comme eux par le retrait en lames ou rayons distincts.
L'absence des couches annuelles concentriques dans le bois et le
liber, le défaut complet de vraies trachées et de vraies fibres ligneuses, la disparition précoce de tout cylindre de moelle central :
voilà déjà des faits singuliers chez une Géraniacée. Mais le plus
étrange reste à voir dans l'intérieur même des tiges.

Au lieu de la moelle centrale qu'on semblerait devoir trouver dans
l'axe des tiges ligneuses, ce qu'on y rencontre féquemment, c'est
comme une seconde tige enchâssée dans la tige principale, et que distingue, au premier abord, la teinte rouge sanguine de son périderme.
Des coupes faites en divers sens révèlent bien vite, dans cette production interne, les éléments d'un corps ligneux, d'un liber, de rayons
médullaires, d'un périderme. Bien plus, la tige intérieure en renferme
parfois une seconde et même plusieurs successivement emboîtées,
tiges dont certains éléments sont indistincts, mais que séparent très-
nettement les bandes rouges de leurs péridermes respectifs. Il arrive
fréquemment que les tiges emboîtées, au lieu de se recouvrir complétement, représentent des sortes de cornets superposés, le plus extérieur dirigeant sa pointe vers la base de la tige et coiffant simplement
le suivant, lequel en coiffe incomplétement un troisième et ainsi de

suite. L'ensemble de ces productions simule une espèce de stalactite
à texture stratifiée, dont la base élargie occupe parfois le sommet
déprimé de la souche, tandis que le sommet aigu semble s'enfoncer
dans l'axe même de la tige principale.

Du reste, cette forme de stalactite allongée est bien loin d'être la
seule qu'affectent les excroissances caulinaires intérieures. Il en est
qui ressemblent à des nodules, à des loupes plus ou moins arrondies,
à des fuseaux, à des corps cylindroïdes, à des rognons irréguliers.
Parfois même, au lieu de se développer dans tous les sens, elles
affectent une forme lenticulaire ou déprimée, et, dans ce cas, on les
voit intercalées dans l'épaisseur des lames du périderme extérieur de
la tige, au lieu d'occuper des interstices du corps ligneux ou du liber.

L'élément le plus développé dans ces superfétations de la tige,
c'est toujours le périderme; c'en est aussi, ce nous semble, la partie
la plus longtemps vivante et la plus en voie d'accroissement, au
moins dans ses couches externes. L'élément libérien n'est pas toujours très distinct : les faisceaux ligneux et leurs rayons médullaires
sont presque toujours fort apparents; mais, très-fréquemment, toute
cette partie intérieure des excroissances est atteinte de nécrose, pour
peu que ces excroissances soient âgées au moment où le scalpel les
met à nu.

La présence de ces productions ligneuses intérieures n'est pas
assez constante, leur distribution dans les tiges n'est pas assez régulière pour qu'on puisse les regarder comme un trait absolument
normal de l'organisation de l'*Erodium petræum*. Cependant il est
rare de trouver un pied de ce sous-arbuste qui ne présente, au moins
à l'état naissant, une ou plusieurs excroissances intra-caulinaires.
Chez de vieilles souches (d'un diamètre de 2 à 3 centimètres) dont
le sommet s'évase en coupe et porte une couronne de rameaux,
c'est au centre même de la dépression que viennent affleurer les
tranches de plusieurs tiges internes emboîtées l'une dans l'autre.
Dans ce cas, la communication des tiges internes avec l'air extérieur
se fait par la destruction du tissu superposé ou de la paroi de la
souche. Mais, le plus souvent, les productions internes sont englo-
bées dans la tige principale, sans ordre apparent, à des hauteurs
différentes, en nombre indéterminé, sans communication avec le
dehors, sauf les cas où cette communication s'établit à travers une
fissure de l'écorce.

On ne saurait donc reconnaître aux productions intérieures de la tige de l'*Erodium* une disposition symétrique, comme celle que présentent, par exemple, les corps ligneux secondaires de certaines Bignoniacées, et surtout de certaines lianes du groupe des Sapindacées, récemment étudiées par M. Netto. On les assimilerait plus volontiers aux singulières productions en forme de stalactites observées par M. Decaisne dans la tige morte d'un *Echinocactus pycnoxyphus* (voy. Decaisne, in *Bull. Soc. bot. de France*, t. V, pp. 213 et suiv.). Mais, pour éclairer l'étude de ces formations anomales de l'*Erodium*, c'est probablement au groupe des Ombellifères qu'il faudra demander des termes de comparaison. Le *Myrrhis odorata* en particulier, autant qu'il nous est permis d'en juger d'après les descriptions de M. Trécul (*Ann. sc. nat.* 5ᵉ sér. V, pp. 296 et suiv.), le *Myrrhis* offrirait, dans sa racine déjà vieille, des formations corticales intérieures et des centres indépendants de formations ligneuses qui compliquent singulièrement la structure de cet axe, en y créant des zones d'écorce ou des faisceaux de bois noyés dans le tissu ligneux primitif. Là, paraît-il, c'est au moyen de cellules parenchymateuses interposées aux vaisseaux du bois, que se fait la genèse du tissu cortical ou ligneux supplémentaire. La couche génératrice, au lieu d'être condensée en une zone périphérique, serait donc disséminée, en quelque sorte, dans le corps même du bois. Nous croyons qu'une dispersion analogue du cambium explique également les productions secondaires de la tige de l'*Erodium petræum*. Mais pour être explicite à cet égard, il nous faudrait avoir suivi l'évolution de ces excroissances intérieures. Une fois cette étude faite (et nous ne l'avons qu'ébauchée), nous essayerons d'établir une comparaison précise entre ces curieuses endomorphoses et les formations anomales déjà signalées chez un grand nombre de plantes ligneuses dicotylédones. Ce sera le cas aussi de faire connaître en détail les particularités de la structure des axes chez d'autres types de Géraniacées.

M. Weddell dit qu'il existe dans la famille des Urticées un fait analogue à celui qu'a observé M. Planchon sur l'*Erodium*. M. Ferdinand Mueller (de Melbourne) lui a parlé, dans une de ses lettres, d'un *Laportea photiniphylla* chez lequel on a trouvé une cavité complètement fermée, de 2 à 3 mètres de longueur, revêtue intérieurement d'une couche d'écorce tout à fait semblable à l'écorce extérieure de la même plante.

M. Ed. Bureau rappelle les faits analogues qui se rencontrent dans la famille des Bignoniacées.

M. V. Personnat fait au Congrès la communication suivante :

NOTE SUR LA VÉGÉTATION DU JARDIN DE LA MER DE GLACE

ET SUR QUELQUES PLANTES DE LA VALLÉE DE CHAMONIX,

Par **M. V. PERSONNAT**.

La plupart d'entre vous, messieurs, ont parcouru nos vallées des Alpes et admiré la majesté du Mont-Blanc et des grands *ruis* de glace qui en descendent et s'avancent parfois jusqu'au milieu des cultures. Mais ceux qui, plus hardis ou mieux favorisés par le temps, ont abandonné ce que nos montagnards appellent la plaine , pour faire une ascension au *jardin*, ceux-là n'oublieront jamais, j'en suis assuré, les vives impressions que leur aura laissées leur course.

Le *Courtil*, ou *Jardin de la Mer de Glace*, est un îlot de verdure, à six heures de Chamonix , au milieu de l'océan glaciaire le plus gigantesque que l'on puisse rêver ; c'est une oasis perdue au sein des crêtes les plus déchiquetées, des pyramides les plus hardies et des crevasses les plus profondes.

C'est un cirque splendide que l'œil embrasse du milieu du *Jardin* : C'est l'aiguille du *Moine* (3521 mètres), puis le *Tour des courtes*, puis les *Petites Jorasses* (3732 mètres), et les *Grandes Jorasses* (4114 mètres), puis encore l'aiguille du *Géant* (4237 mètres), et celle du *Tacul*, le *Mont-Blanc* (4810 mètres) et l'aiguille du *Midi* (3098 mètres).

Ce sont les glaciers du *Talèfre*, des *Jorasses*, de *Leschaux*, du *Tacul* et du *Géant*, et douze à quinze glaciers secondaires qui viennent converger au même point et former la *Mer de glace*.

C'est, je l'ai dit, un ensemble gigantesque dont nulle plume ne saurait rendre l'incomparable majesté et la sublime horreur. On y trouve l'isolement absolu et le silence le plus solennel, troublé seulement de loin en loin par le sifflet strident de la marmotte et du chamois, ou par le cri perçant de la corneille et du pinson des neiges.

La course du *Jardin* , qui d'ailleurs n'offre pas de difficultés sérieuses , est l'une des plus belles de nos Alpes, une de celles qui attirent le plus le vrai touriste, le sincère admirateur des merveilles de la nature. Mais pour le botaniste, elle a des attraits plus puissants encore : Le Courtil lui offre, réunies sur un même point, à 2760 mètres d'altitude, les plantes les plus rares de la zone hyperboréenne, mêlées à un certain nombre d'espèces que l'on retrouve communément sur d'autres points moins élevés, mais qui n'en sont pas moins très-intéressantes au point de vue de la géographie botanique des cimes alpestres.

Notre ami M. V. Payot, de Chamonix, a publié en 1854 le catalogue des plantes qui croissent à cette limite de la végétation : sa florule comprend 76 espèces phanérogames et 34 cryptogames, réparties entre 64 genres et 25 familles.

Notre savant confrère, M. Charles Martins, dans sa remarquable notice *Sur la végétation du Spitzberg, comparée à celle des Alpes et des Pyrénées* (1), a porté à 128 le nombre des végétaux découverts au *Jardin*, savoir : 87 phanérogames et 41 cryptogames. C'était donc 18 espèces de plus en 1865 qu'en 1854.

Au nombre de ces dernières figurent les *Potentilla aurea* L. et *Leucanthemum alpinum* L. que j'y avais déjà récoltés le 8 juillet 1862; et l'on doit y ajouter quatre autres plantes que je crois réellement nouvelles pour la flore de ce petit coin de terre enclavé dans les neiges éternelles. Je ne sache pas, du moins, que leur présence au *Jardin* ait encore été signalée. C'est avec cette pensée, messieurs, que je me suis permis de prendre la parole dans cette éminente réunion , persuadé que l'intérêt même qui s'attache à la découverte justifiera et excusera mon humble communication.

Ces quatre espèces sont :

Gentiana punctata L., que j'avais déjà revu au col du Bonhomme, à 2200 mètres;

Gentiana bavarica L. var. *rotundifolia* Koch. Les chalets de Balme, à 2300 mètres, sont, après le *Jardin*, le point le plus élevé où j'aie trouvé le type de cette plante;

Veronica saxatilis L., toujours récolté jusqu'à présent au-dessous de 1800 mètres.

Euphrasia montana Jord., ordinairement commun entre 1400 et 2100 mètres.

Dans mes notes sur mon herborisation du 8 juillet figure également, comme recueilli au *Jardin*, le *Gentiana pannonica* L.; mais j'ai égaré la plante et je ne la signale ici que pour mémoire.

Je viens de citer le *Leucanthemum alpinum* L. Il est curieux

(1) Voyez le *Bulletin de la Société botanique*, séance du 24 mars 1865.

de voir cette jolie Radiéc descendre à Chamonix, dans les sables de l'Arve, jusqu'à 1050 mètres, et s'élever à 3455 mètres sur les rochers des *Grands Mulets*.

Et puisque je vous ai fait faire une pérégrination à la *Mer de glace*, laissez-moi, messieurs, signaler à ceux d'entre vous qui pourraient y retourner, un superbe pied de *Rhododendron ferrugineum* L. à fleurs blanches : il croît au Montanvert et il est, je crois, le seul connu dans toute la vallée.

Laissez-moi aussi vous dire avec quelle profusion a fleuri cette année le *Saxifraga Cotyledon* L., qui, rare au Brévent, est très-abondant au Chapeau, en face du Montanvert. A la fin de juillet, cette magnifique espèce couvrait de ses rosettes et de ses panicules pyramidales toute la partie rocheuse qui forme la montagne du Chapeau. Il peut être bon d'ajouter que, d'après les remarques faites sur les lieux, elle ne fleurit abondamment que tous les deux ans.

En terminant, messieurs, permettez-moi encore un mot sur le *Pedicularis sylvatica* L. Commun dans presque tous nos départements de France, il avait été signalé par de Candolle *près de Sallanches*, en Savoie, et depuis quarante ans, malgré de nombreuses recherches, n'avait pu être retrouvé dans la région citée par l'illustre professeur. Le 26 mai 1863, je l'ai cueilli, abondant et en pleine floraison, au pont d'Arvillon, près de Combloux, à 950 mètres d'altitude. Je serai heureux de l'offrir à tous ceux de mes confrères qui tiendront à le posséder de cette localité, vraiment précieuse pour les botanistes génevois et savoisiens.

M. J.-E. Planchon dépose sur le bureau la note suivante, extraite d'une communication faite le 2 juillet 1867 à la Société de médecine pratique de Montpellier, par M. Caisso.

SUR LES ACCIDENTS MORBIDES

QUE DÉTERMINE

LA CANNE-DE-PROVENCE

CHEZ LES OUVRIERS QUI LA MANIENT.

Par **M.** le docteur **CAISSO**.

Au commencement du mois de juin dernier, je me trouvai appelé à donner des soins à deux ouvriers atteints, tous les deux, d'un eczéma de la face, du cou et du scrotum. Cette maladie cutanée s'accompagnait chez les deux sujets, de fièvre, de céphalalgie, de coryza, d'épistaxis et d'enrouement. Elle se termina par desquamation vers la fin du second septénaire.

Ces deux malades offrant des phénomènes morbides identiques, il était naturel de penser qu'une même cause avait dû agir sur eux. Quelle était cette cause?

Ces deux ouvriers étaient tonneliers; rien dans leur profession ne pouvait justifier le développement de la maladie qu'ils présentaient. Interrogés sur l'emploi de leur temps pendant les jours qui précédèrent le début du mal, ils racontèrent qu'ils avaient été occupés la veille à faire une palissade au moyen de roseaux secs. Les roseaux furent aussitôt examinés ; on les trouva couverts d'une moisissure blanche qui fut considérée comme la cause de la maladie.

Ces faits ne sont pas nouveaux dans la science. Ils avaient été signalés déjà par plusieurs auteurs. Chaptal les avait notés, le premier, en 1790, dans ses *Éléments de chymie* (t. III, p. 182). Cinquante ans plus tard, ils sont décrits dans un mémoire du docteur Fave (de Montpellier), mémoire qui fut analysé en 1840 par le docteur Trinquier dans le *Journal de la Société de médecine pratique de Montpellier*, et publié, en 1859 seulement, dans la *Revue thérapeutique du Midi*. Depuis lors les travaux se sont multipliés : nous citerons le mémoire de M. Michel de Barbantane (*Bulletin de thérapeutique*, 1845), celui de M. Maurin, de Marseille (*Revue thérapeutique du Midi*, 1859), l'article de M. Beaugrand (*Annales d'hygiène publique*, 1861), celui du professeur Tardieu (*Dictionnaire d'hygiène publique*, article VANNIERS, 1861), et enfin le chapitre que M. le docteur Bazin consacre aux éruptions propres aux ouvriers qui travaillent la Canne-de-Provence, dans ses *Leçons sur les affections cutanées artificielles*.

A quelle cause faut-il attribuer l'éruption dont nous avons parlé? Cette cause n'est plus douteuse. L'éruption dépend de la moisissure qui se développe à la surface du roseau et qui n'est autre chose qu'un Champignon de la classe des Mucédinées et du genre *Sporotrichum*, d'après l'examen qu'en a fait M. le professeur J.-E. Planchon, qui se propose de publier prochainement à son sujet une note plus spécialement botanique.

Chaptal attribuait cette éruption à un arome particulier s'exhalant des roseaux. D'après le docteur Fave, au contraire, elle est due à la poussière fine et blanchâtre qui couvre le roseau en putréfaction et à laquelle il donne le nom de moisissure. M. Michel pense que cette poussière provient de quelque cryptogame développé à la surface du roseau, mais il n'en désigne pas l'espèce. M. Maurin est le premier, à notre connaissance, qui en donne les caractères microscopiques. Selon lui, cette poussière est constituée par une moisissure pédiculée dans laquelle on reconnaît, outre les cellules propres à la moisissure, d'autres cellules arrondies qui, selon toute apparence, sont des spores prêtes à éclore. Il la désigne sous le nom de *Mucor dermatodis*.

M. le professeur Chatin, à peine convalescent d'une maladie grave, et ne pouvant assister au Congrès, transmet la note suivante, qui lui a été adressée par M. Crié.

SUR LA STATION

DE QUELQUES PLANTES DANS LE DÉPARTEMENT DE LA SARTHE,

Par M. CRIÉ,
Pharmacien à Sillé (Sarthe).

La Société botanique de France appelle l'attention du Congrès sur deux questions importantes, dont la première est l'influence de la constitution du sol sur la distribution des espèces végétales.

Pour répondre à cette question je me servirai de deux signes différents ; j'indiquerai par * les plantes qui se trouvent dans les terrains primitifs, et par † celles qui se trouvent dans les terrains calcaires (1).

La partie nord du canton de Sillé-le-Guillaume appartient aux terrains primitifs, et la partie sud de ce canton, ainsi que le canton de Conlie, appartient aux terrains calcaires.

† Thalictrum minus *L.* Conlie, Neuvillalais. A. C.

† Anemone pulsatilla *L.* Conlie, Neuvillalais, Crissé. C.

†* Ranunculus auricomus *L.* Domfront, Neuvillalais, Sillé. C.

* — sceleratus *L.* Sillé. R. à l'Anjoubert où sa tige n'atteint pas 10 centimètres.

†* — parviflorus *L.* Sillé, Conlie, Neuvillalais. T. C.

†* Ranunculus reniformis *Desp.* Sillé, Neuvillalais. A. R.

* Helleborus viridis *L.* Sillé, Saint-Remy, Rouessé-Vassé. R.

† Aquilegia vulgaris *L.* Conlie, Rouez, Mézières, etc. A. C.

† Papaver hybridum *L.* Neuvillalais, champ près le bourg. R.

† Iberis amara *L.* Conlie, Neuvillalais, Cressé. C. Les semences épicées de cette plante sont quelquefois vendues

(1) Ces deux signes †* n'ont rien d'absolu ; ainsi cette année j'ai trouvé à Sillé l'*Orchis viridis* et l'*Orchis coriophora*, et à Rouez le *Limosella aquatica*, plantes que jusqu'ici je n'avais rencontrées, les premières qu'à Neuvillalais, et la troisième à Sillé. J'ai donc été obligé de placer les deux signes pour ces trois plantes, ainsi que pour quelques autres.

par les droguistes sous le nom de petit Fenouque.

* Lepidium Smithii *Hook.*? Sillé, Saint-Germain près Sillé. C.

* Cardamine silvatica *Link.*? Sillé. A. R.

† Helianthemum vulgare *Gœrt.* Domfront, camp de César. A. R.

† Viola Reichenbachiana *Jord.* Domfront, camp de César, etc.

* Drosera rotundifolia *L.*, forêt de Sillé. Saut-au-Cerf, Grand-Étang, etc. A. C.

* — intermedia *Hayne.* Forêt de Sillé, étang des Fontaines.

† Parnassia palustris *L.* Conlie, Neuvillalais.

† Polygala calcarea *Schultz.* Neuvillalais, Domfront. A. C.

* — depressa *Wenderoth.* Sillé, forêt. C.

† Dianthus Caryophyllus *L.* Rouez, Courmenant (Drouet).

† Saponaria officinalis. *L.* Conlie, Neuvillalais, Rouessé près le château.

* Cucubalus bacciferus *L.* Sillé.

† Silene gallica *L.* Mézières près la forêt.

* Sagina erecta *L.* Sillé, Saint-Remy.

* Larbræa aquatica *Saint-Hil.* Sillé, étangs. C.

†* Alsine rubra *Walhenb.* Sillé, Le Grèz, Rouez. A. C.

†* — tenuifolia *Walhenb.* Sillé, murs, Domfront. C.

† Cerastium brachypetalum *Desp.* Conlie, Neuvillalais. A. C.

†* Malachium aquaticum *Fries.* Sillé, Rouessé-Vassé près le château. A. C.

* Radiola linoides *Gmelin.* Forêt de Sillé, Saut-au-Cerf, etc.

* Malva moschata *L.* Sillé, Connée.

† Althæa hirsuta *L.* Conlie, Neuvillalais, Crissé.

* Hypericum tetrapterum *Fries.* Forêt de Sillé.

* — lineolatum *Jord.* Sillé.

* — linearifolium *Vahl.* Rouessé-Vassé.

* — Elodes *L.* Sillé, Le Grèz, forêt de Sillé. T. C.

* Geranium lucidum *L.* Sillé, murs, etc. T. C.

* Erodium moschatum *L'Hérit.* Sillé.

* Oxalis Acetosella *L.* Sillé. C. Saint-Remy, etc.

* Ulex nanus. *Smith.* Sillé, forêt. C.

†* Genista anglica *L.* Sillé, forêt, etc.

† — tinctoria *L.* Domfront, Neuvillalais, etc.

† Anthyllis Vulneraria *L.* Conlie, Neuvillalais, Domfront, Crissé, etc.

† Trifolium fragiferum *L.* Route de Conlie à Sillé.

" Lotus uliginosus *Rchb.* Forêt de Sillé.

† Melilotus altissima *Thuill.* Domfront, vignes, etc.

† Astragalus glycyphyllos *L.* Conlie à Vinay.

†* Ornithopus perpusillus *L.* Forêt de Sillé. C. Conlie.

† Lathyrus Nissolia *L.* Conlie. R.

† Potentilla verna *L.* Neuvillalais, Conlie, Crissé, Domfront.

* Sorbus Aucuparia *L.* Forêt de Sillé.

†* Epilobium angustifolium *L.* Crissé, forêt de Sillé. R.

* — roseum *Schreber.* Sillé.

* — palustre *L.* Sillé, forêt.

* — lanceolatum *Seb. et Maur.* Sillé, forêt.

†* Circæa lutetiana *L.* Sillé. C. Conlie. R.
Trapa natans *L.* Étang de la Blottière près Saint-Germain.

†* Lythrum Hyssopifolia *L.* Saint-Remy, Rouesse-Vassé, etc.

* Montia fontana *L.* Sillé. C. C.

* Sedum micranthum *Bast.* C. au nord de Sillé, Le Grèz. C.

* — rupestre *L.* Sillé, Crissé.

†* Umbilicus pendulinus *DC.* Sillé, Rouez, Le Grèz, Rouessé, etc. C.

†* Sanicula europæa *L.* Sillé, forêt de Mézières, Domfront.

* Sium inundatum *L.* Sillé, étangs.

* Conopodium denudatum *Koch.* Sillé. C.

* Carum verticillatum *Koch.* Sillé, étangs, forêt. C.

* Œnanthe Phellandrium *Lam.* Forêt de Sillé, étangs.

† Caucalis daucoides *L.* Neuvillalais.

* Conium maculatum *L.* Sillé. T. C. Je n'en ai jamais trouvé à Conlie.

† Asperula cynanchica *L.* Sillé, Conlie, Neuvillalais, Domfront, Crissé.

* Adoxa moschatellina *L.* Sillé.

† Viburnum Lantana *L.* Conlie.

†* Valeriana officinalis *L.* Rouessé-Vassé près le château, Conlie.

†* — dioica *L.* Sillé, Neuvillalais, etc.

†* Achillea Ptarmica *L.* Sillé, Domfront, Conlie, etc.

†* Chrysanthemum segetum *L.* Domfront, Sillé.

† Tanacetum vulgare *L.* Neuvillalais, Rouez, etc.

* Gnaphalium silvaticum *L.* Sillé, forêt.

* Senecio silvaticus *L.* Forêt de Sillé.

* Centaurea Scabiosa *L.* Conlie, Neuvillalais.

† Kentrophyllum lanatum *DC*. Conlie, Neuvillalais.

? Silybum Marianum *L*. Trouvé à Sauges, près des caves à Margot (Mayenne).

† Cirsium eriophorum *Scop*. Crissé, Rouessé-Vassé.

† — acaule *All*. Conlie, Neuvillalais.

†* — anglicum *DC*. Sillé, Neuvillalais.

† Lactuca perennis *L*. Conlie, Neuvillalais, Crissé, Rouessé, etc. Cette belle plante s'accommode des plus mauvais terrains calcaires; au printemps les fermiers en nourrissent leurs bestiaux; les jeunes pousses sont alimentaires en salade; elles ressemblent assez au Pissenlit avec lequel elles se vendent sur les marchés de Sillé et de Conlie sous le nom de crêpelette.

†* — Scariola *L*. Rouessé-Vassé, Sillé.

†* Lobelia urens *L*. Sillé, Le Grèz, Saint-Remy, Rouessé, Mézières.

* Phyteuma spicatum. Forêt de Sillé, Saut-au-Cerf, Butte d'Oigny.

* Wahlenbergia hederacea *Rchb*. Forêt de Sillé. T. C.

† Campanula glomerata *L*. Neuvillalais, Conlie, Crissé, etc.

†* — Trachelium *L*. Sillé, Conlie, Crissé.

†* Vaccinium Myrtillus *L*. Sillé, Mézières, Lavardin. Forêts. T. C.

†* Erica ciliaris *L*. Trouvé une fois entre Rouessé et Vimarée.

* Hypopitys multiflora. *Scop*. au Grèz. R.

* Hottonia palustris *L*. Sillé, étangs.

†* Primula grandiflora *Lam*. et sa variété. Sillé, Conlie.

* Lysimachia nemorum *L*. Forêt de Sillé, Bois de la Cure, Saut-au-Cerf.

† Anagallis cærulea *L*. Conlie, Neuvillalais, Crissé.

†* — tenella *L*. Sillé, Neuvillalais.

† Erythræa pulchella *Fries*. Neuvillalais, Conlie, Rouez.

* Microcala filiformis *Link*. Sillé, étangs.

† Chlora perfoliata *L*. Neuvillalais, Domfront au camp de César.

† Gentiana Cruciata *L*. Neuvillalais.

†* — Pneumonanthe *L*. Trouvé une fois entre Rouessé et Vimarée.

†* Menyanthes trifoliata *L*. Neuvillalais, Sillé, Crissé. C.

* Cynoglossum officinale *L*. Rouessé-Vassé près le château.

* Mentha gentilis *L*.? T. C. Forêt de Sillé.

† Ajuga genevensis *L*. Conlie, Neuvy, Neuvillalais.

† Ajuga Chamæpitys *Schreb*. Conlie, Neuvillalais, Crissé.

† Teucrium Botrys *L*. Conlie, Neuvillalais.

† — Chamædrys *L*. Conlie, Neuvillalais, Crissé, etc.

* Galeobdolon luteum *Huds*. Sillé, Le Grèz.

† Galeopsis grandiflora *Gmel*. Conlie, Neuvillalais.

† — Ladanum *L*. Conlie, Mézières, etc.

† Stachys annua *L*. Neuvillalais, Rouez.

† — germanica *L*. Conlie, Neuvillalais, Mézières, Rouessé.

† Leonurus Cardiaca *L*. Conlie, Rouez à Courmenant.

† Thymus humifusus *Bernh*. Conlie, Neuvillalais...

* Melittis Melissophyllum *L*. Sillé.

† Prunella laciniata *L*. Conlie.

†* Scutellaria galericulata *L*. Sillé, Crissé.

†* — minor *L*. Forêt de Sillé. T. C. Rouessé, Crissé.

† Salvia pratensis *L*. Conlie, Neuvillalais, etc.

† Verbascum pulverulentum *Auct*. Conlie.

†* — Lychnitis *L*. Sillé, Conlie.

* — nigrum *L*. Sillé, Le Grèz.

* — virgatum *With*. Sillé.

†* Linaria minor *Desf*. Neuvillalais, Conlie, Sillé.

* — Cymbalaria *Mill*. Sillé, sur un mur seulement.

† Digitalis purpurea *L*. Sillé, Mézières. T. C. Conlie, butte de la Jannelière.

†* Limosella aquatica *L*. Saint-Remy, Rouez, étang de Bois-Yvon.

†* Veronica scutellata *L*. Forêt de Sillé, forêt de Mézières.

†* — — var. parmularia. id. id.

† — prostrata *L*. Neuvillalais.

* Bartsia viscosa *L*. Forêt de Sillé.

†* Pedicularis palustris *L*. Forêt de Sillé, Neuvillalais.

* Pinguicula lusitanica *L*. Forêt de Sillé, Saint-Remy près Sillé.

* Utricularia vulgaris *L*. Forêt de Sillé.

* Littorella lacustris *L*. Forêt de Sillé.

†* Daphne Laureola *L*. Sillé, Conlie, Mézières, Domfront.

†* Chenopodium bonus Henricus *L*. Sillé, Domfront.

* Buxus sempervirens *L*. T. C. au nord de Sillé.

†* Mercurialis perennis *L*. Sillé, Mézières.

* Salix repens *L*. Sillé, aux étangs.

* Alisma Plantago *L*. Sillé, forêt, aux étangs.

* Alisma ranunculoides *L*. Sillé.
* — repens *Lam*. Sillé.
* — natans *L*. Sillé.
† Triglochin palustre *L*. Neuvillalais. R.
†* Orchis viridis *Crantz*. Neuvillalais, Sillé, forêt.
† — hircina *Scop*. Conlie, Crissé, Ruillé, Neuvillalais. C.
†* — coriophora *L*. Neuvillalais. C. Sillé. R.
† — simia *Lam*. Domfront, camp de César, Mézières.
† — fusca *Jacq*. Domfront, camp de César. Vignes.
† Ophrys myodes *Jacq*. Conlie, Mézières, Domfront.
† — aranifera *Huds*. Conlie, Domfront, Neuvillalais.
† — apifera *Huds*. Neuvillalais.
†* Epipactis palustris *Crantz*. Neuvillalais, Sillé.
†* — ovata *Crantz*. Conlie, Sillé.
†* Spiranthes autumnalis *Rich*. Sillé, Conlie.
† Iris fœtidissima *L*. Mézières.
* Scilla autumnalis *L*. Rouessé.

† Muscari racemosum *DC*. Conlie, Domfront.
† — comosum *Mill*. Conlie, Domfront.
† Colchicum autumnale *L*. Domfront, Crissé, etc.
* Juncus pygmæus *Thuill*. Sillé, étangs.
? Cyperus longus *L*. (Saint-Léonard-en-Bois).
* — fuscus *L*. Sillé, forêt.
* — flavescens *L*. Sillé, forêt.
* Carex pulicaris *L*. Sillé, étangs.
* — stellulata *L*. Sillé, forêt.
* — canescens *L*. Sillé, forêt.
* — stricta *Good*. Sillé, forêt.
* — vulgaris *Fries*. Sillé, forêt.
* — præcox *Jacq*. Sillé, forêt.
* — Œderi *Ehrhart*. Sillé, forêt.
† — maxima *Scop*. Mézières. R.
* Alopecurus geniculatus *L*. Sillé, étangs.
† Osmunda regalis *L*. Forêt de Mézières.
* Blechnum Spicant *Smith*. Forêt de Sillé.
†* Ceterach officinarum *Willd*. Sillé, Neuvillalais, Rouessé.
* Lycopodium clavatum *L*. Forêt de Sillé. R.

Plusieurs de ces plantes donnent lieu à des observations spéciales.

Ces observations ont, pour les déductions que l'on peut tirer relativement à l'influence du sol sur la végétation, une importance d'autant plus grande qu'elles sont faites sur une toute petite échelle. On ne compte, en effet, que 15 kilomètres de Domfront à Sillé, 11 de Conlie ou de Mézières à Sillé, et 5 de Crissé à Sillé.

La grande Ciguë, très-commune au Mans et à Sillé, ne se trouve pas à Conlie; il m'est arrivé il y a quelques années d'envoyer à la Pharmacie centrale de France 30 à 40 kilogrammes de semences de grande Ciguë que j'avais fait récolter à Sillé.

Une chose qui m'a frappé dans mes herborisations, c'est que les plantes à corolle bleue sont plus communes dans les terrains calcaires de Conlie que dans les terrains primitifs de Sillé. Vers la fin du mois de juin, par exemple, on rencontre surtout dans les environs de Sillé : le *Vaccinium Myrtillus*, les *Erica tetralix, cinerea* et *vulgaris*, les *Ulex europæus* et *nanus*, le *Digitalis purpurea*, le *Cotyledon Umbilicus*, une quantité considérable d'*Orchis maculata ;* et dans le terrain calcaire de Conlie on trouve en plus ou moins grande abondance : l'*Anagallis cærulea*, l'*Aquilegia vulgaris*, l'*Anemone Pulsatilla*, l'*Ajuga genevensis*, le *Campanula glomerata*, le *Lac-*

tuca perennis, le *Veronica prostrata*, le *Gentiana Cruciata* RR.,
les *Muscari racemosum* et *comosum*, le *Salvia pratensis*, etc. ; les
Bluets, la Vipérine et la Pervenche s'y trouvent aussi en plus grand
nombre qu'à Sillé.

M. Camille Personnat, secrétaire, fait au Congrès la communication suivante :

SUR LES CHÊNES DONT SE NOURRIT LE VER-A-SOIE DU CHÊNE
(*Bombyx Yama-Maï*),

Par M. Camille PERSONNAT.

Lors de notre dernière visite à l'Exposition universelle, les hono-
rables membres du bureau de la Société botanique de France ont
bien voulu s'arrêter avec intérêt devant les éducations que j'y ai
faites du nouveau Ver-à-soie du Chêne, et m'engager à en faire
l'objet d'une communication au Congrès international. Je m'empresse de répondre à cette amicale invitation; ce sera de la botanique appliquée, puisqu'il s'agit d'utiliser industriellement la feuille
d'un arbre universellement répandu.

Le Ver que j'ai l'honneur de présenter à l'assemblée est originaire
du Japon, où il a fait, jusqu'à ces derniers temps, l'objet d'un
monopole exclusif. On le désigne sous le nom de *Bombyx Yama-
Maï.*

Ce qui constitue l'importance de cette espèce, c'est qu'elle donne
un magnifique cocon d'un beau jaune verdâtre, complétement fermé,
qui se dévide très-facilement à la mécanique, et dont le brin est
élastique et solide, malgré sa finesse; c'est que sa soie, fort abondante, possède beaucoup d'éclat, et que sa chenille peut se nourrir
à l'état sauvage, en plein air, des feuilles du Chêne commun de nos
bois. On aperçoit d'un coup d'œil l'immense avenir d'un si précieux
insecte, l'immense richesse que sa propagation répandrait dans la
France centrale et dans toute la partie de l'Europe où le Chêne
abonde, et où le climat se prêterait parfaitement à sa culture.

Les échantillons de cocons, de soies gréges et de tissus que je
mets sous les yeux du Congrès ne démentiront pas, je l'espère, les
favorables appréciations que je viens de formuler.

Je n'entreprendrai pas, messieurs, de vous faire connaître en
détail les divers modes d'éducation qu'on peut mettre en pratique

pour le Ver du Chêne, ou de décrire les caractères de ce *Bombyx* sous les différents états qu'il traverse pendant sa vie. Ce serait abuser de vos moments, et vous pouvez, d'ailleurs, par les planches que j'ai l'honneur de vous soumettre, vous rendre compte de la grosseur de l'œuf, de la belle couleur verte de la chenille, de la dimension et de la brillante livrée des papillons. Pour ceux qui voudront entreprendre la culture de cet insecte, ils trouveront tous les renseignements nécessaires dans le livre que j'ai publié sur ce sujet (1) et dont j'offre un exemplaire au Congrès.

Je me contenterai donc ici de dire que le Ver du Chêne se conduit à peu près comme celui du Mûrier ; que c'est, comme chez ce dernier, l'œuf qui passe l'hiver (grand avantage pour les soins de conservation), et que la chenille, après quatre mues ou changements de peau, file un cocon dont les deux bouts sont complétement fermés. Il n'a aussi qu'une génération par an. L'éducation de la chenille se trouve même beaucoup moins compliquée. Le *Yama-Maï* est, en effet, une espèce sauvage qui aime le grand air, ne craint point les variations de température, et n'a pas besoin, conséquemment, de cette atmosphère factice qu'on donne à tort au Ver-à-soie ordinaire.

On peut l'élever de trois manières principales :

Soit en plein vent, sur taillis de Chênes ou sur arbres isolés, dont on éloigne autant que possible les ennemis de la chenille ;

Soit sur des branches coupées, dont le pied trempe constamment dans des vases pleins d'eau ;

Soit enfin sur branches coupées pendant le premier ou les deux premiers âges, et sur des arbres vivants, en pleine nature, pendant les derniers.

Le *Yama-Maï* mange la feuille de tous les Chênes indistinctement. On le nourrit plus généralement, au Japon, des *Quercus dentata*, *Q. castaneifolia* et *Q. serrata ;* en France, toutes les espèces ou variétés qui croissent dans nos bois lui conviennent également : *Q. pedunculata, sessiliflora, pubescens, Cerris*, etc. Il mangerait même le Chêne-vert et le Chêne-liége ; mais je crois qu'une nourriture de ce genre, pendant toute la durée de l'éducation, pourrait nuire à la qualité de la soie. Il peut s'alimenter

---

(1) *Le Ver-à-soie du Chêne* (Bombyx Yama-Maï), *son histoire, sa description, ses mœurs, son éducation, ses produits.* 1 vol. in-8°, avec 3 pl. col. 3 fr. A la librairie agricole de la *Maison rustique*, 26, rue Jacob.

encore, ainsi que je l'ai constaté, de quelques autres végétaux, tels que le Cognassier, l'Alisier, le Châtaignier ; mais ces particularités, qui ne démontrent pas que le Ver demeure aussi bien constitué en changeant de végétal, n'ont d'intérêt que dans le cas où la chenille viendrait à naître avant l'apparition des feuilles de Chêne.

Quant au produit d'une culture industrielle, j'arrive, par un calcul irréfutable, à 300 kilogrammes, au moins, de cocons frais par hectare de bois taillis ; ce qui, en réduisant le prix des cocons à 4 ou 5 francs le kilogramme, donne encore un résultat de 1200 à 1500 francs par hectare.

Pour obtenir un aussi beau résultat, les frais auront été peu importants : une première et rapide main-d'œuvre pour l'aménagement du sol ; un filet pour couvrir le taillis et qui durera dix ans, ou mieux les frais d'un gardien pour deux hectares pendant cinquante à soixante jours ; enfin, le coût de la main-d'œuvre pour la récolte. Tous ces frais seront, d'ailleurs, en partie couverts par le produit de la coupe du bois.

Vous le voyez, messieurs, nous arrivons à un résultat magnifique ; c'est une nouvelle source de richesse à jeter dans nos campagnes sans nuire à aucune autre.

Je ne m'arrête point à quelques objections qu'on a cru pouvoir élever contre ces éducations en plein air : d'abord les oiseaux ; mais c'est ici l'histoire de l'introduction du blé en France. Si l'on semait quelques grains de blé dans un jardin, à proximité des habitations où les moineaux pullulent, on ne récolterait pas une graine ; tous les épis seraient dévorés. Il en sera de même pour le Ver du Chêne. Tant qu'on l'élèvera en petites quantités, il faudra le surveiller ou l'abriter ; mais dès qu'on pourra mettre assez d'œufs à l'éclosion et faire la part du déchet naturel, les oiseaux ne prélèveront sur les récoltes qu'un impôt inappréciable. D'ailleurs, le produit mériterait la dépense d'un gardien.

Je n'insiste pas davantage sur les attaques des insectes : on peut les éloigner. Quant au préjudice que semble causer aux Chênes la privation de leurs feuilles au printemps, la pousse d'automne, plus vigoureuse, répare tout le dommage.

Après avoir démontré l'importance pour nos pays de cette nouvelle espèce, je dois donner quelques brèves explications sur l'histoire de son introduction en Europe.

C'est en 1861 que M. Duchesne de Bellecourt, consul général de

France au Japon, en envoya quelques graines en France; de ces graines on ne put obtenir qu'un seul cocon. Ce résultat, bien que négatif pour la propagation de l'espèce, suffisait cependant pour donner une haute idée de ses qualités : il faisait connaître la beauté de la soie et la robusticité du ver.

Dans de telles circonstances, on ne pouvait que désirer un nouvel envoi de graines; et M. Eugène Simon, qui dirigea la mission scientifique agricole envoyée en Chine et au Japon en 1862, fut spécialement chargé de rechercher et de rapporter le *Yama-Maï*. Mais on ne put en obtenir que par l'entremise de M. Pompe van Meerderwoort, officier de la marine hollandaise et directeur de l'École impériale de médecine de Nangasaki. C'est, en effet, à ce savant que nous devons les rares semences qui ont produit tous les Vers acclimatés que nous possédons aujourd'hui en Europe.

Occupé depuis longtemps de travaux relatifs à la sériciculture, je reçus de la Société d'acclimatation un très-petit lot de ces précieuses graines, et j'eus le bonheur de réussir complétement dans leur élevage, à Privas (Ardèche), où je me trouvais alors, et d'obtenir un excellent grainage pour l'année suivante. Puis, développant d'année en année mes essais, je parvins à élever des milliers de vers à Laval (Mayenne), où se trouve actuellement le centre de mes cultures, et à en faire l'objet d'une sérieuse exploitation agricole. Les nombreuses demandes de graines que j'ai reçues de tous les pays d'Europe et d'Amérique, le vif intérêt que le public a pris tout l'été et prend journellement encore à mes éducations et à mon exposition du Champ de Mars, celui que vous avez bien voulu témoigner à la communication que je viens de vous faire, me prouvent, messieurs, l'importance du sujet qui nous occupe.

Ma part, dans cette conquête agricole, est d'avoir su acclimater définitivement le *Yama-Maï*, puisque seul j'ai pu le reproduire, d'année en année, depuis cinq ans, des graines de M. van Meerderwoort, et d'avoir étudié complétement ses mœurs et ses besoins, de manière à donner aux futurs éducateurs un guide détaillé, qui leur permît d'éviter les échecs. Ma première récompense sera de voir prospérer cette œuvre utile, et je remercie le Congrès de contribuer à sa propagation en me permettant de lui soumettre les résultats déjà obtenus.

Je demande, en terminant, la permission de dire quelques mots rapides sur les autres séricigènes nouvellement expérimentés ou introduits en France, afin de les comparer au *Yama-Maï*.

Trois autres espèces se nourrissent également de feuilles de Chêne: ce sont les *Bombyx Pernyi*, du nord de la Chine, *B. Mylitta*, des Indes orientales, et *B. polyphemus*, du nord de l'Amérique. Ces vers donnent des cocons fermés; mais les fils en sont unis par une gomme qui ne se dissout qu'à l'aide de solutions alcalines, et la soie est grise, sans éclat. De plus, c'est le cocon qui passe l'hiver; l'œuf éclôt au printemps, huit jours après avoir été pondu, ce qui est une grande difficulté pour les envois.

Les *Bombyx (Saturnia) Cynthia*, de l'Ailante, et *B. Arrindia*, du Ricin, font des cocons petits et naturellement ouverts, ce qui en rend le dévidage mécanique fort difficile sinon impossible. La soie est grise et terne. Le premier pourrait cependant donner quelques résultats dans le Midi, si l'on plantait des bois d'Ailante sur les crêtes dénudées des coteaux, parce que les éducations auraient alors lieu sans frais, et que, sous le climat méridional, le *Cynthia* donne deux récoltes par an.

Enfin, le *B. Cecropia*, de l'Amérique du Nord, qui vit sur le Prunier ; le *Faïdherbia Bauhiniæ*, du Sénégal, qui mange les feuilles du Jujubier; le *B. Atlas*, des montagnes de l'Himalaya, qui vit sur le *Berberis asiatica*, et quelques autres, donnent des cocons ouverts, difficiles à dévider, ou bien se nourrissent de végétaux peu susceptibles de se répandre dans nos climats.

Il demeure donc évident qu'après le Ver du Mûrier, la plus belle des espèces connues, la seule qui, pour nos pays, offre un intérêt sérieux, véritable, c'est le *Bombyx Yama-Maï* , aujourd'hui définitivement acclimaté.

M. Eichler, secrétaire, fait au Congrès la communication suivante :

SUR LA

STRUCTURE DE LA FLEUR FEMELLE DE QUELQUES BALANOPHORÉES,

Par **M. A.-W. EICHLER**,

Privatdocent à l'Université de Munich.

Messieurs,

Si j'ose appeler, pendant quelques instants, votre attention sur la famille des Balanophorées, ce n'est pas que j'aie la prétention d'exposer le résultat d'investigations complètes et définitives. Loin de là, ma communication ne portera que sur quelques parties du sujet ; mais comme elle traite de points encore peu connus, et qu'elle pourra jeter sur eux quelque lumière, j'espère que cette savante assemblée voudra bien, en considérant l'intérêt qu'offrent ces curieux végétaux, me prêter sa bienveillante attention, et m'accorder toute son indulgence.

Malgré les belles et récentes recherches de MM. J.-D. Hooker, Weddell et Hofmeister (1), il est dans l'histoire naturelle des Balanophorées, un point sur lequel il reste encore quelque obscurité : c'est la structure et la composition morphologique de la fleur femelle. Qu'il me soit permis, en négligeant les anciennes opinions qui ne pouvaient être que très-imparfaites, à cause de l'insuffisance de la méthode et des moyens d'investigations, de jeter immédiatement un coup d'œil sur l'état actuel de la science en ce qui concerne ce sujet.

Dans le cas le plus simple, la fleur femelle se compose d'un pistil nu : telle est l'organisation du *Balanophora* et du *Sarcophyte* (f. 1). Dans les autres genres, il s'adjoint à ce pistil un périgone qui lui est partout adhérent et ne s'élève le plus souvent au-dessus de lui que par un limbe peu distinct (f. 3, 5-9). Tantôt entier, dentelé ou crénelé (f. 3, 5, 8), ce limbe n'affecte que chez le *Mystropetalum* la forme d'un périgone prononcé et régulièrement trilobé (f. 10). Cette formation progresse chez le *Cynomorium*, dont le périgone se compose de plusieurs pétales, dont le nombre varie de 1 à 8, qui ne sont pas soudés entre eux (f. 11), et n'adhèrent souvent au pistil qu'à sa partie inférieure. C'est encore le seul genre où l'on trouve quelquefois, dans la fleur femelle, le rudiment d'une étamine (f. 11). Cet organe manque, en effet, dans les fleurs femelles des autres membres de la famille.

Le pistil présente cette différence caractéristique qu'il est pourvu chez les uns d'un seul style (f. 1, 3, 10, 11), chez les autres de deux (f. 5, 7, 8). C'est d'après cette différence que l'on a divisé la famille des Balanophorées en deux groupes : les *Monostyli* et les *Distyli*; et que l'on a pensé qu'il n'y a qu'un seul carpelle chez les premiers et deux chez les seconds.

<hr>

(1) J.-D. Hooker, *On the structure and affinities of Balanophoreæ*, dans les *Transactions of the Linnean Society*, t. XII (1859). — Weddell, *Considérations sur l'organe reproducteur femelle des Balanophorées et des Rafflésiacées*, dans les *Ann. sc. nat.* III, 14, p. 166 et suiv. ; *Mémoire sur le Cynomorium coccineum*, dans les *Archives du Muséum*, t. X. — Hofmeister, *Neue Beitræge zur Kenntniss der Embryobildung der Phanerogamen*, p. 572 et suiv.

D'après les observateurs dont nous venons de mentionner les recherches, l'ovaire contient d'ordinaire un seul ovule, dressé dans les
uns et penché dans les autres. Dressé dans les Hélosidées (1), il y
est à la fois atrope ou orthotrope, sans enveloppe, sessile à base
large sur le fond de l'ovaire, et adhérent partout à la paroi ovarienne:
c'est une masse de parenchyme ovoïde ou oblong, creusée d'un sac
embryonnaire situé dans l'axe près du sommet (f. 6). Mais, selon
M. Hofmeister, le *Scybalium* présenterait une exception remarquable, en ce qu'il aurait deux sacs embryonnaires extra-axiles et symétriquement opposés (2) (f. 7).

L'ovule penché est propre aux groupes des Lophophytées et des
Monostyli. Sur les Lophophytées, nous ne possédons pas d'indications plus récentes que celles de M. Weddell (3), qui font supposer
un nucelle nu et anatrope, pendant librement du sommet de la cavité
ovarienne (f. 9). Mais cela est en contradiction avec les descriptions
qu'ont données, il y a déjà plus de trente ans, M. Pœppig de l'*Ombrophytum*, et MM. Schott et Endlicher du *Lophophytum* (4).
Selon ces descriptions, dont l'ancienneté a empêché qu'on ne leur
accordât beaucoup d'importance, l'ovaire contiendrait deux ovules
en deux loges.

Dans les tribus des Sarcophytées et des Langsdorffiées, l'ovule se
compose, suivant M. Hofmeister, d'une seule cellule qui pend librement d'un funicule également unicellulaire (f. 4 *f*), près du sommet
de la cavité ovarienne (f. 4). La situation des vésicules embryonnaires, placées au voisinage du funicule (f. 4 *v*), démontrerait que
cet ovule est anatrope, malgré la simplicité de sa structure (5).

Le groupe des Balanophorées proprement dites, qui ne consiste
que dans le seul genre *Balanophora*, possède un ovule aussi simple,
mais composé cependant de quelques cellules. Il est, du reste, comme

(1) Nous suivons provisoirement la division proposée par M. J.-D. Hooker dans le mémoire cité plus haut.

(2) Hofmeister, *l. c.*, p. 599. Dans ce passage, l'auteur suggère une autre explication
du fait : c'est qu'il y ait dans le *Scybalium* deux ovules dressés et cohérents.

(3) *Ann. sc. nat.*, *l. c.*, pp. 184, 185, pl. 10. Je dois faire remarquer que l'interprétation que j'expose n'a pas été donnée par M. Weddell, mais qu'elle est déduite des
figures de son mémoire.

(4) Pœppig et Endlicher, *Nova Genera et Species plant.*, t. II, p. 40, tab. 155.

(5) Schott et Endlicher, *Meletemata botanica*, p. 1, tab. 1.

(6) Dans le *Sarcophyte*, on trouve souvent, d'après M. Hofmeister, deux ovules séparés par une cloison. M. Hofmeister suppose que chacun d'eux appartient à un des deux
carpelles dont se compose le pistil du *Sarcophyte*, et que la cloison est formée par la
paroi ovarienne. Nous reviendrons plus loin sur ce point.

le précédent, dépourvu d'enveloppe, anatrope, et fixé à un suspenseur unicellulaire au sommet de la cavité ovarienne, dans laquelle il pend librement (f. 2).

Enfin, dans les Cynomoriées et dans les Mystropétalées, nous trouvons l'ovule le plus développé de ceux de la famille : il consiste en un nucelle multicellulaire, revêtu d'une enveloppe simple, mais composée aussi de plusieurs couches cellulaires (1) (f. 12). Hémitrope dans le *Cynomorium* (f. 12), il est, dans le *Mystropetalum*, parfaitement anatrope ; du reste, dans les deux genres, il pend librement du sommet de l'ovaire par un court funicule, ou bien il est immédiatement fixé à sa chalaze (f. 12).

Telles sont les modifications principales que l'on rencontre dans la structure de la fleur femelle des Balanophorées. Ce sont là des différences en apparence très-importantes, que l'on ne rencontrerait que très-rarement, peut-être même jamais, dans un autre ordre du règne végétal, et qui ne peuvent aucunement être ramenées à un type commun. C'est surtout d'après ces différences que l'on a tenté, d'une part, de diviser la famille en groupes, de l'autre, d'en déterminer la position systématique. Quant à leur affinité, les Balanophorées sont généralement rangées aujourd'hui dans le voisinage des Haloragées, surtout sur l'autorité de MM. J.-D. Hooker et Hofmeister. Pour caractériser ce rapport, M. Hooker s'appuie principalement sur la structure externe, M. Hofmeister bien plus sur des raisons tirées de l'embryogénie. M. Hooker dit notamment :

« Le périgone supérieur et l'étamine épigyne du *Cynomorium*
» (lequel genre devrait trancher la question, puisqu'il est le plus
» développé de l'ordre) classeraient les Balanophorées parmi les
» Calyciflores épigynes ; et ce serait évidemment le genre *Hippuris*
» qui, par son étamine unique, par son pistil monocarpellé et mo-
» nostyle, et par son ovule unique penché, représenterait la forme
» la plus rapprochée du *Cynomorium*. D'autre part, pour les
» *Distyli*, ce serait le genre *Gunnera*, aussi de l'ordre des Halora-
» gées (*sensu ampliori*), qui prouverait l'affinité des deux familles.
» Car le pistil du *Gunnera* (sous-genre *Misandra*), avec ses deux
» styles, son ovule unique penché, son périgone adhérent, est
» presque pareil à la fleur femelle du *Lophophytum ;* la fleur mâle

_____

(1) Dans le *Mystropetalum*, on ne connaissait pas encore cette enveloppe ; elle est cependant très-distincte et facile à voir. Elle forme sur la graine un testa mince, membraneux, qui adhère très-intimement à l'endosperme.

» des deux genres, par son périgone composé de deux pétales et
» ses deux étamines alternes, dénote aussi la plus étroite affinité. »

M. Hofmeister trouve cette manière de voir confirmée, non-seulement parce que l'ovule très-exceptionnel des Balanophorées, réduit à un nucelle complétement nu, se retrouve chez l'*Hippuris*, mais parce que l'endosperme se forme dans ces deux genres d'une manière identique et également exceptionnelle, par la partition complète de tout le sac embryonnaire, et non pas, comme dans la plupart des genres, par des cellules libres. — Parmi les nombreuses hypothèses présentées sur l'affinité des Balanophorées, celle de MM. Hooker fils et Hofmeister est certainement la mieux motivée ; cependant elle pèche en ce qu'elle ne donne que des rapports incomplets, parce que les auteurs ont négligé les formes à ovule dressé, qui n'ont pas d'analogues parmi les Haloragées.

Je demanderai maintenant à l'assemblée la permission d'exposer mes propres recherches, et je choisirai d'abord, comme la plus favorable pour la clarté de ce début, la fleur femelle du *Lophophytum*, spécialement du *L. mirabile*.

Les matériaux qui ont servi à ces recherches consistent en une belle série d'échantillons conservés dans l'alcool, et recueillis dans le voisinage de Canta Gallo, province de Rio de Janeiro, par l'honorable docteur Théodore Peckolt. Ces échantillons font partie des collections de M. de Martius ; ils ont été mis à ma disposition par cet illustre savant avec la plus grande obligeance. Je saisis avec empressement cette occasion pour exprimer publiquement à M. de Martius mes vifs et sincères remercîments. Je suis, en outre, extrêmement reconnaissant, pour la communication de matériaux précieux, à M. Nægeli, directeur du Musée botanique de Munich, à MM. Al. Braun et Garcke, qui m'ont envoyé les Balanophorées de l'herbier royal de Berlin, à M. Fenzl, auquel je dois celles de l'herbier impérial et royal de Vienne, à M. Wigand (de Marbourg), à M. J.-D. Hooker et à M. Weddell.

Observée à l'extérieur, la fleur du *Lophophytum mirabile* a la forme d'un cône à six pans, renversé, allongé, un peu comprimé, un peu rétréci au milieu, et terminé, à son sommet, par une dépression cratériforme d'où sortent les deux styles courts et divergents (f. 8). Excepté à sa base, cette fleur est d'une consistance dure, presque osseuse vers le sommet, et d'une couleur jaunâtre ; sa longueur est de 4 millimètres et demi environ. Pour faciliter l'iutelligence de sa structure interne, qui ne peut s'exposer en peu de mots, il sera bon d'entrer tout de suite dans l'examen organogénique.

La fleur du *L. mirabile* naît immédiatement sous le sommet de l'axe du capitule, sur lequel se trouvent réunies les fleurs femelles, et qui forme dans sa jeunesse une gibbosité large, mais relativement basse, en forme de mamelon hémisphérique; il n'y a aucune trace de bractées (1) (f. 13 *a*). Ce mamelon s'allonge ensuite en un court cylindre ou en un corps claviforme, sans autre changement (f. 13 *b*); alors commence une autre phase. Les cellules situées immédiatement au-dessous du sommet s'élargissent, se divisent et se subdivisent, et forment ainsi deux saillies opposées qui se dirigent à gauche et à droite de l'axe du capitule (f. 13 *c*). En s'accroissant rapidement, ces saillies prennent bientôt la forme d'une cuiller évasée (f. 14), s'inclinent l'une vers l'autre en se courbant au sommet, et finissent par s'unir à partir de la base (f. 14, 15). En faisant cela, elles constituent une cavité de forme ovoïde, comprimée, qui est d'abord en communication avec l'extérieur par un canal placé à son sommet, et qui persiste assez longtemps en cet état (f. 15). L'union des bords, au reste, devient si parfaite, que l'on n'en trouve aucune trace dans la fleur développée. Il convient, en outre, de faire remarquer que ces deux organes (qui ne sont autres que les carpelles, comme on le verra plus clairement par la suite de cette exposition) se partagent tout d'abord, intérieurement, en deux couches constituées par un seul rang de cellules à l'origine. L'une d'elles, l'extérieure, ne s'augmente dans la suite que par des partitions verticales à sa surface, et reste, par conséquent, dans cette direction, toujours composée d'un seul rang de cellules. Plus tard, celles-ci s'élargissent, principalement vers le sommet, et elles acquièrent des parois épaisses, poreuses, dures et blanchâtres; leur contenu devient limpide et disparaît, et le tout se transforme enfin en un épiderme bien prononcé (f. 15-18) (2). La couche intérieure, au contraire, en s'accroissant

---

(1) Je ferai observer que M. Weddell, qui a indiqué des bractées dans cette espèce (*Ann. sc. nat.*, *l. c.*, p. 185), a eu sous les yeux non pas le vrai *L. mirabile* Schott et Endl., mais le *Lophophytum* nommé par Leandro *Archimedea*, qui est bien différent du *L. mirabile* et constitue une espèce nouvelle que je décrirai dans le *Flora brasiliensis* de M. de Martius sous le nom de *L. Leandri*. Dans le *L. mirabile* il n'y a jamais de bractées.

(2) Cet épiderme ne possède pas de stomates, organes dont on sait que la famille des Balanophorées est généralement privée. (Cf. J.-D. Hooker, *l. c.*)

par des divisions en tout sens, se trouve bientôt composée de plusieurs rangs de cellules qui s'augmentent continuellement et se distinguent très-nettement des cellules épidermiques par leurs parois minces et par leur contenu plasmatique, trouble et granuleux (f. 15-18). C'est, par conséquent, de cette couche qu'est formée la plus grande masse, le corps pour ainsi dire de la fleur, et c'est dans cette partie que s'opèrent ultérieurement la plupart des phases de l'évolution.

Le sommet du mamelon primitif, qui donnait naissance aux carpelles, et qui est par conséquent l'axe floral, se trouve, pendant le commencement de l'évolution que je viens de décrire, caché entre les carpelles dans le fond de la fleur, où il forme une gibbosité hémisphérique à peine visible (f. 15 *a*). Mais bientôt il s'élève, s'allonge en un cône libre dans la cavité ovarienne, et produit latéralement deux nouveaux organes, savoir, deux mamelons celluleux très-petits, qui sont situés chacun en face d'un carpelle. Ceux-ci s'accroissent, et, comme ils s'abaissent peu à peu vers la base, le tout prend bientôt la forme d'une colonne, du sommet de laquelle pendent deux corps ovoïdes (f. 16 *ov*), qui sont les ovules dans leur première phase de développement.

Pendant cela, les carpelles, qui étaient demeurés ouverts au sommet, s'unissent encore dans ce point, et la cavité ovarienne se trouve fermée de tout côté (f. 16). Du sommet fermé naissent immédiatement les styles (f. 16). C'est la couche extérieure (laquelle joue sur l'ovaire le rôle d'un épiderme) qui leur donne naissance, et leur évolution est due à un développement secondaire. Mais il ne serait pas d'un grand intérêt d'entrer dans les détails de ce développement, et je crois pouvoir négliger aussi la description de la structure des styles. Qu'il me soit permis seulement de faire remarquer que chacun d'eux correspond exactement à la ligne médiane du carpelle auquel il appartient, et que, par conséquent, ils sont tous deux orientés, comme le sont aussi les ovules, à gauche et à droite de l'axe du capitule.

Quant aux changements survenus dans l'intérieur des carpelles pendant la naissance des ovules, il n'y en a que deux qu'il importe de noter. On voit d'abord une zone de parenchyme, située autour du sommet de la cavité ovarienne, se transformer en un anneau de cellules sclérenchymateuses à parois très-épaisses, poreuses et blanchâtres, formées par des couches superposées, et dont le contenu finit par disparaître (f. 16 *sc*). Cet anneau, d'abord très-mince, s'augmente peu à peu, par l'adjonction des cellules voisines qui se transforment en cellules de sclérenchyme, et arrive à représenter un épais manteau en forme de cloche, ouvert au sommet pour laisser passer le tissu mince qui conduit aux styles (f. 17 *sc*). On rencontre encore, dans un degré d'évolution ultérieure, des cellules de même structure dispersées en petit groupe au-dessus de cet anneau, dans le voisinage du sommet (f. 17 *sc'*). — En même temps commence la formation des faisceaux vasculaires. Il en entre, à l'origine, deux dans l'axe floral ; ils sont situés l'un à gauche, l'autre à droite, et correspondent ainsi aux deux carpelles ; mais, un peu au-dessus de la base, chacun d'eux donne naissance à un rameau qui s'incurve vers la ligne médiane de la fleur, l'un en avant, l'autre en arrière, de sorte que, sur la section horizontale, on en trouve quatre disposés en croix (f. 18 *f*), car ces quatre faisceaux s'élèvent en conservant leur situation respective jusqu'au manteau sclérenchymateux, à la surface extérieure duquel ils se terminent brusquement (f. 17 *f*).

La colonne axile et les deux jeunes ovules qui lui sont attachés, en continuant de s'accroître, finissent par remplir complétement la cavité ovarienne ; la colonne s'élargit si bien dans la direction de la ligne médiane, qu'elle touche les parois en avant et en arrière. Alors tout le système se confond avec les parois ovariennes, de sorte que la fleur entière représente un corps solide. Il est bien évident que c'est la colonne qui forme ainsi une cloison complète entre les deux ovules (f. 17-18).

Voilà donc la fleur arrivée à un degré d'évolution que l'on peut regarder à peu près comme définitif. Elle subit bien encore quelques changements jusqu'à son parfait développement ; mais seulement pour achever la formation de parties déjà constituées, et non pour créer des organes complétement nouveaux.

Parmi ces changements ultérieurs, il faut mentionner d'abord l'évolution des sacs embryonnaires. Il s'en forme, comme à l'ordinaire, un dans chaque ovule ; dans la fleur développée, le sac constitue une utricule allongée, extraaxile, située dans la proximité de la cloison, renfermant deux vésicules embryonnaires à son extrémité supérieure et deux vésicules antipodes au point opposé (f. 19). On peut conclure de là que l'évolution de l'ovule a suivi le type anatrope et (selon l'expression de M. J.-G. Agardh) apotrope ; on était à même de le supposer déjà par la configuration qu'avaient prise les tissus dans les phases antérieures. Le reste du tissu de l'ovule entourant ce sac se transforme par des divisions répétées en un parenchyme régulier très-serré, rempli d'un plasma trouble et opaque, par lequel il se distingue très-nettement du tissu de la paroi ovarienne et de la cloison, qui reste bien plus clair (f. 17-19). Je dois cependant faire remarquer que le sommet de la cloison se développe de la même manière que le tissu ovulaire, de sorte que les deux ovules finissent par sembler confondus entre eux, au-dessus de la cloison (f. 17). D'ailleurs, il est à peine nécessaire d'indiquer que ces ovules sont tout à fait dépourvus d'enveloppe, puisque cela résulte évidemment des figures.

La dernière phase de développement dont il me reste à faire mention, consiste en ce que nous voyons se multiplier les cellules à la base de la cloison et dans la couche la plus interne de la paroi ovarienne, vers le moment où les ovules se confondent avec elle. Cette multiplication ne cesse que quand la fleur a atteint sa perfection. Comme les cellules ainsi formées restent bien plus petites que celles qui les entourent, il se forme de cette façon un manteau parenchymateux spécial qui enveloppe tout le système ovulaire, et s'amincit vers les styles en s'effilant (f. 17-19 *m*). C'est une couche de cette partie qui se transforme dans le fruit en coque sclérenchymateuse (1).

C'est par là que se termine l'évolution de la fleur femelle, dès lors apte à recevoir l'imprégnation. Les phases ultérieures appartiennent à celle du fruit.

Après cette exposition, l'explication morphologique des organes floraux du *Lophophytum* n'offre plus de difficultés. Le mamelon primordial est l'axe; les deux organes latéraux qui en naissent et qui donnent naissance aux styles sont les carpelles. *La fleur tout entière n'est donc qu'un pistil nu.* La cloison médiane, qui résulte du développement de la colonne ovulifère primitivement libre et centrale, doit être regardée comme un placenta, et ce placenta comme la continuation directe de l'axe floral; enfin, le reste se comprend de soi-même. Je dois seulement faire remarquer que les ovules, quant à leur signification morphologique, présentent plutôt le

(1) C'est la couche périphérique qui subit ce changement. Dans les fruits qui avortent, le manteau se transforme tout entier en sclérenchyme et forme ainsi un noyau dur, avec une petite cavité centrale où sont les restes des ovules atrophiés.

caractère d'un bourgeon métamorphosé que celui d'une feuille (1).

Je viens de considérer la fleur comme un pistil nu; les auteurs qui m'ont précédé lui ont, il est vrai, attribué un périgone; ils ont pris pour tel le bord cratériforme qui couronne le sommet de la fleur. Mais il est évident que cette interprétation n'est pas fondée. En effet, ce bord, ce prétendu limbe, doit, comme nous l'avons vu, sa naissance aux carpelles; et, ce qui prouve le mieux combien il est impossible de réserver au périgone, dans la constitution de la fleur, ne fût-ce qu'une seule couche de cellules, c'est que le tissu qui émet les styles et qui, par conséquent, appartient indubitablement aux carpelles, forme la partie la plus externe, c'est-à-dire l'épiderme de cette fleur. On trouverait, au reste, beaucoup d'exemples analogues à ce prolongement des carpelles autour de la base des styles, notamment parmi les pistils gynobasiques, etc.

La structure de la fleur femelle du *Lophophytum* nous révèle ainsi une forme tout à fait nouvelle et inattendue dans la famille des Balanophorées; de plus, elle nous permet non-seulement d'expliquer les anciennes indications de MM. Schott et Endlicher (2), qui ont tant choqué les botanistes modernes, mais aussi de rectifier les vues taxonomiques fondées sur la structure de ce genre. Mais permettez-moi, messieurs, d'abandonner pour un moment ce sujet, auquel je reviendrai plus tard.

La fleur mâle du *Lophophytum* ressemble beaucoup, dans l'ensemble, à la fleur femelle du même genre; elle ne consiste également qu'en deux organes foliacés : deux étamines supportées par un axe très-raccourci et situées, comme les carpelles, à gauche et à droite de l'axe du capitule sur lequel les fleurs se trouvent encore réunies. Les botanistes lui ont accordé un périgone, en considérant comme tel quelques écailles charnues qui se trouvent entre les étamines, mais qui ne sont que des ovaires avortés. On trouve des organes semblables entremêlés aux fleurs mâles du *Langsdorffia* et d'autres plantes de cet ordre (3).

La structure que nous venons de décrire n'est pas propre au seul

(1) Si j'émets cette hypothèse, c'est à cause de l'analogie que l'organisation du *Lophophytum* offre avec celle des Hélosidées et d'autres tribus, dans lesquelles l'ovule représente, comme nous le verrons plus tard, le sommet de l'axe floral. Je reconnais cependant que cette interprétation souffre quelque difficulté, parce que chez le *Lophophytum* l'évolution des ovules, organes latéraux nés au sommet d'un axe, répond mieux à la naissance d'une feuille.

(2) *Meletemata bot.*, l. c.

(3) J'ai observé des formes transitoires qui relient ces écailles à un ovaire bien déve-

genre *Lophophytum;* elle se rencontre encore dans quelques autres, et d'abord dans l'*Ombrophytum.*

Celui-ci est extrêmement voisin du précédent. Ses fleurs femelles, abstraction faite de la grandeur des parties et de quelques détails peu importants, se distinguent à peine de celles du *Lophophytum.* Ce que j'avance ici confirme l'exactitude de la description tracée anciennement par M. Pœppig (1), qui attribuait à cette plante deux ovules séparés par une cloison; et rien n'est à y changer que l'interprétation morphologique. La même conformité existe entre les fleurs mâles des deux genres.

Un autre genre rentre dans ce type : c'est le *Scybalium.* Il serait trop long d'en décrire la structure; je me borne à en donner (pl. II, f. 20) une figure qui suffira, si l'on se reporte à l'explication des planches, pour démontrer l'analogie parfaite qui existe entre le *Scybalium* et le *Lophophytum.* Par cette analogie s'expliquent, non-seulement les anciennes descriptions (2) qui donnent au *Scybalium* deux ovules séparés par une cloison, mais encore l'indication plus récente de M. Hofmeister (3) qui lui accorde un seul ovule muni de deux sacs embryonnaires. Ceci provient de ce que M. Hofmeister ne s'est pas rendu compte des deux nucelles, dont il a confondu les cellules avec le tissu ovarien environnant.

Si nous avons trouvé dans les trois genres précédents, qui sont tous américains, toujours deux carpelles et deux ovules, le *Sarcophyte,* au contraire, genre de l'Afrique méridionale, présente ces organes au nombre de trois, sans altération aucune des principaux types de l'organisation précédente. Cependant, comme les matériaux dont j'ai pu disposer n'étaient pas propres à l'examen délicat qu'exigent les études organogéniques, je ne puis émettre en toute sûreté cette assertion; je puis seulement affirmer que la description de M. Hofmeister (4), lequel attribue au *Sarcophyte* un seul ovule unicellulaire penché (ou quelquefois par exception deux), n'est pas

loppé, mais je ne puis insister ici spécialement sur ce point, lequel sera mieux traité dans la monographie des Balanophorées que je prépare pour le *Flora brasiliensis* de M. de Martius.

(1) Pœppig et Endlicher, *Nova Genera, l. c.*
(2) Schott et Endlicher, *Meletemata bot.,* p. 3, tab. 2.
(3) *Neue Beitræge, l. c.,* p. 599.
(4) *Neue Beitræge, l. c.,* p. 581 et suiv. Je dois faire remarquer que les fleurs examinées par moi proviennent du même échantillon que celles qu'a décrites M. Hofmeister. Dans l'explication des planches, j'ai cherché, autant que possible, à mettre d'accord nos observations réciproques.

exacte, et que j'ai toujours trouvé moi-même trois ovules à nucelle multicellulaire, séparés par autant de cloisons qui se rejoignent sur l'axe, et adhérents, de toutes parts, aux cloisons et aux parois ovariennes (pl. II, f. 21 et 22). J'ignore si ces ovules sont dressés ou penchés, anatropes ou orthotropes, et je ne connais pas davantage, dans ce genre, la nature ou l'évolution des cloisons ; mais, en considérant l'affinité incontestable du *Sarcophyte* avec les Lophophytées, et en reconnaissant combien il se rapproche, par l'ensemble de sa structure florale, des genres de cette tribu, on peut conclure que cette structure ne diffère que par le nombre des organes. Je suis donc disposé à croire que la fleur du *Sarcophyte* est aussi un pistil nu (comme c'est l'opinion de tous les botanistes), qu'elle se compose de trois carpelles, qu'elle offre d'abord un placenta axile libre, muni de trois ovules descendants, fixés à son sommet, qui deviennent finalement anatropes et apotropes ; que ce placenta s'élargit, dans la suite, en formant des cloisons entre les ovules, et se confond finalement avec ceux-ci et avec les parois ovariennes en un corps solide.

Les fleurs mâles possèdent un périgone dans le *Sarcophyte* et dans le *Scybalium*. Ceci ne peut modifier en rien l'explication que nous avons donnée de la fleur femelle ; d'autant moins que dans tous les autres genres des Balanophorées, à l'exception seulement du *Lophophytum* et de l'*Ombrophytum*, il n'y a point de similitude entre les fleurs des deux sexes, relativement à leur composition morphologique.

Nous allons trouver une structure et une évolution tout à fait différentes de la précédente dans le groupe des Hélosidées (dont j'exclus le *Scybalium* déjà décrit). Je prendrai pour type de ce nouvel examen le genre *Helosis*; mais, pour être bref, je n'en rapporterai que les traits principaux, renvoyant pour le reste au *Flora brasiliensis* et au mémoire déjà plusieurs fois cité de M. Hofmeister, dont les investigations relatives aux Hélosidées me paraissent, à peu d'exceptions près, fournir des résultats fort exacts.

La fleur de l'*Helosis* naît, comme celle du *Lophophytum*, sous forme d'un mamelon celluleux qui représente l'axe floral. Celui-ci produit deux saillies opposées (f. 23) qui, en s'accroissant rapidement et en s'unissant par les bords, forment bientôt un sac surmontant l'axe et portant deux pointes allongées qui répondent aux sommets des saillies primordiales (f. 24-26). Comme ces deux pointes se transforment plus tard en styles, les organes qui les ont produites, c'est-à-dire les deux saillies, doivent être considérés comme des carpelles. Cependant l'axe floral s'accroît en même temps que les carpelles, sans autre changement (f. 24-26); et quand ceux-ci finissent par se réunir aussi au sommet et par former la cavité ovarienne, il remplit entièrement cette cavité, et se confond de toute part avec les parois. Bien qu'il en résulte une union très-intime, il reste cependant une suture assez visible, provenant de la différence des cellules juxtaposées, suture qui indique très-nettement où commence l'axe et où se terminent les carpelles (f. 27). Enfin, une cellule située un peu au-dessous du sommet de l'axe, se transforme en un sac embryonnaire pourvu, à son extrémité supérieure, de deux vésicules; le tissu voisin se remplit d'un plasma trouble et épais; bref, le sommet de l'axe se transforme directement en ovule (f. 27). Quant aux changements ultérieurs qui s'opèrent dans les carpelles, ils n'offrent rien de bien intéressant; aussi je les omets, sans négliger cependant de noter que la partie supérieure des carpelles s'élève à peu près comme dans le *Lophophytum*, autour de la base des styles, en un limbe court, mince et irrégulier, qui couronne le sommet de l'ovaire (f. 25-27). Ce limbe n'a donc nullement la valeur d'un périgone, valeur qu'on lui a toujours reconnue; ce n'est qu'un simple prolongement des carpelles.

La fleur de l'*Helosis* se réduit encore à un pistil nu, comme celle des précédents, et se compose, comme celle du *Lophophytum*, de deux carpelles; mais voici la différence importante qui la caractérise: l'axe floral qui se développait, dans les précédents, en un placenta sur lequel naissaient les ovules sous forme d'organes latéraux, devient immédiatement dans l'*Helosis* l'ovule lui-même; il en résulte un seul ovule dressé et orthotrope, tandis que dans les Lophophytées et les genres voisins il se trouvait des ovules descendants anatropes, et aussi nombreux que les carpelles.

La structure de l'*Helosis* est commune à tous les genres de la tribu des Hélosidées connus; bien que nous ne sachions l'évolution d'aucun d'eux, nous pouvons inférer des observations précédentes et de cette analogie, qu'ils se développent tous de même que l'*Helosis*.

J'incline à croire qu'il en est encore de même dans les Langsdorffiées. En effet, si ces plantes diffèrent des Hélosidées sur quelques points remarquables, principalement en ce qu'elles n'ont qu'un seul style terminal, du moins, par la structure de leur ovaire et de leur

ovule, elles leur paraissent fort analogues. Mes investigations m'ont
en effet démontré que l'ovule du *Langsdorffia* ne consiste point,
comme l'a affirmé M. Hofmeister (1), en une seule cellule anatrope,
descendante et libre; il est, au contraire, composé d'un très-grand
nombre de cellules, dressé, orthotrope et adhérent partout à l'ovaire.
On se convaincra facilement de la justesse de mes assertions en
consultant les figures 28 et 29 jointes à ce travail. Quant au reste de
la structure de la fleur du *Langsdorffia*, cette fleur est, à mon avis,
comme celle de tous les genres précédents, dépourvue de périgone,
et ne consiste qu'en un pistil nu; je ne vois pas, en effet, de motifs
suffisants pour attribuer le rôle d'un périgone, à l'exemple des auteurs, au limbe court qui couronne cette fleur. Ce limbe, d'après sa
structure anatomique, a la même signification que celui des Hélosidées et des autres genres déjà étudiés; ce n'est qu'un simple prolongement des bords de l'ovaire lui-même; mais il serait trop long
d'exposer ici les détails de cette structure. Quant à savoir si le pistil
du *Langsdorffia* se compose, comme celui des Hélosidées, de deux
carpelles dont les styles se seraient réunis par coalescence, ou ré-
duits par avortement à un seul, ou bien si plutôt le pistil ne se compose que d'un seul carpelle, comme le donne à penser la simplicité
du style, c'est une question que je ne puis trancher; les matériaux de
mes études, trop insuffisants, ne le permettraient pas, et ce point
doit être réservé à des investigations ultérieures. D'ailleurs, pour le
moment, il n'est pas d'une grande importance; il nous suffit, en
effet, d'avoir constaté que la fleur du *Langsdorffia* est un pistil
nu, à ovule unique, dressé, orthotrope et dépourvu d'enveloppe, qui
a, comme nous le concluons par analogie, la même origine
que dans les Hélosidées, en ce qu'il représente l'axe floral métamorphosé.

Pour le genre *Balanophora*, je suis à même de constater l'exactitude des recherches de M. Hofmeister (2). Il résulte de ses investigations que la fleur femelle de ce genre consiste aussi en un pistil
nu à style unique, et qu'elle ne possède qu'un seul ovule, composé de très-peu de cellules, anatrope et descendant librement du
sommet de la cavité ovarienne (f. 1, 2). Il est probable, du reste,
que dans ce genre le pistil n'est formé que d'un seul carpelle.

(1) *Neue Beitræge, loc. cit.*, p. 576.— Voy. aussi un mémoire de M. Karsten sur ce
sujet, dans les *Nova Acta Acad. Leop.-Carol. Naturæ Curiosorum*, t. XXVI, pars 2.
(2) *Loc. cit.*, p. 585 et suivantes.

Si nous jetons maintenant un coup d'œil rétrospectif sur les formes dont il vient d'être question, nous trouverons que chez toutes la fleur femelle consiste toujours en un pistil nu et que les ovules y sont sans enveloppe. Les deux genres qui nous restent à examiner, le *Cynomorium* et le *Mystropetalum*, ne sont pas dans les mêmes conditions; ils ont non-seulement un périgone bien accusé (f. 10, 11), mais aussi un ovule pourvu d'une enveloppe (f. 12). Il s'y joint quelques autres différences, dont la plus remarquable est peut-être celle que je vais exposer. Dans toutes les Balanophorées, à l'exception de ces deux genres seulement, les inflorescences naissent à la manière des bourgeons adventifs : c'est-à-dire qu'elles se forment dans l'*intérieur* de l'organe de végétation, qui est dans ce cas une sorte de rhizome. Elles y demeurent assez longtemps, et forcent par leur croissance le tissu de ce rhizome à s'élargir pour leur consti-tuer une enveloppe; enfin, en s'allongeant brusquement, elles rom-pent et dépassent cette enveloppe, qui persiste à la base du pé-doncule sous forme d'une gaîne ou d'un calicule, quelquefois peu visible (*Phyllocoryne*), mais le plus souvent bien apparent (*Langs-dorffia*), et dans quelques cas véritablement énorme (*Ombrophytum*). Au contraire, chez le *Cynomorium* et le *Mystropetalum*, on ne trouve pas cette singulière évolution, qui rappelle en quelque façon celle de la fructification des *Agaricus;* les inflorescences y forment la continuation des rameaux du rhizome.

Je suis porté à croire que ces différences, celles de la structure florale et de la végétation, sont des motifs suffisants pour séparer ces deux genres des Balanophorées. Ils formeraient la famille des Cyno-moriées. On m'accordera tout au moins, quand même on ne serait pas d'accord avec moi sur cette séparation, que les Cynomoriées ont avec les Balanophorées bien moins d'affinité que les membres de ce dernier groupe n'en ont entre eux. D'ailleurs, en considérant com-bien les genres des Balanophorées, comme nous les définissons, concordent entre eux par les caractères de leur fructification et de leur végétation, mentionnés plus haut, il paraît évident que cet ordre ne peut être divisé davantage.

J'ai essayé d'établir sur les bases de cette étude une disposition systématique des Balanophorées que j'ai lieu de croire naturelle. Les groupes qui en résultent coïncident pour la plupart avec ceux qu'a proposés M. Hooker. J'en exclus naturellement les Cynomo-riées.

Balanophoraceæ.

Trib. I. Eubalanophoreæ.

♀. Style 1 ; ovule 1, pendant, libre, anatrope.

Balanophora Forst.

Trib. II. Langsdorffieæ.

♀. Style 1 ; ovule 1, orthotrope, adhérent à l'ovaire.

Langsdorffia Mart., *Thonningia* Vahl (*Dactylanthus* Hook. f. ?).

Trib. III. Helosideæ.

♀. Styles 2 ; ovule 1, orthotrope, adhérent à l'ovaire. — ♂. Un périgone, 3 étamines. — Poils claviformes entremêlés aux fleurs.

Helosis Rich., *Corynæa* Hook. f., *Rhopalocnemis* Jungh., *Phyllocoryne* Hook. f., *Sphærorrhizon* Hook. f.

Trib. IV. Scybalieæ.

♀. Styles 2 ; ovules 2, pendants du sommet d'un placenta axile transformé en cloison, anatropes, adhérents à la cloison et à l'ovaire. —
♂. Un périgone ; 3 étamines. — Poils claviformes entremêlés aux
fleurs.

Trib. V. Lophophyteæ.

♀. Styles et ovules comme dans les *Scybalieæ*. — ♂. Pas de périgone ; 2 étamines. — Point de poils entre les fleurs.

Lophophytum Schott et Endl., *Ombrophytum* Pœpp.

Trib. VI. Sarcophyteæ.

♀. Ovaire formé de 3 carpelles; stigmate sessile; ovules 3, pendants
du sommet d'un placenta axile élargi en cloisons entre les ovules,
anatropes, adhérents aux cloisons et à l'ovaire. — ♂. Un périgone ;
3 étamines. — Point de poils entre les fleurs.

Sarcophyte Sparrm.

Permettez-moi encore, messieurs, deux mots sur la situation taxonomique de l'ordre des Balanophorées, ainsi constitué. Si l'on convient d'en exclure, à mon exemple, le *Cynomorium* et le *Mystropetalum*, il n'y a plus lieu de lui attribuer avec le genre *Hippuris*
une affinité fondée seulement sur le *Cynomorium*. Comme nous
avons constaté que le *Lophophytum* ne possède ni périgone, ni ovule
unique, l'affinité avec le *Misandra*, supposée par M. J.-D. Hooker,
tombe également. Ainsi disparaît toute analogie entre les Balanophorées et les Haloragées. La vue se porte au contraire dans une
direction bien différente; et c'est le *Myzodendron* que nous recon-
naissons comme la forme la plus analogue à une partie de nos genres. En effet la fleur femelle du *Myzodendron* consiste également en

un pistil nu, formé, comme celui du *Sarcophyte*, de trois carpelles ;
et l'axe floral s'y allonge aussi en un placenta central qui porte trois
ovules situés chacun en face de chaque carpelle, pendants, anatropes et dépourvus d'enveloppes, comme le sont ceux des Lophophytées, du *Scybalium* et du *Sarcophyte*. Il est vrai que chez le
Myzodendron le placenta ne s'élargit point en cloisons, et que les
ovules n'adhèrent pas à l'ovaire. Mais cette différence ne peut soulever d'objections sérieuses ; car non-seulement nous voyons dans le
Lophophytum les placentas et les ovules primitivement libres (de
sorte que le *Myzodendron* représente en quelque sorte une phase
plus jeune du *Lophophytum*), mais encore nous trouvons chez quelques genres très-voisins du *Myzodendron* un placenta développé en
cloisons, et quelquefois même, au moins dans le fruit, une adhérence
entre la semence et l'ovaire (1). Je dois encore faire remarquer que
les fleurs mâles sont aussi presque identiques dans le *Lophophytum*
et le *Myzodendron ;* elles ne se composent, en effet, dans ce dernier
genre, que de deux ou trois étamines, sans périgone. En un mot,
l'analogie de ces deux types est aussi parfaite qu'on peut la désirer.

Quant aux Hélosidées et aux Langsdorffiées, à ovule unique,
dressé, orthotrope et adhérent à l'ovaire, celles-ci trouvent une analogie frappante parmi les Viscacées et les Loranthées. Car d'après
les recherches de M. Hofmeister (2), l'ovaire et l'ovule de ces deux
groupes sont formés suivant le même mode, et l'ovule est dépourvu
d'enveloppe. Il est vrai que les Viscacées et les Loranthées sont
pourvues d'un périgone, organe qui, nous l'avons vu, fait complètement défaut aux fleurs femelles des Balanophorées. Nous croyons,
néanmoins, que les Balanophorées doivent rentrer directement dans
la grande classe que M. Baillon a composée avec beaucoup de raison
des Viscacées, Loranthées, Santalacées (comprenant le *Myzodendron*), Olacinées, etc., et qu'il a nommée la classe des Loranthacées.
En effet, la différence offerte par la présence du périgone est effacée
par les transitions qui relient les différents types de cette classe ; si
le *Myzodendron* possède encore des fleurs nues, les genres voisins
ont un périgone simple ou double, et ce perfectionnement se révèle
aussi en quelque façon chez les Balanophorées, savoir dans leur fleur

<hr>

(1) Voyez Baillon, premier et deuxième *Mémoire sur les Loranthacées*, dans l'*Adan-
sonia*, 1861.
(2) *Neue Beitræge*, *loc. cit.*, p. 539 et suivantes.
(3) *Mémoire sur les Loranthacées*, *loc. cit.*

mâle, laquelle est nue dans les Lophophytées et pourvue d'un périgone dans les autres types. Les Balanophorées, dans la classe des
Loranthacées, constitueraient le groupe inférieur, l'organisation la
moins développée, organisation qui, par l'intermédiaire des Myzo-
dendrées et des Viscacées, se relierait aux formes des Santalacées,
Loranthées et Olacinées, qui représentent l'évolution la plus haute
du même type.

Cependant il y a une difficulté qui s'oppose encore à cet arrangement systématique; elle est présentée par le genre *Balanophora*,
dont l'ovule attaché à la paroi ovarienne, et non émanant d'un placenta axile ou constituant le sommet de l'axe lui-même, n'a pas
d'analogue parmi les Loranthacées. Toutefois il est permis de con-
jecturer que l'histoire de l'évolution de ce genre, que nous ne connaissons pas encore, nous montrera peut-être qu'il y a dans le *Balanophora*, à l'origine, un placenta axile qui se soude plus tard à la
paroi ovarienne, et du sommet duquel pendrait l'ovule : conjecture
arbitraire sans doute, mais non dépourvue de probabilité. Si cette
hypothèse se trouvait justifiée, c'est des Lophophytées que le *Balanophora* se rapprocherait le plus ; il rentrerait très-naturellement
avec elles dans le type commun de la classe des Loranthacées. Dans
le cas contraire, il se trouverait que les Balanophorées ont encore
des affinités avec d'autres ordres qu'avec les Loranthacées. Il en
serait de même si l'on conservait parmi elles les Cynomoriées ; elles
renfermeraient alors des types très-différents, qui les relieraient à
des ordres très-éloignés. L'affinité indiquée par les Cynomoriées
concernerait du reste l'*Hippuris* et les Haloragées, comme je l'accorde sans hésitation à M. Hooker.

M. J.-E. Planchon présente les observations suivantes :

Les rapports des Santalacées, Olacinées et Loranthacées ont été
aperçus par R. Brown, par M. Decaisne et par moi-même, bien
avant les travaux de M. Baillon. Il pourrait bien se faire qu'on dût
rapprocher les uns des autres des types végétaux qui diffèrent cependant par la présence ou l'absence d'un tégument ovulaire ou
même d'un périanthe. Peut-être le *Cynomorium* est-il simplement
une Balanophorée douée d'une organisation supérieure à celle des
autres types incomplets de la même famille. On sait qu'il existe
dans les Pipéracées un périanthe incomplet qui s'accuse davantage

dans les Saururées; et d'après M. Eichler lui-même, on ne saurait séparer les *Myzodendron* des Loranthacées.

M. Eichler répond que les Balanophorées, comme il les considère, sont très-logiquement reliées en un seul groupe par le défaut d'enveloppes ovulaires et par la singularité de leurs bourgeons.

M. C. Personnat, secrétaire, fait au Congrès la communication suivante :

APERÇU DE LA VÉGÉTATION DU DÉPARTEMENT DE L'ARDÈCHE,

Par **M. Camille PERSONNAT**.

Le département de l'Ardèche est fort peu connu dans le monde scientifique, surtout sous le rapport du règne végétal. Il n'a été visité que par quelques rares botanistes, dont les observations ont été signalées dans la *Flore de France* de MM. Grenier et Godron, dans le *Pugillus* de M. Jordan (qui y a fait une ample moisson d'espèces nouvelles), ou dans la *Flore du centre*, où M. Boreau a accueilli toutes les créations du savant observateur lyonnais. D'autres richesses se trouvent encore enfermées, inédites, dans l'herbier de notre regretté confrère, Henri de la Perraudière, que j'ai eu le trop court plaisir, en 1860, d'accompagner ou de guider dans quelques-unes de ses courses autour de Vals et du Mézenc.

Mais ces fructueuses visites ont eu lieu à de longs intervalles, à la hâte et presque toujours aux mêmes époques de l'année. Aussi, que de choses ne reste-t-il pas à trouver, à signaler ou à décrire ! Sur ce sol exceptionnel et sous ce climat spécial, il semble que les plantes se déforment et revêtent un facies ou des caractères propres à la contrée.

L'Ardèche, en effet, se trouve située dans la région méridionale de la France, sur la limite où finit celle du centre, et cette position géographique suffirait déjà pour recommander ce coin de territoire à l'attention des botanistes ; mais ce qui en fait un pays exceptionnel, sous le rapport de la végétation, c'est le relief que lui ont donné les révolutions volcaniques par lesquelles son sol a été si profondément bouleversé dans les temps anciens ; c'est l'élévation de ses points culminants où la neige persiste pendant plusieurs mois; c'est la température brûlante de la plupart de ses vallées méridionales ; c'est la diversité des terrains qui se montrent à sa surface, et conséquemment la variété de ses productions végétales.

Ainsi, le Mézenc s'élève à près de 1800 mètres au-dessus du niveau de la mer; le Gerbier-de-Joncs à 1500 mètres ; un grand nombre d'autres sommets atteignent de 1400 à 1500 mètres, et les plateaux des trois chaînes granitiques du Tanargue, des Boutières et du Coiron (jusqu'à Gourdon) conservent une altitude qui varie entre 1200 et 1500 mètres. La région des Hêtres et celle des Sapins sont donc largement représentées sur notre sol; aussi retrouve-t-on, au milieu de ses rochers abruptes, de ses riches forêts et de ses vastes pâturages, presque tout ce qui peut être observé dans la chaîne des Cévennes et une grande partie des espèces qui constituent la végétation alpestre.

Au nord-ouest, le département touche, par les versants occidentaux de la chaîne du Mézenc et par la vallée supérieure de la Loire, à la région qu'on appelle le plateau central de la France. La flore de ce vaste bassin arrive donc jusqu'à nos portes et pénètre même chez nous, entre le Béage et le mont Gerbier. Et à quelques pas de là, les plateaux basaltiques du Coiron, qui conservent encore, autour de Privas, une élévation de 7 à 800 mètres, s'abaissent peu à peu vers le Rhône en changeant de nature et se transforment en coteaux calcaires, dont les pentes inclinées vers le sud et rendues arides par un soleil brûlant reproduisent ou rappellent la nature la plus méridionale. De même, les vallées étroites et escarpées qui prennent naissance dans toutes les déchirures de ces chaînes, qui s'ouvrent vers le midi avec un sol dont l'élévation n'excède plus 70 à 100 mètres, et demeurent conséquemment toujours à l'abri des vents froids, donnent accès, du côté du Gard et jusqu'au pied des monts, au climat et aux productions de la région méditerranéenne ; tandis que de l'autre côté de la chaîne à laquelle est adossée la partie sud de l'Ardèche, l'arrondissement de Tournon voit naître sur ses pentes septentrionales et dans ses vallées, une fraîche et luxuriante végétation qui entretient partout un brillant tapis de verdure et de fleurs. — Enfin, du côté de l'est, la grande vallée du Rhône sert de voie facile à cette même nature méridionale et à celle des parties supérieures du bassin, qui, marchant toutes deux en sens inverse, viennent pour ainsi dire s'y donner la main ou s'y croiser en face de l'Ardèche.

C'est ainsi qu'on peut récolter au Mézenc et au Gerbier-de-Joncs, les *Petasites albus* Gærtn., *Gnaphalium norvegicum* Gunn., *Senecio leucophyllus* DC., *Crepis grandiflora* Tausch, *Leontodon pyrenaicus* Gouan, *Paradisia Liliastrum* Bert., *Pedicularis comosa* L., *Arbutus Uva-Ursi* L., *Phyteuma hemisphæricum* L. et *Halleri* All., *Lycopodium Selago* L. et *alpinum* L., *Festuca spadicea* L. et *pilosa* Hall., *Juniperus alpina* Clus., *Soldanella alpina* L., de nombreux Saxifrages et un grand nombre d'autres plantes des hauts sommets.

Sur les plateaux moins élevés : les *Alchemilla alpina* L., *Saxifraga hypnoides* L., *Antennaria dioica* Gærtn., *Anemone montana* Hoppe, *Valeriana tripteris* L., *Gentiana lutea* L. et autres, *Aconitum Napellus* L., *Dianthus deltoides* L., et toutes les plantes de la végétation subalpine.

Enfin, au pied même des montagnes, dans les vallées des bassins de l'Ardèche, de l'Ouvèze et du Rhône, les *Catananche cærulea* L., *Dorycnium suffruticosum* Vill., *Dianthus Godroni* Jord., *Satureia hortensis* L., *Rhus Cotinus* L., *Helianthemum polifolium* DC. et *canum* Dun., *Cistus laurifolius* L. et *albidus* L., *Aphyllanthes monspeliensis* L., *Leuzea conifera* DC., *Lavandula latifolia* Willd., *Linum narbonense* L. et *campanulatum* L., *Linaria simplex* DC. et *supina* DC., *Euphorbia Gerardiana* Jacq., *Serrafalcus patulus* Parl., *Calamagrostis littorea* DC., à côté des *Hippophaë rhamnoides* L., *Astragalus Cicer* L., *Asclepias Cornuti* DC., *Salsola Kali* L., *Coris monspeliensis* L., *Ruta angustifolia* Pers., *Asparagus acutifolius* L., *Cerinthe aspera* Roth, *Phlomis Lychnitis* L. et *Herba-venti* L., et une foule d'autres espèces de la région des Oliviers.

On peut donc en quelques heures, sans fatigue, sur un espace restreint, — et c'est là surtout le charme des herborisations dans ce beau pays, — étudier les végétations les plus diverses et faire les récoltes les plus variées.

Mais ce qui excite encore très-vivement l'intérêt, c'est, comme je l'ai dit, la déformation fréquente des types connus, qui a déjà donné lieu à la création de nombreuses espèces nouvelles : le *Carduus nigrescens* des auteurs y devient le *C. vivariensis* Jord. ; le *Dianthus hirtus* s'y transforme en *D. vivariensis* Jord., etc., etc.

Voici quelques-unes des dernières observations que j'ai pu noter ; elles concernent les espèces suivantes :

1° **Anemone montana** Hoppe.

L'*Anemone montana* Hoppe, par exemple, recueilli sur les coteaux du Coiron, offre des feuilles dont toutes les subdivisions sont *pétiolulées*, tandis qu'habituellement les premières divisions seules présentent ce caractère considéré comme important. C'est cependant en réalité l'*A. montana* Hoppe de MM. Grenier et Godron. Le calice est d'un pourpre noir et en entonnoir lorsqu'il fait soleil ; à l'ombre, les sépales sont connivents, à sommet un peu déjeté. — M. Jordan ayant tiré quatre espèces nouvelles des deux types *A. Pulsatilla* L. et *A. montana* Hoppe (1), notre plante paraît se rapporter à son *Pulsatilla rubra* (Lam.) *Ann. Soc. Linn. de Lyon*, 1860, p. 424, par la couleur de ses fleurs et par ses feuilles commençant à se développer en même temps que les fleurs. (Il paraît, d'après M. Jordan, que ce dernier caractère distingue sa plante du vrai *P. montana* Hoppe, dont les feuilles ne se développeraient qu'après les fleurs). Mais ce qui éloigne notre espèce de celle du savant botaniste lyonnais, c'est que chez nous la tige est toujours couverte d'une villosité longue et soyeuse comme celle de l'*A. montana* Hoppe, tandis que le *P. rubra* (Lam.) *loc. cit.* ne présenterait que des tiges simplement velues, à poils courts. M. Boreau (*Fl. cent.*) signale deux variations de l'*A. montana* Hoppe, l'une à fleurs d'un pourpre noir, l'autre à coloration moins foncée. Nous avons ces deux formes sur nos coteaux, mais je ne pense pas qu'elles y constituent deux espèces distinctes.

2° **Colchicum autumnale** L.?

J'ai trouvé assez fréquemment des pieds de *Colchicum* en fleurs, au printemps, dans les prés un peu humides. Est-ce bien le *C. autumnale* L.? M. Grenier dit, à la vérité, dans sa *Flore de France*, p. 170, que « dans les lieux inondés, les fleurs ne se montrent qu'au printemps », et il donne à cette particularité le synonyme : *C. vernale* Hoffm. ; mais dans les individus que nous avons récoltés ainsi, au printemps, les divisions du périgone sont toujours *étroites*, *aiguës*, ne se recouvrant pas par les bords, et d'un rose pâle ; tandis que dans les fleurs automnales, très-communes dans les environs de Privas, les divisions périgonales sont oblongues, obtuses. La

(1) Ce n'est pas que nous adoptions complétement toutes les espèces jordaniennes et autres de date récente, dont la validité ne nous paraît pas toujours suffisamment démontrée ; mais ces espèces constituent au moins des formes distinctes de celles précédemment décrites, et c'est à ce point de vue que nous les admettons ici.

fleur du printemps est aussi plus petite et d'une consistance plus ferme.

3° **Crocus vernus** All.

Dans tous les individus à fleurs blanches que j'ai cueillis sur les Coirons, la gorge de la corolle et les filets des étamines sont *dépour-vus* de poils, tandis que la plupart des auteurs, et notamment MM. Grenier et Godron, dans la *Flore de France*, donnent comme caractère important, pour le *C. vernus* All. : « gorge et filets velus ou pubescents. » — Koch dit encore, *fauce barbata*, mais il ne parle pas des filets. — M. Parlatore, monographe du genre *Crocus*, dit à la vérité : *filamentis glabris*, mais il ajoute : *fauce inter sta-minum basin ciliata-barbata.* — Ce caractère noté comme impor-tant n'est donc pas constant. Ce qui le donne à penser, c'est que, dans notre *Crocus*, on remarque des granules à la gorge, et, comme on le sait, ces petits tubercules se transforment quelquefois en poils. Ce n'est cependant que le *C. vernus* All. !

Je ne veux point multiplier les citations ; celles-ci suffisent pour démontrer quelle influence le sol et le climat de l'Ardèche peuvent exercer sur le développement des diverses parties de la plante.

Je demande seulement au Congrès, avant de finir, la permission de lui soumettre trois nouvelles espèces hybrides, dont l'une a été déjà discutée et controversée, mais dont les deux autres ne me sem-blent pas avoir été observées.

4° **Primula grandifloro-officinalis.** (*P. variabilis* Bor. non Gren. Godr.)

Contrairement à l'opinion de quelques botanistes, mais d'accord avec celle de certains autres, la plante que nous avons trouvée sur le bord d'une prairie, à Combier, près de Privas, nous paraît être réelle-ment une hybride des *P. grandiflora* et *P. officinalis*. Ces deux congénères abondent dans la localité : le *P. grandiflora* sur les tertres, et le *P. officinalis* dans les prés. Toute autre forme de *Pri-mula* y est extrêmement rare. Nous ne saurions donc douter que notre plante ne soit réellement une hybride. En voici la description :

Fleurs peu nombreuses, dressées ou à peine penchées, à pédicelles pubescents-tomenteux, inégaux, ordinairement plus longs que le ca-lice ; pédoncules radicaux dépassant ordinairement les feuilles. Co-rolle à *limbe plan*, d'un jaune pâle et à gorge tachée d'orangé, à tube non saillant hors du calice. Capsule paraissant plus courte que le calice non étroitement appliqué sur elle. Feuilles inégalement et faiblement dentées-crénelées, oblongues ou obovales, vertes en dessus, tomenteuses en dessous au moins dans leur jeunesse, à peine contractées à la base, ou insensiblement atténuées en pétiole ailé. Fleurs *très-odorantes*, presque aussi grandes que celles du *P. grandiflora* (2 1/2 à 3 cent.); celles du centre de l'ombelle à limbe souvent *court*, *concave*, ressemblant aux fleurs du *P. officinalis*.

Hab. --- Privas, bords d'un pré non loin du ruisseau, dans le ravin au-dessous de Combier. Une seule touffe. --- Mai.

Cette plante se rattache donc au *P. grandiflora* Lam., par sa corolle à limbe *plan* et d'un jaune pâle, par ses fleurs ordinairement dressées ; et elle s'en sépare par ses fleurs *très-odorantes* et portées plusieurs sur un même pédoncule.

Ces deux derniers caractères, ainsi que les taches orangées de la gorge, la rapprochent du *P. officinalis* Jacq., dont elle s'éloigne par son limbe du double plus grand, plan et d'un jaune pâle.

Elle se distingue, en outre, du *P. elatior* Jacq., par ses fleurs *odorantes*, dressées, non penchées, à calice non vert sur les angles ; par les fleurs centrales de l'ombelle petites, concaves ; et par ses feuilles moins brusquement contractées en pétiole à la base ;

Du *P. intricata* Gr. God., par ses corolles à tube *non saillant* hors du calice et ses feuilles non pubescentes à la face supérieure ;

Du *P. Thomasinii* Gr. God., par son calice non enflé, vésiculeux et sa pubescence moins décidément tomenteuse ;

Enfin du *P. variabilis* Goup. in Gren. et God. *Fl. de Fr.*, par ses fleurs *très-odorantes*, d'un jaune pâle et maculées à la gorge.

Notre plante, quoique plus odorante, nous paraît être la même que celle décrite par M. Boreau sous le nom de *P. variabilis ;* le *P. variabilis* de MM. Grenier et Godron ne nous semble pas la même forme que celle analysée dans la *Flore du Centre*, et pourrait être le *P. officinali-grandiflora*.

5° **Polygonum Hydropiperi-Persicaria** Nob.

Épis grêles du *P. Hydropiper*, un peu interrompus à la base, *droits*, comme dans le *P. Persicaria*, jamais penchés. Feuilles du *P. Persicaria*, mais ordinairement sans tache et d'un vert pâle, ce qui les rapproche des feuilles du *P. Hydropiper*. Fleurs à sépales verts à la base et d'un rouge vif au sommet, entremêlés de deux ou

trois fleurs blanches par épi. Racines radicantes aux nœuds inférieurs. — Saveur *herbacée.*

Hab. — Privas, graviers de l'Ouvèze, sous la ville ; en société
avec les congénères, qui se trouvent seuls dans la localité. — Août-
septembre.

6° Mentha silvestri-rotundifolia Nob.

Épi grêle, un peu interrompu à la base, comme dans le *M. rotundifolia.* Feuilles sessiles ou à peine pétiolées, ovales ou oblongues,
aiguës et dentées-en-scie comme dans le *M. silvestris.* Villosités du
M. rotundifolia. Odeur se rapprochant davantage de celle du
M. silvestris L. ou du *M. candicans* Crantz.

Serait-ce le *M. insularis* Requien in Gr. God. *Fl. de Fr.*, de la
Corse?

Hab. — Privas, bords humides et herbeux de l'Ouvèze, sous la
ville ; en société avec les congénères. — A. C. — Août-septembre.

Peut-être ces trois formes ne seront-elles pas encore admises
comme hybrides, conformément à l'article 36 du Code des lois de la
nomenclature botanique que nous avons voté, puisqu'il faut, pour
attester l'hybridité, l'avoir constatée par voie expérimentale. Mais à
cause des caractères mixtes de nos plantes et de leur habitat au milieu de leurs congénères, j'ai la conviction que ce sont réellement
des hybrides. Je vais bien essayer de les obtenir par fécondation
artificielle ; j'avoue cependant que l'opération présente pour moi
quelque difficulté.

En attendant, si les noms que j'ai proposés pour les deux dernières
plantes doivent être provisoirement repoussés, je proposerai de qua-
lifier ces formes par l'adjectif *ambiguus*, qui n'a pas encore été, je
crois, employé dans les genres *Polygonum* et *Mentha*. Nous aurions
alors les *P. ambiguum, M. ambigua,* jusqu'à ce qu'on pût adopter
les noms caractéristiques de l'hybridité.

Je remercie le Congrès de l'attention qu'il a bien voulu accorder
à ma communication et, comme je travaille à la *Florule de l'Ardèche,*
pour laquelle j'amasse des matériaux, je prie ceux de nos confrères
qui ont eu ou qui auront à l'avenir l'occasion d'herboriser dans
ce département de vouloir bien me communiquer le résultat de leurs
observations.

Je viens aussi, en terminant et au nom de la Société des sciences
naturelles et historiques de l'Ardèche, prier la Société botanique de

France de désigner nos riches montagnes comme champ d'exploration de sa session extraordinaire en 1868. D'ici là, messieurs, nous poursuivrons nos recherches, afin de vous guider d'une manière plus fructueuse et de vous faire faire de nombreuses et intéressantes récoltes.

M. le comte Jaubert adresse au Congrès des documents sur une question importante, dont la Société botanique de France s'est occupée dans le cours de l'hiver dernier. Ces documents sont contenus dans une lettre de M. le comte Jaubert à M. A. Denis, ancien député du Var, et dans la réponse de M. Denis.

LETTRE DE M. LE COMTE JAUBERT A M. A DENIS.

Mars 1867.

Monsieur et cher ancien collègue,

Dans une des dernières séances de la Société botanique, il a été question de votre *Chamærops humilis*, qui aurait été fécondé par le *Phœnix dactylifera*, fait dont l'importance serait considérable. M. Duchartre, qui présidait, a rappelé à ce sujet les expériences de M. Bouschet, de Montpellier, sur le croisement de diverses variétés de Vigne, d'où il est résulté que l'influence du pollen s'est bornée à certaines modifications du péricarpe qui n'ont pas dépassé la première génération. Dût-il en être de même chez votre *Chamærops*, le fait resterait toujours des plus curieux, les choses ne s'étant pas passées ici entre variétés d'une même espèce botanique comme pour la Vigne, ni même entre genres voisins, mais entre deux genres fort éloignés l'un de l'autre, l'un à frondes pennées, l'autre à frondes flabelliformes. On a demandé si les drupes de votre *Chamærops* contenaient des embryons bien formés. Ce qu'il y a de certain, c'est que sur les quatorze que j'ai cueillies moi-même, trois prises au hasard m'ont présenté des embryons logés comme à l'ordinaire dans la petite cavité excentrique de l'albumen. — On a demandé ensuite ce que, pour les drupes où vous trouveriez des embryons, il adviendrait dans les phases successives de la germination et du développement. — M. Cosson a fait remarquer en outre qu'il existe en Sicile une variété de *Chamærops* à drupes plus allongées que dans l'espèce ordinaire, et par conséquent se rapprochant davantage de la dimension des drupes de *Phœnix*. Chacun attend avec un vif intérêt le résultat de l'examen auquel se livre sur la question un savant des plus compétents, M. Naudin, avec qui j'en ai causé lundi dernier à l'Académie.

En attendant, soyez assez bon pour me dire : 1° quelle est la provenance du pied de *Chamærops* sur lequel vous avez opéré, son âge ; 2° les circonstances principales de l'expérience ; 3° si parmi les drupes que vous possédez, il en est qui soient dépourvues d'embryons.

La Société vous sera fort reconnaissante de ces détails essentiels, et moi-même j'y verrai un nouveau témoignage de l'obligeance que vous m'avez témoignée, en accueillant si cordialement, dans votre magnifique jardin, un ancien frère d'armes parlementaires.

Veuillez agréer, monsieur et cher ancien collègue, la nouvelle assurance de ma considération la plus distinguée et de mon dévouement.

Comte JAUBERT.

LETTRE DE **M. A. DENIS** A M. LE COMTE JAUBERT.

Cher monsieur et très-honoré collègue,

.... Vous savez que depuis nombre d'années je m'occupe, en temps et lieux opportuns, de la fécondation artificielle de plusieurs Palmiers-Dattiers femelles qui, parmi quelques autres espèces, végètent glorieusement dans mon jardin d'Hyères.

Or, en l'année 1863, à l'époque du mois de mai, revenant de féconder un Palmier dont les fleurs femelles me paraissaient épanouies, je passai devant un *Chamærops humilis* femelle dont les spathes étaient ouvertes depuis trois jours, mais qui n'avait point encore été en contact avec les fleurs d'un *Chamærops* mâle, opération à laquelle, d'ordinaire, je n'avais point manqué jusque-là de me livrer le 1ᵉʳ du mois de mai. Or, il faut que vous sachiez, au préalable, que je n'avais pas dans mon jardin, en 1863, un seul *Chamærops* mâle, et que, chaque année, j'allais religieusement chercher les fleurs mâles à ...., dans un jardin qui possède deux magnifiques pieds de *Chamærops* mâle; toujours est-il que cette fois, comme pour réparer le temps perdu, je saupoudrai, à plusieurs reprises, le *Chamærops* femelle, et que j'attachai même de nombreuses brindilles de la fleur fécondante aux branches qui portaient les fleurs femelles.

Deux ou trois mois après cette opération, je m'aperçus d'un singulier phénomène : jusqu'au moment dont je parle, les fruits de ce *Chamærops* femelle avaient été parfaitement ronds et gros comme le bout du petit doigt; mais, depuis la fécondation, les fruits avaient changé de forme; ils s'allongeaient comme ceux du Dattier, et ils étaient notablement plus gros que ceux récoltés jusque-là dans les années précédentes. A la fin de l'année je remarquai même que quelques fruits, dont les stigmates n'avaient point été atteints par le pollen du *Phœnix dactylifera*, mais qui avaient reçu celui du *Chamærops* mâle, parvinrent même à maturité complète en conservant la forme ronde qui contrastait singulièrement avec la forme ovoïde-allongée des autres fruits. J'ajoute qu'il y eut aussi une vingtaine de fruits enveloppés à dessein d'une feuille de papier, et ainsi préservés du contact de tout pollen, qui n'atteignirent pas la grosseur d'un pois. Bien entendu que ces petits fruits ne possédaient point de germes.

M. Naudin, qui était venu à cette époque passer quelques jours à Hyères, et auquel j'avais raconté le fait, a vu *de ses propres yeux* et a emporté des fruits dans ces trois états différents, et il m'engagea à renouveler l'expérience.

En 1864, je fécondai de nouveau artificiellement le pied du *Chamærops* femelle en question et exactement de la même façon, et j'obtins exactement le même résultat de la double fécondation. En 1865, je n'employai à cette fécondation que le pollen du *Chamærops humilis*, et toujours sur le même arbre, et les fruits parurent et se maintinrent cette fois tout à fait ronds et d'une grosseur ordinaire.

En 1866, nouvelle fécondation par les deux pollens du *Chamærops* et du Palmier-Dattier, retour des fruits à la forme ovoïde-allongée; la chair du fruit avait le goût de la datte beaucoup plus prononcé que celle des autres fruits de mon jardin fécondés par le pollen du *Chamærops* mâle.

En 1867, cette année même, fécondation répétée par les deux pollens; cependant j'avais pris la précaution de recouvrir une partie des fleurs d'une large feuille de papier très-fort. Mais je crains que beaucoup de pollen étant resté sur les branches et les feuilles, et la feuille de papier ayant été enlevée après l'opération, je crains, dis-je, qu'il ne soit resté assez du pollen du Dattier pour que, après coup et au moindre vent, ce pollen n'ait fécondé de nouveau ce que j'avais voulu mettre à l'abri. Car déjà je m'étais aperçu, avant de partir pour Paris, à la fin du mois de juin, que presque tous les fruits commençaient à prendre la forme allongée. Quant aux régimes du côté droit, leur configuration était déjà très-manifeste : elle était celle du Dattier.

Il me reste une opération à faire, qui consiste à féconder le *Chamærops humilis* par le pollen du *Phœnix* sans mélange avec celui du *Chamærops* mâle, et je la tenterai l'année prochaine. Mais je n'en augure pas grand'chose comme résultat.

J'aurai l'honneur de vous faire remarquer, en terminant cette note dans laquelle j'ai tâché surtout d'être très-clair, que, dans les deux cas de maturité des fruits, l'embryon s'est toujours montré très-bien formé, et que, déjà, chez MM. Huber frères, horticulteurs à Hyères et mes anciens jardiniers, les graines produites par hybridation ont parfaitement levé, et que celles de 1863 ont déjà plusieurs feuilles qui se sont annoncées semblables à celles du *Chamærops*. Je ne sais si plus tard elles affecteront une autre forme ; mais, si cela était, j'aurais le soin de vous en instruire, car le fait serait bien plus curieux, et mériterait d'être soumis à l'examen de la Société botanique de France.

J'ai l'honneur d'être, monsieur et savant cher collègue,

Votre très-humble et dévoué serviteur,

A. DENIS,
Ancien député du Var.

M. Eug. Fournier fait au Congrès la communication suivante :

SUR LES NOMS ANCIENS DU CYPRÈS,

Par **M. Eug. FOURNIER**,
Docteur ès sciences.

La botanique, qui touche à tant de sciences, touche encore par un côté peu exploré de son domaine à l'archéologie et à la philologie historiques, qui peuvent souvent lui venir en aide. On sait le bel usage que notre illustre président a fait des ressources combinées de ces diverses branches de nos connaissances pour étudier l'origine de certains types végétaux. Elles sont appelées à faire justice de beaucoup de légendes erronées qu'on trouve dans l'histoire des plantes le plus anciennement connues de l'homme, comme au début de toutes les manifestations de l'esprit humain : légendes dues à l'altération inconsciente du langage. On me permettra d'en soumettre ici quelques exemples à l'appréciation du Congrès, qui ne doit rester étranger à aucun des sujets où peuvent s'exercer les botanistes. Ces exemples sont empruntés à l'histoire d'un des arbres le plus anciennement connus du monde païen et surtout des races de l'Asie, le Cyprès pyramidal; cette histoire a été longuement développée par M. Lajard dans les *Recherches sur le culte du Cyprès pyramidal chez les peuples civilisés de l'antiquité* (1). M. Lajard n'a pas approfondi les questions étymologiques; mais nous renvoyons pour les détails archéologiques et historiques à son beau mémoire, qui nous a fourni des documents précieux.

Parmi les noms anciens du Cyprès, le plus connu, et par conséquent le premier qui se présente à notre esprit, est le grec κυπάριτίος, d'où dérivent presque tous les noms du même arbre dans l'Europe moderne. Une étymologie ridicule de κυπάριτίος ou κυπάρισσος a été donnée par les naturalistes de la Renaissance qui dérivent ce dernier terme de κύειν et de ππάρισος, ἀπὸ τοῦ κύειν ππαρίσους τοὺς ἀκρέμονας. Mais la forme attique κυπάριτίος éloigne le nom grec du Cyprès de ππάρισος et y fait au contraire ressortir le caractère d'un dérivé dont la forme première serait κύπαρος. Or ce terme existe dans la langue grecque avec deux sens assez différents : celui de vase servant de mesure, et de fleur de Pin. Dans le premier sens, il se rattache évidemment à la racine *kup*, au sanscr. कूप (*koupa*), gr. κύπη, d'où dérivent un grand nombre de termes dans les langues indo-européennes (2). Dans le second sens, un botaniste serait tenté de rattacher encore κύπαρος à la même racine, à cause de la forme concave des écailles du cône des Pins. Mais cette étymologie perd toute valeur, puisque la même racine a servi à désigner le Cyprès, dont les cônes diffèrent beaucoup par leur forme de ceux des Pins, et qui ne pouvait guère, aux yeux des peuples anciens, ressembler au Pin que par son odeur et son imputrescibilité. Or ces caractères communs sont parfaitement exprimés par la racine hébraïque כפר (KFR); et peu importe qu'un dérivé de cette racine ait désigné l'arbre lui-même ou sa fleur; plusieurs exemples, pris

---

(1) *Mémoires de l'Académie des Inscriptions et Belles-Lettres*, 1854, t. XX.
(2) Voy. Pictet, *Orig. indo-européennes*, II, 26.

chez les anciens comme chez les modernes, prouveraient au besoin que le végétal et sa fleur ont été dénommés d'une manière identique.

On a conjecturé indifféremment, comme racine de κύπαρος, l'hébreu כֹּפֶר (kopher) ou גֹּפֶר (gopher). M. Renan, dans son *Histoire comparée des langues sémitiques*, adopte cette dernière forme. La différence, il est vrai, est faible, puisque cet adoucissement d'une gutturale se rencontre fréquemment dans différents dialectes sémitiques. Cependant je crois que גֹּפֶר (gopher) doit être mis hors de cause. En effet, non-seulement la gutturale correspond moins exactement à celle du terme grec, mais encore גֹּפֶר (gopher) ne paraît qu'une fois dans la Bible, comme le nom de l'arbre dont Noé dut se servir pour construire l'arche, et n'est peut-être même pas un nom d'arbre, puisque les Septante l'ont traduit par ξύλα τετράγωνα (*ligna quadrangula*), et qu'un commentateur distingué, Hiller (*Hierophyticon*, p. 376), fait remarquer qu'en intervertissant l'ordre des deux dernières lettres hébraïques du mot *gopher* on obtient *goreph*, participe passé qui a le sens de *dedolatus*. En outre, il est à remarquer que tous les dérivés de la racine כפר (KFR) en hébreu comme dans les dialectes arabes, désignent des substances de nature bitumeuse ou résineuse, comme كَفْر (*qiffer*), bitume, كُفْر (*quouffre*), goudron avec lequel on calfate les navires, كَافُور (*quafour*), camphre, etc. De plus, le nom d'une autre plante, bien différente du Cyprès et en général des Conifères, mais balsamique et odoriférante comme eux, a été tiré de la même racine, celui du כֹּפֶר (*kopher*), κύπρος des Grecs, *Cypros* des latins, aujourd'hui nommé encore كَفْرَه (*kofreh*) dans un dialecte de la Nubie, d'après Delile, le Henné (حِنَّا) des Arabes, *Lawsonia alba* Lam. des Dotanistes, arbuste connu dès la plus haute antiquité pour ses divers usages (1), notamment dans la teinture et dans la pharmacie. Il en

(1) Ses fleurs étaient employées contre la migraine : τὸ δὲ ἄνθος ἐπιπλασθὲν τῷ μετώπῳ λεῖον μετ' ὄξους, κεφαλαλγίας παύει (Dioscoride, *l. c.*). C'est probablement pour cette raison que l'on s'en couronnait la tête pendant les repas, bien que Plutarque (*Sympos.* lib. III, 1) explique autrement cet usage : τὸ δὲ τῆς κύπρου ἄνθος... εἰς ὕπνον ἄλυπον ὑπάγει τοὺς πεπωκότας. — Κύπρου ἄνθος est rendu, dans la traduction de Ricard, par la fleur du Souchet, comme s'il y avait κυπείρου dans le texte grec. Le Souchet de la Grèce (*Cyperus olivaris* Targ.-Tozz.) est une plante dont la racine est en effet aromatique, mais dont la fleur est peu apparente, et dépourvue de parfum.

est parlé au *Cantique des cantiques*, I, v. 14, et IV, v. 13 ; et comme la détermination botanique du *Cypros* que je regarde comme certaine a été contredite par quelques auteurs (1), je suis heureux d'ajouter que mon opinion est partagée par M. l'abbé Bargès. C'était la même plante qui servait jadis d'aromate en Égypte pour embaumer les momies, et dont l'extrait est employé de nos jours dans l'Orient musulman pour teindre les ongles en rouge. En résumé, tout concourt à démontrer que κύπαρος, comme κύπρος, signifie végétal résineux.

Si je ne craignais d'allonger cette note, ce serait ici le cas d'insister sur l'origine d'un des noms de Vénus, Cypris, qui était adorée sous la forme d'un Cyprès [voy. Lajard, *l. c.* (2)]. Il y aurait lieu aussi de rechercher si l'on ne doit pas rattacher à la même étymo-

---

(1) Je désigne ici MM. Unger et Kotschy, qui, dans un ouvrage récent, intitulé : *Die Insel Cypern*, ont attribué au *Cistus creticus* le nom de *Cypros*. Tout est contre ce sentiment. Le *Cistus creticus* fournissait, il est vrai, un parfum, le ladanum ; mais la plante qui le donnait était appelée λήδα par les naturalistes grecs, ainsi que nous l'apprend Pline, *Hist. nat.* lib. XII, c. 37. Le passage où Dioscoride décrit le *Cypros* (c. CXXIV) contient des détails qui s'opposent absolument à cette interprétation, qui ferait sourire un botaniste. Les détails pharmaceutiques qu'il donne s'appliquent parfaitement au Henné, et il a soin d'indiquer que la plante est tirée des côtes de Syrie : en effet, elle n'a jamais été que cultivée dans l'île de Chypre, où aujourd'hui on en trouve à peine quelques pieds dans les jardins. Il est assez curieux d'ajouter ici que le Cypros a été rapproché par Pline du Troëne ou *Ligustrum*, avec lequel le Henné a en effet assez d'analogie extérieure, pour que Prosper Alpin, qui avait le coup d'œil d'un naturaliste, l'ait nommé *Ligustrum nigrum* in *Hist. Æg. natur.* lib. II, cap. v, p. 125, et *De plant. exot.* cap. II, p. 159. Pline, après avoir décrit le *Cypros*, ajoute (*Hist. nat.* lib. XII, cap. 54) : « Quidam hanc esse dicunt arborem quæ in Italia Ligustrum vocetur ; » et plus loin (lib. XXIV, c. 45), insistant sur les propriétés médicinales du *Cypros*, il dit encore : « Ligustrum, si eadem est quæ in Oriente Cypros » (d'après les meilleures éditions). Galien (*De simpl. medic.* lib. VII) s'exprime ainsi : « Cypri seu Ligustri folia. » Cette identification erronée explique divers passages jusqu'ici peu intelligibles des auteurs latins, où le mot *Ligustrum* désigne une plante balsamique et odoriférante qui n'est autre que le Henné, notamment le passage suivant de Columelle (lib. X, v. 300 à 302) :

« Fer calathis Violam, et nigro permixta Ligustro
» Balsama cum Casia nectens, croceosque corymbos,
» Sparge mero Bacchi ; nam Bacchus condit odores. »

Ces considérations expliquent surabondamment l'erreur où sont tombés les lexicographes qui traduisent *Cypros* par *Troëne*, et *Cyprinum* par *huile de Troëne*, erreur dont aurait dû préserver la lecture de Belon (obs. II, c. 54).

(2) L'hypothèse étymologique proposée par M. Lajard est assez probable pour que l'on sourie en lisant dans le *Flora mythologica* de Dierbach (p. 5) que si les flèches de l'Amour étaient en bois de Cyprès, c'est parce que peu de flèches ont causé plus de deuils et de regrets que celles du jeune dieu. Sur les faces d'un autel palmyrénien observé à Rome, où Bottari (*Mus. capitol.* t. IV, pp. 77-86) conjecture qu'il avait été apporté par l'empereur Aurélien, autel que M. Lajard a décrit avec le plus grand soin, on observe un grand Cyprès pyramidal, chargé de ses fruits globuleux, des flancs duquel naît l'Amour,

logie le nom de l'île de Chypre, où abondent et surtout abondaient
les Cyprès dans l'antiquité (Virg. *Géorg.* II, 84), et où était particulièrement adorée la déesse Cypris. Carl Ritter (*Die Erdkunde*,
XII, pp. 577, 578) a pensé que Chypre signifie l'île des Cyprès.
Il est certain que les Phéniciens, qui la peuplèrent de bonne heure,
durent en tirer des bois pour leurs constructions navales, et l'on sait
d'autre part qu'avant leur établissement à Chypre cette île portait
d'autres noms (Isocrate, *Éloge d'Évagoras*, et Pline, *l. c.*, V, 35).
D'ailleurs Hérodote (I, 105) et Pausanias (I, 14, 6) attestent que
les Phéniciens ont importé à Chypre le culte de Vénus. Ce peu de
mots suffit pour infirmer les conjectures qui dérivent le nom du
Cyprès de celui de l'île de Chypre (Ali Bei, *Travels*, etc. I, 265).

Nous venons d'examiner la racine qui a fourni le nom du Cyprès
dans les pays aujourd'hui chrétiens. Il est remarquable que ce ne soit
pas la même racine qui ait servi à dénommer le même arbre dans les
langues sémitiques. D'après Ursinus (*Arboretum biblicum*, p. 128),
ce terme est תִּירְצָה (*thirzah*), arbre d'une longue durée, odorant,
avec lequel on construisait les images des divinités (Ésaï, cap. 44,
v. 14). Si, comme on l'a soutenu, les thyrses des Bacchantes étaient
en bois de Cyprès, on aurait dans le grec θύρσος la transcription
du terme hébraïque et la confirmation du sens qui lui est attribué ici.

Il existe dans Avicenne un terme Scerbin, Serbin ou Xerbin dont
il dit (éd. lat. *Venet.* 1795, II, p. 400, cap. 675) : et hæc
quidem arbor est de genere Pini, et habet *fructum similem fructui
cupressi*, sed est minor eo, etc. Le sens de ce terme a été discuté
par les commentateurs ; il me semble qu'il est indubitablement fixé
par le terme arabe actuel : سرو (*serou, serv*), qui a passé sous une
forme légèrement altérée en persan et en turc, et qui désigne le
Cyprès (1). En effet, d'après M. Kotschy (*Der Libanon und seine
Alpenflora*, in *Verhandlungen der K. K. zool.-bot. Gesellschaft
in Wien*, 1864, pp. 733-768), le *Cupressus horizontalis* se nomme
en Syrie *Scherebin*, et le *Cupressus pyramidalis*, *Scherebin aali*.

Comme سرو signifie également prince, majesté et élévation de terrain, c'est évidemment à la racine hébraïque שר (sr) qu'il faut
rattacher ce terme.

Si ces interprétations sont exactes, elles font rejeter l'opinion de

(1) La station persane où sont plantés des Cyprès près de Schiraz, porte le nom de
Servistan, le jardin des Cyprès.

M. l'abbé Lanci (*Paralipomeni*, p. 57), et celle de M. Lajard, qui rattachent *serv* (comme le *gopher* des Hébreux) à une racine signifiant engendrer. M. Lajard a été entraîné là par ses idées sur le culte de Cypris.

Dans le groupe de langues qui nous occupe, quelques termes ont été faussement attribués au Cyprès par différents auteurs. De ce nombre est le persan شمشاد (*chemsad*), qui se retrouve dans les termes arabes شمسير (*chemsyr*), چمسير (*tchemsyr*), شمسان (*chemsàn*) ; tous ces termes, d'après les meilleurs Dictionnaires, désignent le Buis, *Buxus sempervirens*. De ce nombre est encore le terme biblique צרצר (*harhar*), que M. Encontre (*Additions à la Flore biblique de Sprengel*, p. 14, dans les *Bulletins de la Société des sciences, lettres et arts de Montpellier*) attribue également au Cyprès. Il n'est guère douteux qu'il n'appartienne à quelqu'une des grandes espèces de *Juniperus* qui croissent en Syrie, car les termes arabes عرعر (*a'ra'r*), عرعار (*a'ra'ar*), désignent clairement le Génévrier ou le genièvre. Plaçons encore dans la même catégorie un terme de l'ancienne langue arménienne, *sôs*, qui se trouve dans Moïse de Khorène (*Hist. armen.* I, XV, xix, éd. Whitston), et qui a été traduit tantôt par Cyprès tantôt par Platane, ce qui prouve qu'on n'est pas bien certain du sens spécial de ce nom d'arbre. Or, c'est le terme de Sosna qui dans plusieurs langues slaves désigne le Pin (cocha en russe) ; le nom arménien actuel du Pin, սօճի (*sôdji*), paraît dérivé du terme ancien. Toute cette classe de termes, comme un grand nombre de ceux qui sont communs aux arbres résineux, se rattache à la racine sanscrite शुष् (*souch*), brûler. J'aurai peut-être occasion de revenir sur ces termes dans un autre travail. Mais je dois faire remarquer dès à présent qu'en infirmant le sens attribué par certains traducteurs au terme arménien, je réprouve également l'hypothèse de M. de Saulcy, qui dans sa *Chronologie biblique des empires de Ninive, de Babylone et d'Ecbatane*, pense que le nom du roi assyrien Saos-dou-Khin signifie *le gracieux Cyprès*. Cette interprétation offre un sens bien étrange ; mais ne l'est-il pas davantage de rassembler dans un seul nom des racines sémitiques et une racine sanscrite ? Plusieurs étymologistes ont vu dans le nom de princes anciens de la Perse celui du Cyprès ; il ne faut pas oublier ce que nous avons dit

plus haut du terme arabe *serv*, qui signifie en même temps Cyprès
et majesté.

Enfin l'hébreu בְרוֹתִים (*berôthîm*), qui désigne le Cyprès d'après
certains traducteurs des Écritures, n'a probablement pas ce sens.
C'est sans doute l'arbre nommé βράθυ par les Grecs, et que
Dioscoride (chap. CIV) et Pline (lib. XXIV, c. 61) nous disent
être l'*herba sabina* des Romains. Dioscoride en distingue deux
espèces : l'une est assez caractérisée dans son texte, par son aspect
et ses propriétés, pour être rapportée à la Sabine, *Juniperus
Sabina*. L'autre, qui n'en diffère que par les feuilles, et qui est employée, selon l'auteur grec, aux mêmes usages, est peut-être
une espèce du même genre. D'ailleurs le terme hébreu que nous
étudions ne paraît qu'une fois dans la Bible (Cant. I, 17), pour
désigner le bois qui formait les lambris. Quand le psalmiste veut
désigner les grands arbres du Liban (Ézéchiel, c. 31, v. 8; Ésaï,
c. 37, v. 24; c. 14, v. 8; Zach. c. 11, v. 2), il se sert de l'expression בְרוֹש (*berôsch*). Les deux pourraient être assimilées, en rappelant combien est fréquente la conversion du שׁ en תּ dans certains
dialectes sémitiques; Aben-Esra n'y a pas manqué; mais on ne
peut admettre, vu le sens des passages cités, que בְרוֹש ait désigné
un arbre tronqué et bas de formes comme le *Juniperus Sabina*.
Sans doute ce n'est pas le Cèdre, comme l'a cru Olaüs Celsius
(*Hierobotanicon*, p. 74), rectifié sur ce point par Trew (*Apologia
et mantissa observationis de Cedro Libani*), et Loiseleur-Deslong-
champs (*Histoire du Cèdre du Liban*). Il est probable que le terme
hébreu désigne le Sapin. Il a été généralement traduit par *Abies*
dans la Vulgate. Il est mis en parallèle avec le Cèdre par le psalmiste;
et cela convient mieux au Sapin, pour sa taille et pour son port,
qu'au Cyprès. Ce qui empêche d'acquérir ici une certitude philo-
logique, c'est qu'on ne retrouve pas de dérivé de *berôsch* dans les
dialectes arabes. Cependant, d'après Ursinus (*Arboretum biblicum*,
p. 270), les Sapins sont nommés dans le Thargum *Berazin*.

Les termes qui nous restent à examiner témoignent combien la
longévité du Cyprès avait frappé les populations anciennes. En bas-
breton, d'après M. Lajard, cet arbre est nommé *hivi* ou *ivi*. C'est
le mot qui dans plusieurs langues européennes a passé à l'If, en
vieux français *euves*, ancien allemand *Iwa*, qu'il faut rapprocher
du latin *ævum* et du grec αἰών. Rien n'est plus naturel que de tirer

de leur longévité les noms d'arbres tels que le Cyprès, l'If et d'autres Conifères. Pour le Cyprès, cela est d'autant plus plausible que cet arbre a été dans la plus haute antiquité l'objet d'une vénération particulière, et que sa durée devait être d'autant plus remarquée. Le culte dont le Cyprès a été honoré chez les peuples les plus divers, aussi bien au Mexique qu'en Perse, a été commenté longuement par M. Lajard, et je n'y insisterais pas, s'il ne nous fournissait l'explication des deux derniers termes dont il me reste à entretenir le Congrès, le sanscrit *dévadarou* et le persan *div-dar*.

Le terme sanscrit देवदरु (*dêvadarou*) a été appliqué par Roxburgh au *Cedrus Deodara*, qui l'a gardé, bien que légèrement altéré, dans tous les livres de botanique. D'après M. Lajard, ce terme désigne également le Cyprès. Dans la matière médicale indienne d'Ainslie, on ne trouve pas ce nom pour le Cyprès, mais dans un mémoire publié dans les *Transactions de la Société botanique d'Édimbourg*, vol. VIII, part. 1, p. 77, par M. H. Cleghorn, surintendant du jardin botanique de Calcutta, et intitulé *Principal plants of the Sutlej valley*, mémoire où l'auteur a soigneusement mentionné les noms indigènes, on trouve *Deodara* pour le nom indigène du *Cupressus torulosa*. Pour le *Cedrus Deodara*, le nom indigène est *Kelu*. L'auteur ajoute « properly *dewa-daru* », mais probablement d'après l'indication antérieure de Roxburgh. Il suffit au philologue de savoir que le Cyprès a été nommé en Perse *div-dar*, pour trancher au besoin une incertitude qui n'existe pas d'ailleurs après la citation de M. Cleghorn. Il est vrai que le *Cupressus torulosa* n'est pas le *C. pyramidalis* de l'Asie occidentale et de la Perse en particulier, mais il ne serait pas sensé de supposer que les populations anciennes aient tenu compte, pour dénommer les végétaux, de certaines différences étudiées minutieusement par les procédés de l'analyse scientifique actuelle. Nous pouvons donc légitimement reconnaître au Cyprès le nom de देवदरु (*dêvadarou*), arbre divin, arbre sacré. Dans les Védas, l'arbre ainsi nommé est en effet présenté comme l'objet d'un culte particulier, auquel s'associe celui de plusieurs personnages mythologiques, très-analogues aux faunes, aux Dryades et aux Hamadryades. Il est fort remarquable que le seul nom d'un arbre nous conduise à l'origine des premières superstitions de la race indo-européenne, et nous prouve le culte qu'on rendait au Cyprès dès les périodes préhistoriques, culte qui s'est conservé longtemps, et dont les traces se retrouvent encore dans nos cimetières. Pline nous apprend (lib. XVI, cap. xxxiii) que le Cyprès « Diti sacra fuit, et ideo funebri signo ad domos posita ». Il faut évidemment voir dans l'institution et même dans le nom des Druides une preuve de la persistance du culte de l'arbre (*darou*). Les peuplades indo-européennes, après leur séparation, ont adressé leur culte chacune à l'arbre qui dominait dans le pays qu'elles habitaient ; pour celles qui pénétrèrent dans le centre de l'Europe, le Chêne remplaça le Cyprès de l'Asie. Dans le Liban, c'est pour le Cèdre que les Maronites professent un respect religieux.

Comme nous le disions tout à l'heure, le terme sanscrit a passé dans la langue persane, mais comme un simple surnom, qui n'a plus été bien compris. En zend, le nom de l'arbre est *urvara* (auquel on a voulu rattacher le latin *arbor*). Le terme de देव : (*dêvas*), par lequel les Indo-Aryas désignaient cette foule de demi-dieux répudiés par le monothéisme des Iraniens, ne fut plus pris par ceux-ci qu'en mauvaise part, comme il en fut plus tard des δαίμονες des Grecs, qui devinrent les démons du christianisme. D'ailleurs il s'est rencontré un fait singulier : *div-dar*, bien qu'évidemment dérivant par altération du sanscrit *dêvadarou*, s'est trouvé signifier, en persan, *qui garde les dîvs*. Aussi lit-on dans l'*Avesta* que Zoroastre avait planté des Cyprès sacrés, que leurs sites étaient devenus autant de buts de pèlerinage, qu'un temple construit autour de l'un de ces arbres était devenu semblable au Paradis, et que Zoroastre y avait enchaîné les *dîvs*. Le terme primitif n'étant plus compris, avait fait naître une légende.

M. de Geleznow, vice-président, fait au Congrès la communication suivante : *Sur le mouvement des branches occasionné par les variations de température* (1).

M. de Candolle demande si l'influence attribuée par M. de Geleznow à la température ne devrait pas l'être en partie à l'humidité atmosphérique.

M. de Geleznow répond que l'humidité de l'air ne lui paraît pas exercer d'influence appréciable sur ce phénomène. Cela lui semble résulter des observations hygrométriques qu'il a faites.

---

(1) Au moment du tirage de cette feuille (30 octobre 1867), le manuscrit de cette communication n'était pas encore parvenu au secrétaire chargé de la publication des *Actes du Congrès*.

Il a eu soin, d'ailleurs, d'éloigner tout dépôt d'humidité de la surface des branches qu'il observait.

M. J.-E. Planchon recherche s'il n'en serait pas de l'abaissement des branches des arbres comme de celui des hampes des plantes herbacées qui s'inclinent vers le sol après la gelée, et si le phénomène ne serait pas dû dans les deux cas à ce que ces organes perdent du liquide sous l'influence de la gelée.

M. de Geleznow fait observer que si les hampes des Jacinthes, lorsqu'elles subissent les effets de la gelée, s'inclinent en devenant demi-transparentes, pour ne se relever que quand la gelée ne se fait plus sentir, elles ne perdent pas leur élasticité dans ce phénomène, tandis que les branches des arbres gelées, si elles deviennent plus cassantes, ne perdent pas cependant cette élasticité, ce dont on peut s'assurer en les faisant osciller.

M. Éd. Morren dit que les recherches de M. de Geleznow, comme celles que fait presque simultanément à Kœnigsberg M. Caspary, lui rappellent celles de Dutrochet. Il y a, dit-il, analogie complète entre les plantes sensitives, chez lesquelles l'excision d'une partie du bourrelet axillaire déterminait une inclinaison spéciale et permanente de la branche, et les arbres observés par M. de Geleznow. Peut-être le rameau ligneux ne s'abaisserait-il plus si l'on enlevait la portion ligneuse supérieure, et ne s'élèverait-il plus dans le cas contraire. — Abordant un point différent, M. Morren demande à M. de Geleznow si les plantes peuvent résister aux effets d'une congélation intense, comme celle qu'observent fréquemment les naturalistes russes.

M. de Geleznow répond qu'il n'a pas fait d'expériences pour savoir si le mouvement des branches et celui des pétioles des plantes sensitives sont produits par la même cause. Quant à la congélation des sucs des arbres, il est sûr qu'elle n'en occasionne pas ordinairement la mort. Dans un mémoire sur le développement des bourgeons pendant l'hiver, il a constaté, comme l'a fait également M. Gœppert avant lui, que les sucs des arbres sont complétement gelés pendant l'hiver, et que dans cet état le bois est difficile à entamer par la hache, mais qu'au retour du printemps les arbres rentrent dans les conditions biologiques ordinaires.

M. Gubler est disposé à attribuer l'abaissement des rameaux ligneux à la dilatation des sucs aqueux renfermés dans leur tissu, qui augmentent de volume quand la température descend au-dessous de 4 degrés. L'exception présentée par les Conifères n'est qu'apparente, car dans leur tissu ce n'est plus seulement de l'eau qu'on rencontre, mais aussi une matière résineuse qui, au-dessous du maximum de densité de l'eau, continue à se contracter. Tout au moins observe-t-on alors, dans l'écartement du rameau, la résultante de deux effets contraires, dont l'un, la contraction, l'emporte sur l'autre.

M. de Geleznow reconnaît également que ce phénomène dépend moins des propriétés des tissus des branches que de celles des liquides et des gaz qu'ils renferment; mais l'explication des faits observés par la dilatation de l'eau et la contraction des résines ne lui paraît pas démontrée, et est encore aujourd'hui prématurée. Le phénomène, dit-il, est fort compliqué, et pour parvenir à en trouver une explication claire, il est nécessaire d'étudier les propriétés du bois frais.

M. Balansa compare le rameau ligneux qui s'infléchit, pourvu de son canal médullaire, à un tube métallique rempli de liquide, qui se courbe quand son contenu se contracte.

M. de Geleznow fait observer que ce n'est pas par sa masse trop petite, par rapport à celle de la branche, que le canal médullaire exerce la plus grande influence, mais par sa position entre des couches annuelles douées de propriétés différentes.

M. Cosson demande s'il faut de grandes variations de température pour déplacer les branches. Il rappelle que, d'après les travaux de Becquerel, celles-ci n'acquièrent que lentement la température de l'air.

M. de Geleznow répond que le moindre changement de température occasionne dans les branches un changement de direction, partant un mouvement appréciable. Il reconnaît que la conductibilité du bois frais pour la chaleur a une influence notable sur ce mouvement; il dit qu'à longueur égale les jeunes branches sont beaucoup plus sensibles que les branches âgées aux variations de température.

M. Laisné fait remarquer que l'explication fondée sur l'augmentation de volume de l'eau n'est pas suffisante, parce que ce liquide, après s'être dilaté en tombant au-dessous de son maximum de densité jusqu'à zéro, se contracte ensuite à partir de ce point à l'état de glace, et que les branches s'abaissent de plus en plus à mesure que le froid augmente, loin d'être réglées, quant à leurs mouvements, par les changements de densité du liquide.

M. Gubler objecte que la congélation se fait insensiblement, des couches superficielles aux couches profondes de la branche; de là vient qu'un froid toujours croissant amène un abaissement toujours croissant.

M. Laisné répond que M. de Geleznow a parlé, dans sa communication, de branches longues de 1 à 7 mètres, et que les branches d'un mètre ne peuvent pas être assez grosses pour qu'on admette l'hypothèse de M. Gubler.

M. de Geleznow ajoute que les branches les plus faibles sont précisément les plus sensibles à l'action de la température.

M. André Famintzin, secrétaire, fait au Congrès une communication *Sur l'action que la lumière exerce sur les plantes, notamment dans le développement du* Spirogyra (1).

---

(1) Ce mémoire, dont M. Famintzin n'a pas laissé le manuscrit au secrétariat du Congrès, a été publié par lui (en allemand) dans les *Bulletins de l'Académie impériale de Saint-Pétersbourg*, t. x, p. 1.

SÉANCES DES 19, 21 ET 23 AOUT.

Discussion des Lois de la Nomenclature botanique.

PRÉSIDENCE DE M. DU MORTIER, VICE-PRÉSIDENT.

M. Du Mortier exprime au Congrès combien il est fier de présider une réunion aussi nombreuse, composée de savants autorisés, appelés à donner leur avis sur les questions importantes qui vont leur être soumises.

M. le Président explique ensuite au Congrès que la commission nommée dans la première séance a terminé ses travaux, et nommé pour son rapporteur M. de Candolle.

M. de Candolle donne lecture du rapport suivant :

Messieurs,

Vous avez renvoyé à une Commission le recueil des *Lois de la Nomenclature botanique* dont j'ai eu l'honneur de vous présenter le projet (1).

Cette Commission, qui s'est livrée à un travail attentif, article par article, dans quatre séances distinctes, était composée de MM. Du Mortier, Weddell, Cosson, J.-E. Planchon, Eichler, Bureau et de Candolle, c'est-à-dire de botanistes appartenant à la France, à l'Angleterre, à l'Allemagne, à la Belgique et à la Suisse, et pouvant ainsi représenter les tendances et les habitudes des descripteurs de divers pays (2).

Nous avons eu la satisfaction de nous trouver d'accord sur la grande majorité des articles, et, ce qui est plus important, sur les principes fondamentaux en pareille matière, notamment sur la loi

______

(1) *Lois de la Nomenclature botanique*, br. in-8°, Genève, 1867, contenant une introduction historique, les lois proposées et un commentaire détaillé. Dans ce moment (novembre 1867), M. de Candolle publie une nouvelle édition de cette brochure, modifiée d'après les décisions du Congrès. Elle paraît en français (chez J.-B. Baillière et fils, à Paris), en allemand (chez Georg, à Bâle et Genève), et en anglais (chez Lovell Reeve et Cie, à Londres). (*Note ajoutée pendant l'impression.*)

(2) M. Boreau et Andersson avaient été désignés pour être membres de la commission ; on les avait crus arrivés à Paris, malheureusement ils ne le sont pas encore, ce qui nous a privés de leur concours.

de priorité, qui est la base la plus solide de toute nomenclature. Lorsqu'il s'est manifesté parmi nous une différence d'opinion, nous avons cru que la meilleure solution était, en général, de préciser moins et de laisser plus de liberté à chaque auteur. On peut espérer, en effet, que la marche de la science et la pratique amèneront tels ou tels usages, telles ou telles règles, dont la nécessité n'est pas évidente aujourd'hui, du moins pour tout le monde. Comme il ne peut pas être question dans les sciences d'obliger qui que ce soit à adopter une certaine méthode, la liberté des opinions doit toujours être respectée, et il vaut mieux laisser un peu de vague dans certaines dispositions que d'insister sur des règles contestées.

La Commission a pensé, comme le rédacteur du projet, qu'il fallait exposer clairement les usages suivis par les botanistes, plutôt que de proposer des innovations qui ne seraient peut-être pas adoptées. De là certaines lacunes ou défectuosités apparentes dans le projet. Par exemple, nous avons reconnu que l'assimilation faite par les botanistes des mots *ordre* et *famille*, les prive d'un moyen usité en zoologie pour établir un degré de plus dans la hiérarchie des groupes. Si le mot *ordre*, dans la plupart des ouvrages de botanique, exprimait un groupe supérieur aux familles, notre nomenclature serait plus en harmonie avec celle des zoologistes, et nous n'aurions pas besoin d'introduire un nom nouveau tel que *cohorte;* mais il nous a paru que l'usage de traduire famille par *ordo* est trop ancien, trop général en France et en Allemagne, trop établi dans les livres, pour qu'on puisse s'en éloigner maintenant. Il y a des usages qui s'imposent par leur ancienneté et leur généralité. S'ils ne sont pas toujours parfaitement logiques, ils ont au moins l'avantage d'être compris par tout le monde.

A l'occasion de chaque article, nous indiquerons si la Commission l'a accepté tel quel ou si elle vous propose un amendement.

La discussion amènera sans doute des amendements. Elle pourra être terminée par un vote d'ensemble, portant simplement que l'assemblée recommande le recueil tel qu'elle l'a amendé comme la meilleure direction à suivre dans la nomenclature botanique.

L'assemblée passe à l'examen des articles. M. le rapporteur en donne successivement lecture, ainsi que des amendements proposés par la Commission ; après quoi la discussion est ouverte et ils sont mis aux voix par M. le Président.

L'article 1 est adopté sans discussion (1).

ART. 2. — Les règles de la nomenclature ne peuvent être ni arbitraires ni imposées. Elles doivent être basées sur des motifs assez clairs et assez forts pour que chacun les comprenne et les accepte.

La commission propose de remplacer les deux derniers mots par :

soit disposé à les accepter.

Cette modification est adoptée.

ART. 3, § 3. — Les autres considérations, telles que la correction grammaticale absolue, la régularité ou l'euphonie des noms, un usage plus ou moins répandu, les égards pour des personnes, etc., sont relativement accessoires.

La commission propose l'addition suivante :

Les égards pour des personnes, etc., *malgré leur importance incontestable*, sont relativement accessoires.

Cette modification est adoptée.

ART. 6. — Les noms scientifiques sont en langue latine. Quand on les tire d'une autre langue, ils prennent des désinences latines. Si on les traduit dans une langue moderne, on cherche à leur conserver le plus possible une ressemblance avec les noms originaux latins.

La commission propose la modification suivante :

Les noms scientifiques sont en langue latine. Quand on les tire d'une autre langue, ils prennent des désinences latines, *à moins d'exceptions consacrées par l'usage*, etc.

M. le professeur Karl Koch (2) présente les observations suivantes :

En général, on aime à donner aux plantes des noms grecs avec des désinences latines. Je préfère toujours qu'on les tire de la langue grecque, parce qu'ils sont alors plus euphoniques. Les Romains eux-mêmes nous ont donné l'exemple à cet égard, et ont préféré

____

(1) Pour abréger le texte de cette discussion, on a cru convenable de ne pas y rapporter celui des articles qui ont été adoptés sans modifications, et qu'on trouvera plus loin dans les *Lois de la Nomenclature*.

(2) M. le professeur Koch avait proposé, à Londres, qu'un congrès s'occupât des questions de nomenclature. Cette circonstance le désignait naturellement pour être membre de la Commission, mais, au moment de la nomination de cette Commission, M. Koch n'était pas encore arrivé à Paris.

tirer de la langue hellénique les dénominations nouvelles dont ils avaient besoin.

M. P. Sagot demande s'il est bon d'ajouter des désinences latines à des noms indigènes tels qu'en fournissent les îles de l'Océanie pour former des noms spécifiques.

M. de Candolle répond qu'en rédigeant l'article 6 il a surtout songé aux dénominations génériques, et que d'ailleurs ce point sera mieux discuté au sujet de l'article 28.

La modification proposée par la commission est adoptée.

ART. 8. — Tout individu végétal appartient à une espèce (*species*), toute espèce à un genre (*genus*), tout genre à une famille (*ordo, familia*), toute famille à une cohorte (*cohors*), toute cohorte à une classe (*classis*).

M. Cosson demande que l'on rejette complétement le mot *familia*, qui, à cause de son véritable sens latin, devrait, dans les associations de groupes, être placé au-dessous de *tribus*, comme l'a fait M. Schimper.

On décide cependant de conserver ce mot, comme étant le corrélatif latin d'un terme généralement usité, surtout en français et en allemand.

ART. 10. — Enfin, comme la complication des faits conduit souvent à distinguer des groupes intermédiaires plus nombreux, on peut créer par le moyen de la syllabe sous (*sub*), mise avant un nom de groupe, des subdivisions de ce groupe, de telle manière que sous-famille (*subordo*) exprime un groupe entre une famille et une tribu, sous-tribu (*subtribus*), un groupe entre une tribu et un genre, etc. L'ensemble des groupes subordonnés peut ainsi s'élever, pour les plantes spontanées seulement, jusqu'à 18 degrés dans l'ordre suivant :

Regnum vegetabile.
  Classis.
    Subclassis.
      Cohors.
        Subcohors.
          Ordo (gallice : *Famille.*)
            Subordo (gall. : *Sous-famille.*)
              Tribus.
                Subtribus.
                  Genus.
                    Subgenus.
                      Sectio.
                        Subsectio.
                          Species.
                            Subspecies (vel Proles, gall. : *Race*).
                              Varietas.
                                Subvarietas.
                                  Variatio.
                                    Subvariatio.
                                      Planta.

La commission propose d'ajouter, après *regnum vegetabile*, deux degrés de plus, sous les noms de *divisio* et *subdivisio;* et de modifier en conséquence la fin du paragraphe, en écrivant : *jusqu'à* 20 *degrés dans l'ordre suivant.*

M. J.-E. Planchon et de Schœnefeld font observer que le règne végétal n'étant qu'une des deux parties du règne organique, il conviendrait peut-être de dire *subregnum vegetabile.*

M. de Candolle développe l'amendement proposé par la commission, en faisant remarquer que dans le tableau les degrés supérieurs ne sont pas assez nombreux pour répondre aux groupes généralement admis. La Commission, dit-il, a cherché un mot latin correspondant au mot français embranchement, employé par les zoologistes. Elle n'en a pas trouvé de meilleur que *divisio*, duquel on peut tirer aisément *subdivisio* pour l'indication d'un degré inférieur.

La modification proposée par la Commission est adoptée.

Une grande discussion s'engage sur la convenance de nommer, à l'exemple d'Endlicher, *cohors*, le groupe superposé aux familles et appelé par Lindley *alliance*. Plusieurs membres proposent de donner à ce groupe le nom d'*ordo*, réservant celui de *familia* pour le groupe nommé *ordo* dans le projet.

M. de Candolle dit, que s'il a préféré le mot *cohors*, et si la majorité de la Commission a partagé son opinion, c'est : 1° parce que le mot *ordo* a été pris généralement, par les botanistes, comme l'équivalent latin du mot français *famille* et, 2° à cause de l'usage introduit par plusieurs auteurs d'appeler d'un nom nouveau tel que *cohors, alliance*, etc., les associations de familles.

M. Du Mortier et M. J.-E. Planchon font leurs réserves sur la convenance d'adopter le mot *cohors*.

M. Du Mortier demande à l'Assemblée l'autorisation d'exprimer son avis, au moyen d'une note écrite, sur l'article en discussion, qui lui paraît un des plus graves du projet puisqu'il touche à une question de classification.

L'idée des familles des plantes appartient, dit-il, à l'école française, et c'est son plus beau titre de gloire; c'est Magnol, c'est Adanson, qui les premiers ont employé ce mot pour désigner les groupes formés de plantes-sœurs. Linné, au contraire, dans la formation de ses essais de classification naturelle, se servit du mot d'*ordre* qui, dans son système sexuel, représentait le second degré de classification.

Cet exemple fut suivi par Bernard de Jussieu et par son neveu, dans un immortel ouvrage, le *Genera plantarum*, où toujours le mot d'*ordre* formait une subdivision des classes. Antoine-Laurent de Jussieu répartissait le règne végétal en *quinze* classes, comprenant cent ordres.

Par là, il avait réalisé ce point que Linné regardait comme inexécutable, la classification naturelle du règne végétal, et mérité le titre de *magnus Apollo* de la botanique promis par Linné à celui qui découvrirait le système des familles naturelles.

Malheureusement l'insertion des étamines constituait une base souvent vicieuse et prêtant à de nombreuses exceptions, surtout dans les Monocotylées et dans les Apétales. Au lieu de chercher une base systématique nouvelle, propre à améliorer la synthèse végétale, Robert Brown entreprit une révolution suivant moi bien malheureuse, en anéantissant les classes, c'est-à-dire la synthèse de la botanique. Pour lui, il n'y eut plus que des familles. Là est l'origine de la confusion qui a régné dans la botanique depuis cette époque, car une science sans synthèse est un corps sans âme.

A partir de ce moment, on voit se former deux courants, le courant français et le courant germanique. Dans l'école française, De Candolle, Loiseleur, Ach. Richard, etc., cherchent à ramener la science à la synthèse, par l'étude des organes floraux, tandis qu'en Suède, en Allemagne et en Angleterre, une direction nouvelle est imprimée, consistant à former les classes non plus au moyen de la fleur, mais en les basant sur les organes endospermiques.

Batsch est le premier qui entreprit de former ces groupes dans sa *Tabula affinitatum regni vegetabilis ;* après lui vint Agardh dans ses *Aphorismi botanici* et ses *Classes plantarum*, puis Reichenbach dans son *Conspectus regni vegetabilis*, Bartling dans ses *Ordines plantarum*, Lindley, Martius, Endlicher, etc., etc. Pour les uns, ces groupes substitués aux classes de Jussieu prennent le nom de classes, pour les autres, celui d'alliance ou de cohorte. Mais ce qui est commun à tous, c'est la suppression de l'unité scientifique et par là de la synthèse, puis la substitution des caractères endospermiques aux caractères floraux.

Est-ce là un progrès ? dans mon opinion c'est un regrettable recul. En effet, l'étude approfondie des graines démontre que celles-ci contiennent cent fois plus d'exceptions que les organes floraux. Ajoutez à cela la difficulté que présente l'étude des petites graines, étude presque rebutante pour celui qui veut étudier la botanique, et vous serez en droit de vous demander si, en voulant être trop savant, on n'est pas devenu erroné et obscur ; si l'on n'arrive pas par là à substituer à une science aimable, une science ingrate et d'une extrême difficulté pratique. L'avenir de la science n'est pas là ; il consiste à rechercher une base de classification meilleure que l'insertion des étamines, de manière à reconstituer la synthèse végétale qui aujourd'hui fait complétement défaut. Bien évidemment, les propositions soumises au Congrès ne peuvent avoir pour but d'enchaîner la science sur une matière aussi importante. Chacun donc sera libre d'employer toutes les divisions indiquées, ou d'en abandonner quelques-unes.

Mais doit-on supprimer le mot de famille (*familia*) comme le propose la majorité de la Commission ? Il m'est impossible de partager cet avis. D'une part, le nom de plantes-sœurs est tellement heureux, tellement poétique ; il représente si bien l'association naturelle, que créé par l'école française, il a été admis par le monde entier, sinon dans les textes descriptifs, du moins dans les textes narratifs de tous les auteurs.

Le mot d'ordre, dont la plupart des écrivains se servent en latin pour indiquer les familles des plantes, représente d'ailleurs une idée fausse, puisque, sauf les monotypes, ces ordres n'ont plus rien de commun avec ceux de Jussieu.

Les ordres de Jussieu, ce sont les cohortes de l'école germanique, les alliances de l'école anglaise, et pour ces écoles les ordres sont presque toujours les tribus ou les subdivisions des ordres de Jussieu. Il serait donc logique de réserver le mot d' « *ordre* » à ces dernières divisions, et d'appliquer celui de « *famille* » aux subdivisions des ordres de Jussieu.

Notre savant confrère M. J.-E. Planchon a fait remarquer avec raison à la Commission qu'en agissant de la sorte on aurait l'avantage d'adopter en botanique la même marche qu'en zoologie.

En résumé, le mot de « *famille* », qui est la poésie de la science, ne me paraît pas devoir être supprimé de notre programme. Le progrès de la science ne consiste pas dans les chaînes, mais dans la liberté. Laissons à chacun le droit de se servir du mot si poétique de *familles* de plantes ; pour moi, je vous assure que je ne saurais me décider à le sacrifier.

M. J.-E. Planchon présente les observations suivantes :

A l'occasion du mot *alliance*, proposé par feu le docteur Lindley pour désigner certains groupes de familles végétales, il exprime le regret de voir se perpétuer, entre les zoologistes et les botanistes, une discordance sur la valeur des mots *ordre* et *famille*. *Ordo*, pour les botanistes actuels, est à peu près exactement la traduction latine du français *famille*. Pour les zoologistes qui suivent plus ou moins Cuvier, *ordre* est un groupe de *familles*. Comment faire cesser ce désaccord entre deux branches parfaitement parallèles de l'histoire naturelle ? Peut-être en adoptant en botanique le mot *ordre* (et de forme latine *ordo*) dans le même sens que les zoologistes, c'est-à-dire comme un degré hiérarchique supérieur à nos familles végétales actuelles. Adopter ce mot *ordre* (comme équivalent d'*alliance*) serait peut-être revenir ou à peu près au sens qu'il a sous sa forme latine dans le *Genera* d'Antoine-Laurent de Jussieu. En effet, par suite du travail de subdivision qui s'est fait dans les anciennes coupes de Jussieu, les *ordines* de l'illustre auteur sont devenus, pour la plupart, des groupes de familles et non plus des familles simples. Il n'y aurait donc pas autant d'inconvénient qu'il le semble à prendre le mot *ordo* pour désigner l'association de familles végétales que Lindley appelle *alliances*, Endlicher et **M.** Ad. Brongniart *classes*.

En tout cas, il y aurait avantage à s'entendre pour que les groupes à peu près équivalents en zoologie et en botanique fussent désignés par les mêmes noms. Prolonger les malentendus à cet égard entre des sciences connexes, c'est méconnaître la loi d'unité de la création et se condamner sciemment à des fautes de logique.

M. Duchartre appuie l'opinion de la majorité de la Commission : il fait observer qu'il faut s'écarter le moins possible des usages profondément enracinés, et qu'il y aurait un grand inconvénient à changer le sens universellement admis en botanique du mot *ordo*.

M. J.-E. Planchon répond que l'objection de la majorité ne repose guère que sur l'habitude prise, et que si l'on s'était arrêté à une objection de cette nature, la France, on peut dire l'Europe, n'aurait pas le système des poids et mesures.

La rédaction proposée par la Commission est adoptée en ce qui concerne les degrés désignés par *cohors, subcohors, ordo* et *subordo ;* elle autorise la faculté d'employer les mots *famille* et *sous-famille*.

On agite l'idée d'exprimer d'une manière plus saillante les noms de certains groupes plus généralement usités, en particulier le mot *species*. Comme il faudrait, à ce point de vue, établir une gradation typographique compliquée du haut en bas du tableau, cette idée n'est pas prise en considération.

M. Kirschleger présente les observations suivantes :

Il dit qu'au-dessous de l'espèce il n'y a pas de gradation, dans la nature, entre la race, la variété et la variation. Il insiste sur la différence de valeur qu'il trouve, dans le tableau que l'on discute, entre les quatre avant-derniers termes et les autres ; il trouve un défaut de logique dans l'assimilation qui les met tous au même rang. C'est l'espèce, dit-il, qui est le véritable soldat de l'armée végétale. Dans les formes qui en dépendent, ce n'est que l'uniforme qui change.

M. J.-E. Planchon répond qu'il est de pratique constante, depuis Linné, d'admettre des variétés en botanique ; que la *Théorie élémentaire* a fixé le sens des termes qui sont en discussion, termes qui sont usités tous les jours, et qu'il est nécessaire de classer entre eux.

M. Karl Koch présente les observations suivantes :   .

Il dit que, dans un type spécifique, la sous-espèce consiste, pour lui, en ce que la forme se perpétue généralement par le semis ; la variété, en ce qu'elle se perpétue environ dans la moitié des cas, et les variations, en ce qu'aucune plante semée ne reste constante, et que la conservation de la forme n'est possible que par les boutures (Poiriers et Pommiers). Il ajoute que l'art horticole peut parvenir à faire une variété d'une variation, une sous-espèce d'une variété, et

même une espèce d'une sous-espèce, si l'on veut adopter les idées de
M. Ch. Darwin, qui ne sont pas les siennes.

M. Kanitz propose de substituer, à la place des mots de
varietas et de *variatio*, ceux de *lusus* et de *forma*.

M. de Candolle explique le but qu'il s'est proposé en construisant ce tableau ; ce n'est pas de définir, rien n'est plus difficile
en particulier pour le mot espèce. Il a voulu indiquer la hiérarchie des noms, sur laquelle on peut facilement tomber d'accord.

M. de Parseval-Grandmaison se plaint de l'importance que
l'on accorde aux variétés, qui sont souvent, dit-il, une affaire de
mode plutôt qu'un sujet d'étude scientifique.

M. Duchartre dit qu'il faut tenir compte des espèces cultivées
à l'égard desquelles il reconnaît que les difficultés de la nomenclature sont considérables ; mais ce n'est pas, dit-il, parce qu'il
y a de telles difficultés que l'on doit se refuser à mettre de l'ordre
dans la multiplicité des formes qui apparaissent tous les jours.

M. Ed. Morren présente les observations suivantes :

Il dit qu'on peut varier d'opinion sur la considération que l'on doit
accorder aux races, aux variétés et aux variations, mais qu'on ne
saurait les supprimer puisqu'elles existent dans la nature. Un ora-
teur a déploré cette existence ; mais quant à lui, au contraire, il
attache une véritable importance à toutes les modifications que les
espèces éprouvent dans les jardins, et il pense que l'étude de ces
variations a contribué à élucider diverses questions de morphologie,
et qu'elle peut même conduire à la véritable connaissance de l'espèce.
D'après lui, aucune variation horticole ne doit être dédaignée.

Dans un autre ordre d'idées, il estime que les dix-huit degrés établis
dans la classification végétale n'ont pas tous la même importance :
il lui semble que l'espèce, le genre, la famille et la classe représentent des groupes naturels, tandis que les autres divisions du tableau
représentent toutes des idées variables et plus ou moins artificielles.

M. Balansa fait observer que, dans la description des Graminées de l'Algérie faite par M. Cosson, il n'est question, ni de
variatio ni de *subvariatio ;* il pense, en conséquence, que ces
termes n'ont que très-peu d'importance.

M. Cosson demande qu'on mette aux voix la suppression des mots *variatio* et *subvariatio*.

Cette suppression n'est pas adoptée, et l'article 10 est adopté tel que le propose la Commission.

Art. 14. — Les modifications des espèces cultivées doivent être rattachées, autant que possible, aux espèces spontanées dont elles dérivent.

A cet effet, les plus importantes de ces modifications sont assimilées à des sous-espèces (*subspecies*), et quand on est certain de leur hérédité constante par graines, elles se nomment races (*proles*).

Les modifications de second ordre prennent le nom de variétés, et si l'on est certain de leur hérédité à peu près constante par graines, elles se nomment sous-races (*subproles*).

Les modifications moins importantes, comparables aux sous-variétés, variations, sous-variations, des espèces spontanées, sont indiquées d'après leur origine (lorsqu'elle est connue), de la manière suivante : 1° *satus* (semis ; *seedling*, en anglais ; *Sæmling*, en allemand), pour une forme provenant de graines ; 2° *mistus* (métis ; en anglais *blending* ; en allemand *Blendling*), pour une forme provenant de fécondation croisée dans l'espèce ; 3° *lusus* (sport), pour une forme née d'un bourgeon, tubercule ou autre organe et propagée par division.

La Commission propose la rédaction suivante pour le quatrième paragraphe de cet article :

Les modifications moins importantes, pouvant être comparées aux sous-variétés, variations, sous-variations des espèces spontanées, sont indiquées d'après leur origine (lorsqu'elle est connue), de la manière suivante : 1° *satus* (semis ; *seedling*, en anglais ; *Sæmling*, en allemand), pour une forme provenant de graines ; 2° *mistus* (métis ; en anglais *blending* ; en all. *Blendling*), pour une forme provenant de fécondation croisée dans l'espèce ; 3° *lusus* (en angl. *sport*, en all. *Spielart*), pour une forme née d'un bourgeon, tubercule ou autre organe et propagée par division.

M. Kirschleger demande ce que signifie *proles*. Il préférerait l'emploi du mot *stirps*.

M. de Candolle répond que le mot *stirps* n'a pas un sens aussi clair que celui de *proles*, lequel se rattache à beaucoup de mots usuels, tels que *prolifique*, *prolétaire*.

M. Ramond rappelle que de simples sous-variations, par exemple la forme à fleurs blanches du *Digitalis purpurea*, se perpétuent fort bien par graines. Il craint que la définition donnée dans le deuxième paragraphe de l'article 14 n'induise en erreur les phytographes, et ne les conduise à appeler races de simples sous-variations.

L'article 14 est adopté avec la modification proposée par la Commission.

Art. 15. — Chaque groupe naturel de végétaux ne peut porter dans la science qu'une seule désignation valable, savoir la première qui lui ait été donnée en botanique, par Linné ou depuis Linné, et qui soit conforme aux règles essentielles de la nomenclature.

La Commission propose de modifier cet article de la manière suivante :

Chaque groupe naturel de végétaux ne peut porter dans la science qu'une seule désignation valable, savoir la plus ancienne, adoptée par Linné, ou donnée par lui ou après lui, à la condition qu'elle soit conforme aux règles essentielles de la nomenclature.

Cette proposition est adoptée.

Art. 16. — Nul ne doit changer un nom ou une combinaison de noms sans des motifs graves, fondés sur une connaissance plus approfondie des faits, ou sur la nécessité d'abandonner une nomenclature contraire aux règles essentielles (art. 3, 1er alinéa, 4, 11, 15, etc., voyez section 6).

M. Eug. Fournier présente les observations suivantes :

Il a semblé à de bons esprits que l'œuvre que poursuit actuellement le Congrès n'était pas nécessaire. Pour ma part, je suis convaincu qu'elle répond à un besoin général, qu'elle est réclamée par l'état de la science. Je ne saurais mieux le prouver qu'en feuilletant devant vous, messieurs, un ouvrage paru il y a quelques semaines à peine, une *Flore* d'un département français (1), dont l'auteur, s'inspirant de motifs respectables, a cru devoir changer la plupart des noms généralement usités. En ouvrant son livre, on se croit transporté dans un monde végétal complétement nouveau.

M. Fournier cite plusieurs des nouveaux noms créés par l'auteur, dont la méthode est généralement désapprouvée par les membres présents. M. Fournier ajoute que, cependant, sur certains points, l'auteur de ce livre est d'accord avec le projet soumis au Congrès, dans quelques-unes des nombreuses réformes qu'il propose.

L'article 16 est adopté.

(1) *Flore du département les Hautes-Pyrénées*, par M. l'abbé Dulac.

ART. 18. — Les noms de classes et sous-classes se tirent d'un des principaux caractères, etc.

Par suite de la décision votée sur l'article 10, la Commission propose l'addition suivante :

Les noms de divisions et sous-divisions, de classes et sous-classes, etc.

Cette addition est proposée aussi dans le titre du paragraphe.

Les propositions de la Commission sont adoptées.

ART. 20. — Les cohortes sont désignées par le nom d'une de leurs principales familles, avec la désinence *ales*.

La Commission propose la rédaction suivante :

Les cohortes sont désignées de préférence par le nom d'une de leurs principales familles, et autant que possible avec une désinence uniforme.

ART. 22. — L'usage justifie les exceptions suivantes :
1° Lorsque le genre d'où le nom de famille est tiré se termine en latin par *ix* ou *is* (génitif *icis* ou *idis*, ou *iscis*), la désinence *iceœ*, ou *ideœ*, ou *ineœ* est admise (Salicineœ, de Salix ; Berberideœ, de Berberis ; Tamariscineœ, de Tamarix), etc.

M. de Schœnefeld fait remarquer que l'on doit dire : *Tamaricineœ*, du génitif *Tamaricis*, bien que l'expression de *Tamariscineœ*, rapportée par M. de Candolle, ait généralement cours dans les ouvrages descriptifs.

Cette rectification est adoptée.

ART. 23. — Les noms de sous-familles (*subordines*) sont tirés du nom d'un des genres qui se trouvent dans le groupe avec la désinence en *eœ* ou *ineœ*.

La Commission propose la rédaction suivante :

Les noms de sous-familles (*subordines, subfamiliœ*) sont tirés du nom d'un des genres qui se trouvent dans le groupe, avec la désinence en *eœ*.

Cette modification est adoptée, conformément au vote émis déjà sur l'article 8.

ART 24. — Les noms de tribus et sous-tribus se tirent du nom d'un des genres qui en font partie, avec la désinence *eœ* (Roseœ, de Rosa).

La Commission propose la rédaction suivante :

Les noms de tribus et sous-tribus se tirent du nom d'un des genres qui en font partie, avec la désinence *eæ* ou *ineæ*.

Cette rédaction est adoptée.

Art. 25. — Les genres, sous-genres et sections reçoivent des noms, ordinairement substantifs, qui sont pour chacun d'eux comme nos noms propres de famille.

Ces noms peuvent être tirés d'une source quelconque et même être composés d'une manière tout à fait arbitraire, sous la réserve des conditions indiquées plus loin.

M. Karl Koch présente les observations suivantes :

Il blâme la formation arbitraire des noms dérivés par anagramme d'un nom générique ancien, comme *Gifola*, *Oglifa*, *Lifago*, tirés de *Filago*. Il ajoute qu'il n'est pas nécessaire de tirer le nom d'une qualité du genre, parce qu'avec l'accroissement des matériaux et le progrès de la science, il peut arriver que cette qualité cesse d'appartenir à toutes les espèces du genre. Il cite comme exemple de ce fait le genre *Lagenaria* nommé ainsi à cause de ses fruits lagéniformes, et dont une espèce a été créée dernièrement par M. Naudin sous le nom de *L. sphærocarpa*.

L'article 25 est adopté.

Art. 27. — Lorsqu'un nom de genre, sous-genre ou section est tiré d'un nom d'homme, on le constitue de la manière suivante :

Le nom, dégagé de tout titre et de toute particule préliminaire accessoire, est terminé en *a* ou *ia*.

Les syllabes qui ne sont pas modifiées par cette désinence, conservent leur orthographe exacte, même avec les lettres ou diphthongues usitées dans certaines langues et qui ne l'étaient pas en latin Cependant les ä, ö, ü, des langues germaniques, deviennent des æ, œ, u ; les é et les è de la langue française deviennent des e.

M. Karl Koch partage l'opinion exprimée dans ce paragraphe par M. de Candolle.

Mais il ne voudrait pas qu'on arguât de ce sentiment pour changer certains noms donnés jadis par les maîtres de la science, et qui ne cadrent pas avec cette règle, par exemple, *Furcræa*, de Fourcroy, *Goodenia*, de Goodenough, *Montagnea*, de Montaño. C'est pour moi, dit-il, une loi de ne point changer un nom donné par un botaniste, même quand il a été mal formé. Il faudrait à ce compte changer beaucoup des noms de Robert Brown, auquel les langues anciennes n'étaient pas très-familières. M. Koch n'admet ces rectifications que pour les cas où il y a une faute d'impression évidente dans l'ouvrage primitif, ce qui est le cas pour le genre de Fumariacées *Dicentra*, dont l'auteur dit positivement qu'il le nomme ainsi parce qu'il y voit deux éperons (en grec κέντρα), et qui a été imprimé par erreur *Diclytra*, ce qui ne signifie rien. Aussi a-t-on rectifié en *Dielytra*, sans se donner la peine de faire des recherches dans l'ouvrage original.

M. Eug. Fournier dit :

Que c'est une question fort délicate que celle de la latinisation des noms. Dans l'un des exemples cités par M. Koch, *Montagnea* a certainement été ainsi écrit en latin pour rendre la prononciation de l'ñ espagnol ; mais cela est impossible, puisque *gn* est dur en latin, comme dans *Sphagnum*. Il faudrait écrire, pour se rapprocher de la prononciation originale, *Montanja*, en se rappelant que le *j* est une semi-voyelle en latin, comme aujourd'hui encore en allemand. Mais chaque botaniste prononcera généralement le mot latin comme il prononce sa langue maternelle, de sorte qu'il vaut mieux revenir à la règle simple posée par M. de Candolle. Ainsi, si l'on changeait le ñ espagnol en *nj*, le *nh* portugais qui équivaut au ñ dans la prononciation, devrait suivre la même règle. On arriverait ainsi à altérer si bien les noms propres modernes qu'ils ne seraient plus reconnaissables sous leur forme latine.

M. de Schœnefeld fait observer que l'*ü* de la langue allemande devrait, en latin, devenir *ue*, le tréma placé sur l'*ü* étant, dans la langue allemande, la trace d'un ancien *e*.

M. Eichler, M. Koch et plusieurs botanistes allemands approuvent cette observation, et font remarquer que les Allemands suivent ordinairement, dans leurs publications latines, la règle indiquée par M. de Schœnefeld.

M. Eug. Fournier dit que cette règle est suivie, depuis longtemps, dans l'impression du *Bulletin de la Société botanique de France*.

Tout en en maintenant l'opportunité, il dit qu'elle donne lieu à quelques inconvénients. Ceux des membres de la Société qui ne connaissent pas la valeur de l'*ü* allemand s'obstinent toujours sur les épreuves qui leur sont communiquées à supprimer l'*e* additionnel, que le secrétariat rétablit toujours, par exemple quand on latinise le mot Müller.

M. de Candolle propose de se ranger à l'opinion de messieurs les botanistes allemands, et d'insérer dans l'article en discussion que l'*ü* des langues germaniques se traduit par *ue* en latin.

Cette proposition est adoptée.

Art. 28. — Les botanistes qui ont à publier des noms de genre font preuve de discernement et de goût s'ils ont égard aux recommandations suivantes :

La Commission propose d'ajouter à ces recommandations :

10° Éviter de faire choix de noms qui existent en zoologie.

Cette proposition est adoptée.

La Commission propose d'ajouter, après l'article 32, un article ainsi conçu :

Art. 33. — Les noms d'hommes employés comme noms spécifiques ont la forme du génitif du nom ou d'un adjectif dérivé (*Clusii* ou *Clusiana*). La première forme s'emploie quand l'espèce a été décrite ou distinguée par le botaniste dont elle prend le nom, la seconde forme, dans les autres cas. Quelle que soit la forme adoptée, tout nom spécifique tiré d'un nom d'homme commence par une grande lettre.

Cet article est adopté par le Congrès.

En conséquence, l'article 33 du projet devient l'article 34, et ainsi de suite. Seulement, pour obvier à l'inconvénient de changer tous les numéros subséquents, on décide de réunir en un seul article les articles 37 et 38 du projet.

Art. 35 (du projet). — 4° Éviter, dans le même genre, les noms trop semblables de forme ou de sens, ceux surtout qui ne diffèrent que par les dernières lettres.

La Commission propose le rejet des mots *ou de sens*.

M. de Schœnefeld soutient qu'il faut conserver ces mots. Il cite, à l'appui de son opinion, les termes parfaitement synonymes de *Fumaria parviflora* et *F. micrantha*, dont la coexistence jette de la confusion dans l'esprit quand on emploie l'un deux.

La proposition de la Commission est adoptée.

Art. 35. — 7º Ne pas dédier une espèce à quelqu'un qui ne l'a pas découverte, ni décrite, ni figurée, ni étudiée en aucune manière.

La Commission propose la rédaction suivante :

Ne pas nommer une espèce d'après quelqu'un qui ne l'a ni découverte, ni décrite, ni figurée, ni étudiée en aucune manière.

Cette rédaction est adoptée.

M. Ed. Bureau demande un article additionnel. Il fait valoir l'inconvénient des désignations génériques composées de deux mots ; il cite comme exemple les noms suivants : *Bignonia imperatoris Maximiliani*, *Abies reginæ Amaliæ*. Il ajoute que Linné dans son *Philosophia botanica*, a recommandé d'éviter de pareils noms, bien qu'il en ait lui-même formé de semblables.

M. Eug. Fournier fait observer qu'un fait analogue s'est malheureusement rencontré aussi dans la formation d'un nom de genre (*Maria Antonia* Parl.).

On convient d'ajouter, à l'article 35 du projet, un paragraphe additionnel ainsi conçu :

8º Éviter les noms spécifiques composés de deux mots.

M. Otto Kuntze voudrait qu'on écartât, par un paragraphe additionnel, les noms dans lesquels le sens du nom spécifique forme un pléonasme à côté de celui du nom générique.

M. de Candolle répond qu'il importe de changer le moins possible les noms généralement admis et consacrés par l'usage pléonasme ou non, dit-il, il y a toujours une désignation.

M. Du Mortier dit que, d'un autre côté, une école nouvelle, pour montrer qu'elle ne redoute pas le pléonasme, a innové, d'une manière fâcheuse, en nommant *Spiranthes spiralis* Asch. l'*Ophrys spiralis* L. (*Spiranthes autumnalis* Rich.), *Viscaria viscosa* (Gil.) Asch., le *Viscaria purpurea* Wimm. (*Lychnis viscosa* Gil.). Il se joint à M. de Candolle pour regretter et blâmer les changements introduits dans la nomenclature sans nécessité absolue.

M. de Candolle dit qu'il a suivi autrefois le précepte qu'il donne en conservant, dans sa *Monographie des Campanulacées*, le *Specularia Speculum*, à cause du nom ancien de *Campanula Speculum* L.

M. de Schœnefeld cite des noms formant pléonasme de sens, qui sont admis par tout le monde sans contestation, tels que : *Arctostaphylos Uva Ursi*.

M. de Candolle dit qu'il ressort de cette discussion l'utilité d'ajouter, à l'article 35, un nouveau paragraphe additionnel ainsi conçu :

9° Éviter les noms qui forment pléonasme avec le nom du genre.

L'addition de ce paragraphe est adoptée.

M. Eichler voudrait que l'on indiquât, dans un autre paragraphe additionnel, la nécessité d'employer, dans les adjectifs terminés en *folius, florus*, etc., un *i* pour voyelle de liaison entre le nom de plante qui commence ce terme composé et sa terminaison. On écrirait ainsi : *gesnerifolius, hederifolius*. Écrire *hederæfolius, gesneræfolius*, comme on le fait très-souvent, c'est commettre une faute, parce que les Latins, dans la composition des mots, n'employaient comme voyelle de liaison que la voyelle *i*, quelle que fût la déclinaison du premier des mots reliés par cette synthèse de langage.

M. de Schœnefeld appuie cette observation, et fait remarquer que l'orthographe proposée par M. Eichler est adoptée depuis longtemps dans l'impression du *Bulletin de la Société botanique de France*.

M. de Candolle fait observer que c'est là une question de latinité et de grammaire plutôt que de nomenclature. Il y aurait, dit-il, une foule de recommandations analogues à faire si l'on voulait prévenir les fautes de latin et de grec qui échappent ou peuvent échapper aux auteurs.

ART. 36 (du projet). — Les hybrides d'origine certaine sont désignés par le nom de genre, auquel on ajoute une combinaison des noms spécifiques des deux espèces dont ils proviennent, le nom de l'espèce-mère étant mis le premier avec la terminaison *i* ou *o*, et celui de l'espèce qui a fourni le pollen venant ensuite, avec un trait d'union entre les deux (*Amaryllis vittato-reginæ*).

Les hybrides d'origine douteuse se nomment comme des espèces. On les distingue par l'absence de numéro d'ordre et par le signe × précédant le nom de genre (× *Salix capreola* Kern.).

Une longue discussion s'engage sur ce paragraphe.

Les membres qui y prennent part reconnaissent tous l'utilité de désigner, par le nom de leurs parents, les hybrides dont la filiation est indubitablement reconnue.

M. Eug. Fournier rappelle qu'aujourd'hui encore des monographes fort estimés imposent un nom spécifique simple aux hybrides les plus authentiques, comme par exemple le fait M. Andersson dans sa récente monographie du genre *Salix*.

M. Kirschleger affirme qu'il faut rejeter *ad calcem generis* les hybrides connus.

M. Germain de Saint-Pierre fait remarquer que ce sont des formations éphémères, transitoires et qui, par conséquent, ne méritent point un nom spécifique.

M. C. Personnat objecte que certains hybrides vivaces se conservent longtemps par un mode de reproduction asexuel.

M. J.-E. Planchon cite comme exemple d'hybride authentique le *Cistus Ledon* L. (*C. monspeliensi-laurifolius* Planchon) à anthères stériles, que M. Bornet a reproduit artificiellement, et l'*Ægilops triticoides* (*Triticum vulgari-ovatum* Godron).

D'autre part, les membres du Congrès sont généralement d'accord de conserver la nomenclature ordinaire pour les hybrides douteux.

Sur la question de savoir si c'est le nom de la mère, comme le propose le projet, ou celui du père qu'il faut placer le premier dans la formation du nom composé de l'hybride, la Commission a été d'un avis contraire à celui de l'auteur du projet, qu'elle propose de modifier comme il suit :

Les hybrides d'une origine démontrée, par voie d'expérience, sont désignés par le nom de genre, auquel on ajoute une combinaison des noms spécifiques des deux espèces dont ils proviennent, le nom de l'espèce qui a fourni le pollen étant mis le premier, avec la terminaison *i* ou *o*, et celui de l'espèce qui a fourni l'ovule venant ensuite, avec un trait d'union entre les deux (*Amaryllis vittato-reginæ* pour l'*Amaryllis* provenant de l'*Amaryllis reginæ* fécondé par l'*A. vittata*).

MM. Germain de Saint-Pierre et Lestiboudois défendent la rédaction primitive.

M. Germain de Saint-Pierre soutient que le nom de la mère doit tre placé le premier des deux, parce que la maternité est plus facile à constater que la paternité; et aussi parce que, dans les plantes hybrides, les attributs essentiels du sexe femelle, les ovules, tendent à se maintenir, tandis que les attributs essentiels du sexe mâle, les granules polliniques, tendent à disparaître. — Du reste l'influence de la mère et celle du père peuvent être soit égales, soit inégales sur le produit. — L'absence de pollen chez l'hybride obligeant à le féconder par un mâle normal, la descendance tend à retourner au mâle.

M. Lestiboudois dit que l'opinion de M. Germain de Saint-Pierre lui paraît la vraie, et que, s'il en est ainsi, pour tout esprit français, le nom du père, étant le terme modificateur, doit être placé en second.

M. J.-E. Planchon fait observer qu'il s'agit ici de parler latin, et qu'en latin l'inversion est la règle. Il ajoute que, quand même la question serait indifférente, on devrait s'en rapporter, pour la juger, à la loi d'antériorité et, par conséquent, à la nomenclature établie par Schiede, c'est-à-dire à la rédaction modifiée par la Commission.

M. Kirschleger fait observer que Schiede ne connaissait pas toujours le mâle et la femelle, et qu'il est bien difficile de les distinguer dans les hybridations naturelles. Il ajoute que, cependant, dans ses travaux, il s'est fait une loi de placer toujours le nom du mâle le premier, avec une terminaison masculine, et que cet usage est suivi par tous les phytographes de la région rhénane.

M. Otto Kuntze présente quelques observations (1).

M. J.-E. Planchon ajoute que M. Éd. Bornet, qui assiste à la séance, place également le nom du mâle le premier, que M. Godron a fait de même, et qu'il faut se ranger en cette matière à l'usage général.

M. de Candolle persiste à croire qu'il serait plus logique de

---

(1) Le secrétaire chargé de la rédaction des *Actes du Congrès*, qui a vivement engagé tous les membres à lui remettre une note sur leurs opinions, regrette de n'avoir pu toujours, en l'absence de ce document, reproduire la discussion.

placer le nom de la plante-mère en premier, comme le faisait
Gærtner fils dans son ouvrage classique sur les hybrides, mais
il reconnaît que l'usage contraire a prévalu, et il est d'avis que
dans une affaire en grande partie de convention, il vaut mieux
suivre l'usage.

Après plusieurs autres observations, l'article 36 est adopté
avec la modification proposée par la Commission.

Art. 39. — Les métis d'une origine certaine sont désignés par une combinaison des
deux noms de sous-espèces, variétés, sous-variétés, etc., qui leur ont donné naissance,
en observant les mêmes règles que pour les noms d'hybrides.

Plusieurs membres contestent l'opportunité de cet article.

M. de Candolle fait observer qu'il sera, dans la pratique,
d'une application très-rare, puisque dans les plantes hybrides
ou métis on sait très-rarement par expérience de quel pied est
venu le pollen.

Cet article est adopté.

Art. 40. — Dans les plantes cultivées, les semis, les métis d'origine obscure et les
sports reçoivent des noms de fantaisie, en langue vulgaire, aussi différents que possible
des noms latins d'espèces ou de variétés, etc.

Plusieurs membres contestent l'utilité de fixer la nomenclature des formes horticoles, à cause de leur peu d'importance
taxonomique et de leur peu de constance.

M. de Candolle insiste sur l'intérêt qu'éprouve la science à
fixer cette nomenclature, parce qu'elle tire des formes horticoles des conséquences importantes pour beaucoup de théories
d'un ordre supérieur.

M. Kirschleger s'élève contre la foule de dénominations per-
sonnelles qui envahit la nomenclature horticole.

M. H. Vilmorin fait observer qu'en créant ces noms, les horticulteurs suivent précisément le conseil qui leur est donné pour
éviter la confusion naissant de l'application de termes latins, en
apparence spécifiques, à de simples variétés.

L'article 40 est adopté.

Art. 42. — La publication résulte de la vente ou de la distribution, dans le public,
d'imprimés, de planches, d'autographies ou seulement d'étiquettes accompagnant des
échantillons d'herbier.

La Commission propose de modifier ce paragraphe de la manière suivante :

La publication résulte de la vente ou de la distribution, dans le public, d'imprimés, de planches ou d'autographies. Elle résulte aussi de la mise en vente ou de la distribution aux principales collections publiques d'échantillons numérotés, nommés et accompagnés d'étiquettes imprimées ou autographiées, portant la date de la mise en vente ou de la distribution.

M. Karl Koch présente les observations suivantes :

La publication ou la distribution d'échantillons d'herbier accompagnés seulement d'étiquettes n'est pas réellement une publication scientifique, et je ne puis consentir à lui en reconnaître le caractère.

M. le rapporteur fait remarquer que les modifications proposées par la Commission parent aux inconvénients redoutés, avec raison, par M. Koch.

L'article 42 est adopté avec la modification proposée par la Commission.

ART. 43. — Une communication dans une séance publique, des noms mis dans des collections ou des jardins ouverts au public, ne constitue pas une publication.

M. Karl Koch soutient l'article.

Il fait valoir l'inconvénient grave des dénominations proposées à la légère par les horticulteurs, qui augmenterait si on leur reconnaissait un caractère scientifique. Au printemps, dit-il, on a pu voir à l'exposition horticole l'Érable du Japon présenté sous six noms différents, tous nouveaux. On a déjà bien assez de synonymes sans chercher à en augmenter le nombre. J'ai déjà traité cette question l'année dernière au Congrès de Londres, avec quelques détails (1).

Un débat animé s'engage sur le sens dans lequel doit être pris le mot *communication*.

M. Lestiboudois dit que les communications faites à l'Académie

---

(1) Voyez le mémoire de M. Koch, *Einige die Systematik betreffende Vorschlæge*, in *Report of the international horticultural exhibition and botanical congress*, p. 188.

des sciences qui, généralement, ne sont pas publiées *in extenso* dans les *Comptes rendus*, et qui demeurent aux archives de l'Académie, constituent un mode de publicité dont l'article 43 conteste à tort la valeur.

M. de Candolle fait observer que beaucoup de Sociétés n'ont pas des bureaux aussi bien organisés que l'Académie des sciences de Paris ; que pour plusieurs il est difficile de constater ce qui a été dit ou lu, les auteurs pouvant modifier leurs communications après une séance ; et qu'il s'agit seulement de *noms* proposés, le titre du chapitre où est placé cet article étant intitulé : *De la publication des noms.*

M. Beautemps-Beaupré propose de modifier de la manière suivante l'article 43 :

... Une communication faite verbalement dans une séance publique, ou l'insertion de noms mis dans des collections, etc.

La Commission propose de modifier ainsi l'article :

Une communication *de noms nouveaux* faite dans une séance publique, etc.

Cette proposition est adoptée.

ART. 46. — Une espèce annoncée dans un ouvrage sous des noms générique et spécifique, mais sans aucun renseignement, ne peut être considérée comme publiée. Il en est de même d'un genre annoncé sans aucune indication, pas même en disant de quelles espèces d'un autre genre on le compose. Si plus tard l'auteur ou une autre personne font connaître publiquement ce que signifiait le nom, la date de cette seconde publication est la seule qui compte.

M. Éd. Bureau insiste sur l'utilité que présente cet article.

Il cite à l'appui de son opinion un travail de M. Miers, publié dans le *Journal de la Société d'horticulture de Londres*, dans lequel ce savant a créé un grand nombre de Bignoniacées nouvelles, sans en indiquer les caractères. Si M. Miers n'avait pas eu l'obligeance de lui envoyer les échantillons-types de ses travaux, M. Bureau n'aurait pu savoir à quelles espèces se rapportaient les noms de l'auteur anglais, qu'il s'est fait un devoir de conserver.

Après une discussion à laquelle prennent part MM. Balansa,

Pomel, l'abbé Ravain, Kirschleger et Eichler, on décide de modifier cet article de la manière suivante :

Une espèce annoncée dans un ouvrage sous des noms génériques et spécifiques, mais sans aucun renseignement sur les caractères, ne peut être considérée comme publiée. Il en est de même d'un genre annoncé sans être caractérisé.

ART. 47. — Les botanistes feront bien d'avoir égard aux recommandations suivantes :
1° Indiquer exactement la date de la publication de leurs ouvrages ou fractions d'ouvrages, et celle de la distribution de plantes nommées.
2° Ne pas publier un nom sans indiquer clairement si c'est un nom de famille ou de tribu, de genre ou de section, d'espèce ou de variété, en un mot sans indiquer une opinion sur la nature du groupe auquel ils donnent le nom.
3° Éviter de publier ou de mentionner dans leurs publications des noms inédits qu'ils n'acceptent pas, surtout si les personnes qui ont fait ces noms n'en ont pas autorisé formellement la publication.

Pour le premier paragraphe, la Commission propose la rédaction suivante :

1° Indiquer exactement la date de la publication de leurs ouvrages ou fractions d'ouvrages, et celle de la mise en vente ou de la distribution de plantes nommées et numérotées.

M. de Candolle fait observer que cette modification est proposée pour mettre ce paragraphe en harmonie avec la nouvelle rédaction adoptée pour l'article 42.

A propos du troisième paragraphe, M. Eug. Fournier en fait valoir la justesse.

Il dit que si l'on se croyait obligé d'accepter les noms inédits imposés par les voyageurs à leurs plantes, on encombrerait la science de notions erronées. Il cite à l'appui de son opinion une collection fort importante qui vient d'être rapportée en France par le voyageur de l'expédition scientifique du Mexique, et dont les étiquettes portent souvent des noms erronés quant au genre et parfois quant à la famille. Il ajoute que souvent le voyageur n'accorde lui-même que peu d'importance à ces noms, qu'il invente provisoirement pour se faciliter la rédaction d'un cahier de notes qui restent généralement inédites. Cependant il ajoute que quand ces noms inédits sont scientifiques et consacrent une nouveauté réelle, il croit nécessaire de les conserver avec le nom de l'auteur qui les a créés. Il a déjà suivi cette règle pour les noms donnés par Boivin à des *Albizzia* de l'Afrique australe ; il compte la suivre encore dans une énumération des Fougères brésiliennes qu'il prépare, et où il tiendra à conserver les noms inédits de Saint-Hilaire, qui sont accompagnés, dans l'herbier de ce voyageur, de longues et authentiques descriptions. Il croit utile, dans tous les cas, de mentionner des noms inédits donnés par des voyageurs, quand ces noms se trouvent dans plusieurs grands herbiers, quand même ils seraient simplement manuscrits, et qu'on ne les accepterait pas.

L'article 47 est adopté avec la modification proposée par la Commission.

Art. 48. — Pour être exact et complet dans l'indication du nom ou des noms d'un groupe quelconque, il faut citer l'auteur qui a publié le premier le nom ou la combinaison de noms dont il s'agit.

Un long débat s'engage sur la question de savoir si l'on doit après une combinaison de deux noms, l'un générique, l'autre spécifique, citer l'auteur qui a fait cette combinaison ou celui qui a fait antérieurement l'espèce.

M. Kirschleger soutient que c'est commettre une injustice flagrante que d'attribuer, par exemple, à R. Brown le *Matthiola tristis*, qui est une plante connue antérieurement de Linné.

M. Lestiboudois dit :

Que pour décider la question qui occupe le Congrès, il faut établir nettement ce qu'on prétend énoncer en faisant suivre la dénomination binaire d'une plante du nom d'un auteur. Pour tout botaniste, cette citation n'indique qu'une chose, c'est que l'association du nom générique et du nom spécifique, en un mot, l'appellation complète de la plante appartient à l'auteur cité. Elle n'indique pas qu'il a créé et défini le genre, ni qu'il a découvert l'espèce, elle dit seulement que le premier il a imposé à la plante dont il s'agit cette dénomination complexe suivie de son nom. Si l'on veut qu'une simple citation signifie autre chose, on tombe dans des difficultés inextricables, on arrive à une confusion inévitable, et cela sans nécessité.

Il est bien facile, en effet, par la synonymie, de faire savoir si l'espèce appartient à l'auteur cité, ou si elle ne lui appartient pas : lorsque après le nom de *Matthiola tristis* R. Br., on ajoute *Cheiranthus tristis* L., on montre bien que l'espèce n'appartient pas à R. Brown, et qu'elle était connue de Linné. Il se pourrait même que la formation du genre ne fût pas due à l'auteur cité, qu'il y eût seulement introduit une espèce connue qu'on avait omis d'y placer, ou même qui avait été inscrite sous un autre nom ; on le ferait comprendre en faisant suivre la description du genre du nom de l'auteur qui l'a fondé, ou en mentionnant dans la synonymie les différents noms imposés à l'espèce. On ne commettrait ainsi d'injustice envers personne, et l'on serait clair pour tout le monde. Vouloir, au contraire, attribuer à l'inscription d'un nom d'auteur un sens extrêmement compliqué, c'est cesser d'être intelligible.

Plusieurs membres, répondant à M. Kirschleger, font observer que toute injustice disparaît quand on ajoute à *Matthiola tristis* R. Br. *Cheiranthus tristis* L.; qu'il faudrait, à son compte, attribuer souvent l'espèce non à Linné, mais à Clusius, ou plutôt à Lobel et à Dalechamp, qui ont employé les dénominations binaires, et que, dans tout cas, c'est un mensonge flagrant que d'attribuer à Linné le démembrement générique créé par R. Brown sous le nom de *Matthiola*, que peut-être il n'aurait pas accepté.

M. Eichler répond qu'on ne commet aucun mensonge scientifique quand on a soin de placer le nom de Linné entre deux parenthèses, avant celui de R. Brown (*Matthiola tristis* (L.) R. Br.), et que, par cette méthode, on garantit scrupuleusement les lois de l'antériorité.

M. Balansa approuve la rédaction de l'article 48. Il serait irrationnel en effet, dit-il, de continuer à attribuer à un auteur une espèce mise plus tard dans un genre que ce même auteur n'adopterait pas.

M. Éd. Morren dit qu'on se préoccupe de la vérité historique aux dépens de la clarté de la nomenclature.

M. de Schœnefeld rappelle qu'il est l'auteur de l'article inséré au *Bulletin de la Société botanique* (t. VII, p. 438), au nom de la Commission du *Bulletin*, dont il faisait partie à cette époque comme secrétaire de la Société. Il demande à M. Kirschleger comment celui-ci nommerait, suivant sa méthode, le *Conyza squarrosa* DC. (*Inula Conyza* L.)?

M. Kirschleger reconnaît que, dans ce cas, il serait obligé de suivre la notation ordinaire.

M. J.-E. Planchon demande à M. Kirschleger si, dans ses herborisations, il indique aux élèves qui les suivent, deux noms d'auteur pour une seule plante.

M. Kirschleger répond qu'il ne croit pas nécessaire d'indiquer des noms d'auteur dans une herborisation.

M. de Candolle se réfère, pour l'article en discussion, aux motifs très-développés qu'il a insérés dans son Commentaire.

L'article 48 est adopté à la majorité, contre deux voix de minorité.

ART. 49. — Un changement de caractères constitutifs ou de circonscription dans un groupe n'autorise pas à citer un autre auteur que celui ayant publié le premier le nom ou la combinaison de noms.

Quand les changements ont été considérables, on ajoute à la citation de l'auteur primitif : *mutatis charact.*, ou *pro parte*, ou *excl. gen.*, *excl. sp.*, *excl. var.*, ou telle autre indication abrégée, selon la nature des changements survenus et du groupe dont il s'agit.

M. Koch dit qu'il n'adhère pas à la rédaction de cet article.

A mon sens, dit-il, il n'importe de placer le nom de l'auteur après celui de la plante que quand celui-ci a été donné à plusieurs plantes diverses. Il arrive fréquemment que les divers auteurs conçoivent différemment l'étendue d'un genre ou d'un type spécifique. Il est donc nécessaire au lecteur de savoir comment est conçu le genre dont il lit l'étude, et par conséquent à l'auteur de citer le botaniste dont il adopte l'opinion, au moins entre parenthèses. Par exemple, il m'est impossible d'écrire *Arum* L., puisque Linné a compris le genre *Arum* tout autrement que ne le comprennent M. Schott et beaucoup de botanistes modernes ; je lui donne même une étendue différente, plus large que ne le fait M. Schott. Ce n'est pas aider le lecteur que d'ajouter *L. emend.* ; on n'apprend rien par là sur la nature de la modification qu'on fait subir à la diagnose Linnéenne. Il faut dire au moins *Arum* Schott, K. Koch auct. Autre exemple : Linné a fait un *Fraxinus americana*, mais il a confondu sous ce nom trois ou quatre espèces. Il me faut donc éviter tout à fait de citer Linné pour cette espèce, et j'écrirai *Fraxinus americana* Lam. Si je disais *Fr. americana* L. emend., je n'apprendrais pas au lecteur quelle espèce je prétends désigner, du *Fr. juglandifolia*, du

Fr. pubescens, ou du *Fr. platycarpa*. Pour le genre *Ribes*, Linné a fait dans une seule espèce trois variétés, décrites aujourd'hui comme de vraies espèces. Impossible par conséquent de le citer, avec telle particule modificatrice qu'on voudra, sans introduire la confusion.

M. de Candolle rappelle ce qu'il a dit dans son commentaire sur l'inconvénient d'avoir dans les livres autant de noms, en apparence différents, qu'il existerait d'auteurs ayant compris un genre ou une espèce un peu autrement que leurs prédécesseurs. La désignation de l'auteur perdrait alors son principal avantage, qui est d'indiquer immédiatement le cas où l'on a fait deux genres sous le même nom dans deux familles différentes, ou deux espèces absolument différentes dans le même genre.

L'article 49 est adopté.

ART. 51. — Lorsqu'un nom existant est appliqué à un groupe qui devient d'un ordre supérieur ou inférieur à ce qu'il était auparavant, le changement opéré équivaut à la création d'un nouveau groupe, et l'auteur à citer est celui qui a fait le changement.

M. Eichler fait remarquer que cet article consacre une injustice, celle d'attribuer à un monographe qui ne fait qu'élever à un rang supérieur les groupes proposés par un prédécesseur, sans autre changement essentiel, la gloire d'avoir connu et dénommé ces groupes. Il serait possible, dit-il, qu'en agissant ainsi, on attribuât à un monographe le mérite d'avoir fixé la science au sujet d'une plante qu'il ne connaissait que de nom.

M. de Candolle répond que si l'auteur venu en second trouve la règle trop dure, il lui sera loisible de l'atténuer par l'emploi d'une parenthèse, ou par l'addition d'une synonymie ordinaire expliquant les faits.

M. Du Mortier ajoute que si le monographe qui a le plus à perdre, pour l'avenir, dans l'adoption d'une telle règle, demande lui-même cette adoption, on aurait mauvaise grâce à le réfuter.

L'article 51 est adopté.

ART. 56. — Lorsqu'on divise une espèce en deux ou plusieurs espèces, la forme qui avait le plus anciennement le nom est celle qui le conserve.

M. Balansa fait observer que cette règle est inapplicable dans certains cas où un ancien type est divisé en deux d'égale valeur et dérivant également tous deux du premier. Par exemple, quand le *Quercus Robur* L. a été dédoublé par Ehrhart en *Q. sessiliflora* et *Q. pedunculata*, aucun de ces derniers ne pouvait garder le nom de *Q. Robur*.

M. Du Mortier dit qu'il en est de même de certaines Roses. Le *Rosa villosa* L. comprenait, dit-il, toutes les roses tomenteuses. Il ajoute que l'appellation de *Robur* a été appliquée d'une manière variable, après la division du type Linnéen, tantôt au *Q. pedunculata*, tantôt au *Q. sessiliflora*.

M. de Candolle reconnaît la justesse de cette observation, et propose de rédiger l'article 56 avec la modification suivante :

Lorsqu'on divise une espèce en deux ou plusieurs espèces, si l'une des formes a été plus anciennement distinguée, le nom lui est conservé.

Cette rectification est adoptée.

M. Kanitz dit : Dans la pratique, cette décision peut être difficile à appliquer, s'il existe un mélange dans l'herbier de l'auteur du premier type spécifique. Il cite l'herbier de Kitaïbel, dans lequel se trouve un *Fumaria prehensilis* Kit. qui ne correspond pas pour tous les échantillons à la description publiée par Kitaïbel.

M. Eichler soutient que la confusion opérée dans l'herbier ne peut pas être prise en considération, et que la publication seule peut faire loi.

Art. 58. — Lorsqu'un genre devient subdivision de genre ou que le contraire arrive, lorsqu'une espèce devient subdivision d'espèce ou *vice versâ*, les noms qui leur étaient propres subsistent pourvu qu'il n'en résulte pas deux genres du même nom dans le règne végétal, deux subdivisions de genre ou deux espèces du même nom dans le même genre, ou deux subdivisions du même nom dans la même espèce.

La Commission propose de modifier cet article de la manière suivante :

Lorsqu'une tribu devient famille, qu'un sous-genre ou une section devient genre, qu'une subdivision d'espèce devient espèce, ou que des changements ont lieu dans le sens inverse, les noms anciens des groupes subsistent pourvu qu'il n'en résulte pas, etc.

La proposition de la Commission est adoptée.

Art. 60. — Chacun doit se refuser à admettre un nom dans les cas suivants :

1° Quand ce nom est appliqué dans le règne végétal à un groupe nommé antérieurement d'un nom valable ;

2° Quand il forme double emploi dans les noms de classes ou de genres, ou dans les subdivisions ou espèces du même genre, ou dans les subdivisions de la même espèce ;

3° Quand il exprime un caractère ou un attribut positivement faux dans la totalité du groupe en question, ou seulement dans la majorité des éléments qui le composent ;

4° Quand il est formé par la combinaison de deux langues (exemple : *eu* mis avant un mot latin, *sub* avant un mot grec, *oides*, *opsis*, appliqués à un mot latin, etc.) ;

5° Quand il est contraire aux articles de la section 5.

A propos du troisième paragraphe, M. Kanitz fait observer comme exemple que la majeure partie des variétés de l'*Urtica dioica* étant monoïque, il convient de supprimer ce nom, qu'il propose de remplacer par celui d'*U. major*.

M. de Candolle fait observer que, pour ce cas, il lui paraît préférable de conserver un nom consacré par l'usage, attendu qu'il subsiste dans les espèces des formes dioïques.

M. Weddell ajoute que le nom d'*U. major* ne vaudrait guère mieux que celui d'*U. dioica*.

A propos du quatrième paragraphe, M. de Schœnefeld fait remarquer que cette interdiction ferait supprimer des noms consacrés par l'usage, tels que : *Anemone ranunculoides*.

La Commission propose de modifier ce paragraphe en le réduisant au principe général sous cette forme :

4° Quand il est formé par la combinaison de deux langues.

Cette modification est adoptée.

Art. 67. — Les botanistes emploient dans les langues modernes les noms scientifiques latins ou ceux qui en dérivent immédiatement, de préférence aux noms d'une autre matière ou d'une autre origine. Ils évitent de se servir de ces derniers noms, à moins qu'ils ne soient très-clairs et très-usuels.

M. Duchartre fait observer que les noms latins deviennent indéclinables en français.

M. de Schœnefeld dit que cela dépend des langues qui les emploient; qu'en allemand, ces noms se déclinent et prennent la marque du pluriel latin.

M. Germain de Saint-Pierre propose de formuler un article additionnel portant qu'en français les noms latins de plantes sont invariables.

M. de Candolle répond que l'usage spécial de chaque langue doit régler ces détails.

Quand j'ai rédigé mon projet, dit-il, je me proposais de consulter des littérateurs et des botanistes de divers pays pour formuler des règles propres à chaque langue, relativement aux noms latins introduits dans les langues vulgaires. Le temps m'a manqué, et il faut convenir que cette recherche aurait soulevé bien des questions. Je me suis borné aux recommandations, applicables dans toutes les langues, dans un intérêt scientifique.

Il y a environ quarante ans, mon père avait été frappé de la discordance qui régnait au sujet des noms botaniques dans la langue française; il en écrivit à Raynouard, qui saisit de cette question l'Académie française, mais celle-ci n'a jamais statué. Il y a sous ce rapport anarchie dans le Dictionnaire de l'Académie; tantôt les noms latins sont invariables, tantôt ils reçoivent la marque du pluriel français. Les dictionnaires de Bescherelle et de Littré, à ce point de vue, sont souvent en désaccord avec le Dictionnaire de l'Académie. Si celle-ci n'a pas voulu trancher la question, c'est encore moins à nous de le faire.

L'article 67 est adopté ainsi que l'article 68.

Tous les articles du projet ayant été successivement examinés, M. le Président met aux voix, par assis et levé, l'adoption de l'ensemble du projet.

L'assemblée tout entière se lève, à l'exception d'un seul membre.

M. le Président dit :

En conséquence, au nom du Congrès international de botanique, je déclare adopté le code des *Lois de la Nomenclature*, qui sera publié tel qu'il a été adopté par l'assemblée dans les *Actes du Congrès*.

M. le rapporteur donne alors lecture des lignes qui suivent, proposées par la Commission :

Les botanistes réunis à Paris, en Congrès international, au mois d'août 1867, ayant pris connaissance du recueil des *Lois de la Nomenclature botanique* rédigé par M. Alphonse de Candolle ;

Sur le rapport d'une Commission nommée par eux ;

Arrêtent :

De recommander ce recueil, tel qu'il a été adopté par l'assemblée, comme le meilleur guide à suivre pour la nomenclature botanique.

La lecture de cette résolution est accueillie par les applaudissements unanimes et répétés des membres du Congrès.

LOIS

DE LA

NOMENCLATURE BOTANIQUE

CHAPITRE PREMIER

CONSIDÉRATIONS GÉNÉRALES ET PRINCIPES DIRIGEANTS.

ARTICLE 1. — L'histoire naturelle ne peut faire de progrès sans un système régulier de nomenclature, qui soit reconnu et employé par l'immense majorité des naturalistes de tous les pays.

ART. 2. — Les règles de la nomenclature ne peuvent être ni arbitraires ni imposées. Elles doivent être basées sur des motifs assez clairs et assez forts pour que chacun les comprenne et soit disposé à les accepter.

ART. 3. — Dans toutes les parties de la nomenclature, le principe essentiel est d'éviter ou de repousser l'emploi de formes et de noms pouvant produire des erreurs, des équivoques, ou jeter de la confusion dans la science.

Après cela, ce qu'il y a de plus important est d'éviter toute création inutile de noms.

Les autres considérations, telles que la correction grammaticale absolue, la régularité ou l'euphonie des noms, un usage plus ou moins répandu, les égards pour des personnes, etc., malgré leur importance incontestable, sont relativement accessoires.

ART. 4. — Aucun usage contraire aux règles ne peut être maintenu s'il entraîne des confusions ou des erreurs. Lorsqu'un usage n'a pas d'inconvénient grave de cette nature, il peut motiver des exceptions qu'il faut cependant se garder d'étendre ou d'imiter. Enfin, à défaut de règle, ou si les conséquences des règles sont douteuses, un usage établi fait loi.

ART. 5. — Les principes et les formes de la nomenclature doivent être aussi semblables que possible en botanique et en zoologie.

ART. 6. — Les noms scientifiques sont en langue latine. Quand on les tire d'une autre langue, ils prennent des désinences latines à moins d'exceptions consacrées par l'usage. Si on les traduit dans une langue moderne, on cherche à leur conserver le plus possible une ressemblance avec les noms originaux latins.

ART. 7. — La nomenclature comprend deux catégories de noms : 1° Des noms, ou plutôt des termes, qui expriment la nature des groupes compris les uns dans les autres ; 2° des noms particuliers à chacun des groupes de plantes ou d'animaux que l'observation a fait connaître.

CHAPITRE II

SUR LA MANIÈRE DE DÉSIGNER LA NATURE ET LA SUBORDINATION
DES GROUPES QUI COMPOSENT LE RÈGNE VÉGÉTAL.

ART. 8. — Tout individu végétal appartient à une espèce (*species*), toute espèce à un genre (*genus*), tout genre à une famille (*ordo, familia*), toute famille à une cohorte (*cohors*), toute cohorte à une classe (*classis*), toute classe à une division (*divisio*).

ART. 9. — On reconnaît aussi dans plusieurs espèces des *variétés* et des *variations*, dans certaines espèces cultivées, des modifications plus nombreuses encore ; dans plusieurs genres des *sections*, dans plusieurs familles des *tribus*.

ART. 10. — Enfin, comme la complication des faits conduit souvent à distinguer des groupes intermédiaires plus nombreux, on peut créer par le moyen de la syllabe sous (*sub*), mise avant un nom de groupe, des subdivisions de ce groupe, de telle manière que sous-famille (*subordo*) exprime un groupe entre une famille et une tribu, sous-tribu (*subtribus*), un groupe entre une tribu et un genre, etc. L'ensemble des groupes subordonnés peut ainsi s'élever, pour les plantes spontanées seulement, jusqu'à 20 degrés dans l'ordre suivant :

Regnum vegetabile.
  Divisio.
    Subdivisio.
      Classis.
        Subclassis.
          Cohors.
            Subcohors.
              Ordo (gallice : *Famille*).
                Subordo (gall. *Sous-famille*).
                  Tribus.
                    Subtribus.
                      Genus.
                        Subgenus.
                          Sectio.
                            Subsectio.
                              Species.
                                Subspecies (vel Proles, gall. *Race.*)
                                Varietas.
                                  Subvarietas.
                                  Variatio
                                    Subvariatio.
                                  Planta.

Art. 11. — La définition de chacun de ces noms de groupes varie, jusqu'à un certain point, suivant les opinions individuelles et l'état de la science, mais leur ordre relatif, sanctionné par l'usage, ne peut être interverti. Toute classification contenant des interversions, comme une division de genres en *familles* ou d'espèces en *genres*, n'est pas admissible.

Art. 12. — La fécondation d'une espèce par une autre espèce, crée un hybride (*hybridus*), celle d'une modification soit subdivision d'espèce par une autre modification de la même espèce crée un métis (*mistus*).

ART. 13. — Le classement des espèces dans un genre ou dans une subdivision de genre se fait au moyen de signes typographiques, de lettres ou de chiffres. Les hybrides se classent après l'une des espèces dont ils proviennent, avec le signe × mis avant le nom générique.

Le classement des sous-espèces dans l'espèce se fait par des lettres ou par des chiffres; celui des variétés, par la série des lettres grecques α, β, γ, etc. Les groupes inférieurs aux variétés et les métis sont indiqués par des lettres, des chiffres ou des signes typographiques, à la volonté de chaque auteur.

ART. 14. — Les modifications des espèces cultivées doivent être rattachées, autant que possible, aux espèces spontanées dont elles dérivent.

A cet effet, les plus importantes de ces modifications sont assimilées à des sous-espèces (*subspecies*), et quand on est certain de leur hérédité constante par graines, elles se nomment races (*proles*).

Les modifications de second ordre prennent le nom de variétés, et si l'on est certain de leur hérédité à peu près constante par graines, elles se nomment sous-races (*subproles*).

Les modifications moins importantes, pouvant être comparées aux sous-variétés, variations, sous-variations des espèces spontanées, sont indiquées d'après leur origine (lorsqu'elle est connue) de la manière suivante: 1° *Satus* (semis; *seedling*, en angl.; *Sæmling*, en allemand), pour une forme provenant de graines; 2° *mistus* (métis; en angl. *blending* (1); en all. *Blendling*), pour une forme provenant de fécondation croisée dans l'espèce; 3° *lusus* (en angl. *sport*, en all. *Spielart*), pour une forme née d'un bourgeon, tubercule ou autre organe, propagée par division.

____

(1) Dans la traduction anglaise, M. Weddell, d'accord avec M. de Candolle, propose le mot *half-breed*, qui est plus connu et répond mieux au sens du mot métis.

CHAPITRE III

SUR LA MANIÈRE DE DÉSIGNER CHAQUE GROUPE OU ASSOCIATION DE VÉGÉTAUX EN PARTICULIER.

SECTION I.

Principes généraux.

ART. 15. — Chaque groupe naturel de végétaux ne peut porter dans la science qu'une seule désignation valable, savoir la plus ancienne, adoptée par Linné, ou donnée par lui ou après lui, à la condition qu'elle soit conforme aux règles essentielles de la nomenclature.

ART. 16. — Nul ne doit changer un nom ou une combinaison de noms sans des motifs graves, fondés sur une connaissance plus approfondie des faits, ou sur la nécessité d'abandonner une nomenclature contraire aux règles essentielles (art. 3, 1ᵉʳ alinéa, 4, 11, 15, etc., voy. sect. 6).

ART. 17. — La forme, le nombre et l'arrangement des noms dépendent de la nature de chaque groupe, selon les règles qui suivent.

SECTION II.

Nomenclature des divers groupes.

§ 1. — Noms de divisions et sous-divisions, de classes et sous-classes.

ART. 18. — Les noms de divisions et sous-divisions, de classes et sous-classes se tirent d'un des principaux caractères. Ils s'expriment au moyen de mots d'origine grecque ou latine, et en donnant aux groupes de même nature une certaine harmonie de forme et de désinence (Phanérogames, Cryptogames; Monocotylédones, Dicotylédones, etc.).

ART. 19. — Dans les Cryptogames, les noms anciens de familles, tels que *Filices*, *Musci*, *Fungi*, *Lichenes*, *Algæ*, peuvent être employés comme noms de classes ou sous-classes.

§ 2. — Noms de cohortes et sous-cohortes.

ART. 20. — Les cohortes sont désignées de préférence par le

nom d'une de leurs principales familles, et autant que posssible avec une désinence uniforme.

Les sous-cohortes (rarement employées) peuvent être désignées de la même manière.

§ 3. — Noms de familles et sous-familles, de tribus et sous-tribus.

ART. 21. — Les familles (*Ordines, Familiæ*) sont désignées par le nom d'un de leurs genres, avec la désinence *aceæ* (*Rosaceæ*, de *Rosa; Ranunculaceæ*, de *Ranunculus*, etc.).

ART. 22. — L'usage justifie les exceptions suivantes :

1° Lorsque le genre d'où le nom de famille est tiré se termine en latin par *ix* ou *is* (génitif *icis* ou *idis*), la désinence *iceæ*, ou *ideæ*, ou *ineæ* est admise (*Salicineæ*, de *Salix; Berberideæ*, de *Berberis; Tamaricineæ*, de *Tamarix*).

2° Lorsque le genre d'où le nom est tiré a un nom d'une longueur inusitée et qu'il n'y a pas de nom de tribu fondé sur ce même genre dans la famille, on admet la terminaison en *eæ*. (*Dipterocarpeæ*, de *Dipterocarpus*).

3° Pour quelques grandes familles anciennement nommées, très-connues sous leurs noms exceptionels, on conserve les noms anciens (*Cruciferæ, Leguminosæ, Guttiferæ, Umbelliferæ, Compositæ, Labiatæ, Cupuliferæ, Coniferæ, Palmæ, Gramineæ*, etc.).

4° Un ancien nom de genre devenu nom de section ou d'espèce, peut être maintenu comme base d'un nom de famille (*Lentibularieæ*, de *Lentibularia; Hippocastaneæ*, de *Æsculus Hippocastanum; Caryophylleæ*, de *Dianthus Caryophyllus;* etc.).

ART. 23. — Les noms de sous-familles (*subordines, subfamiliæ*) sont tirés du nom d'un des genres qui se trouvent dans le groupe, avec la désinence en *eæ*.

ART. 24. — Les noms des tribus et sous-tribus se tirent du nom d'un des genres qui en font partie, avec la désinence *eæ* ou *ineæ*.

§ 4. — Noms de genres et de divisions de genres.

ART. 25. — Les genres, sous-genres et sections reçoivent

des noms, ordinairement substantifs, qui sont pour chacun d'eux comme nos noms propres de famille.

Ces noms peuvent être tirés d'une source quelconque et même être composés d'une manière absolument arbitraire, sous la réserve des conditions indiquées plus loin.

ART. 26. — Les sous-sections et autres subdivisions inférieures des genres peuvent recevoir un nom, substantif ou adjectif, ou porter simplement un numéro d'ordre ou une lettre, sans nom.

ART. 27. — Lorsqu'un nom de genre, sous-genre ou section est tiré d'un nom d'homme, on le constitue de la manière suivante :

Le nom, dégagé de tout titre et de toute particule préliminaire accessoire, est terminé en *a* ou *ia*.

Les syllabes qui ne sont pas modifiées par cètte désinence conservent leur orthographe exacte, même avec les lettres ou diphthongues usitées dans certaines langues et qui ne l'étaient pas en latin. Cependant les ä, ö, ü, des langues germaniques, deviennent des *œ*, *œ*, *ue*; les é et è de la langue française, deviennent des *e*.

ART. 28. — Les botanistes qui ont à publier des noms de genre font preuve de discernement et de goût s'ils ont égard aux recommandations suivantes :

1° Ne pas faire des noms très-longs ou difficiles à prononcer.

2° Indiquer l'étymologie de chaque nom.

3° S'ils ont créé autrefois un nom qui n'a pas été admis, ne pas créer eux-mêmes un autre genre sous le même nom, surtout dans la même famille ou dans une des familles voisines.

4° Ne pas dédier des genres à des personnes absolument étrangères à la botanique, ou du moins aux sciences naturelles, ni à des personnes tout à fait inconnues.

5° Ne tirer des noms de langues barbares, que si ces noms se trouvent fréquemment cités dans les livres des voyageurs et présentent une forme agréable qui s'adapte aisément à la langue latine et aux langues des pays civilisés.

6° Rappeler, si possible , par la composition ou la désinence du nom, les affinités ou les analogies du genre.

7° Éviter les noms adjectifs.

8° Ne pas donner à un genre un nom dont la forme est plutôt celle d'un nom de section (*Eusideroxylon*, par exemple).

9° Éviter de reprendre des noms qui ont existé, mais qu'on a refusé d'admettre, pour nommer des genres différents des anciens, à moins qu'il ne s'agisse de dédier de nouveau un genre à un botaniste, mais dans ce cas il est à désirer encore : 1° Que l'abandon du premier genre soit bien constaté ; 2° que la famille où l'on veut rétablir le nom soit tout à fait différente de la première.

10° Éviter de faire choix de noms qui existent en zoologie.

Art. 29. — Les botanistes qui construisent des noms de sous-genres ou de sections feront bien d'avoir égard aux recommandations de l'article précédent et en outre à celles-ci :

1° Prendre volontiers pour la principale division d'un genre, un nom qui le rappelle par quelque modification ou addition (*Eu* mis au commencement du nom , quand il est d'origine grecque; *astrum*, *ella*, à la fin du nom, quand il est latin, ou telle autre modification conforme à la grammaire et aux usages de la langue latine).

2° Éviter dans un genre de nommer une section par le nom du genre terminé en *oides* ou en *opsis ;* mais au contraire rechercher cette désinence pour une section qui ressemblerait à un autre genre, en ajoutant alors *oides* ou *opsis* au nom de cet autre genre, s'il est d'origine grecque, pour former le nom de la section.

3° Éviter de prendre comme nom de section un nom qui existe déjà comme tel dans un autre genre, ou qui est le nom d'un genre admis.

Art. 30. — Lorsqu'on désire énoncer un nom de section conjointement avec le nom de genre et le nom d'espèce, le nom de section se place entre les deux autres en parenthèse.

§ 5. — Noms d'espèces, d'hybrides et de subdivisions des espèces.

Art. 31. — Chaque espèce , même celles qui composent à

elles seules un genre , est désignée par le nom du genre auquel elle appartient suivi d'un nom dit spécifique, le plus ordinairement de la nature des adjectifs.

Art. 32. — Le nom spécifique doit, en général , indiquer quelque chose de l'apparence, des caractères , de l'origine, de l'histoire ou des propriétés de l'espèce. S'il est tiré d'un nom d'homme, c'est ordinairement pour rappeler le nom de celui qui l'a découverte ou décrite , ou qui s'en est occupé d'une manière quelconque.

Art. 33. — Les noms d'hommes employés comme noms spécifiques ont la forme du génitif du nom ou d'un adjectif dérivé (*Clusii* ou *Clusiana*). La première forme s'emploie quand l'espèce a été décrite ou distinguée par le botaniste dont elle prend le nom ; la seconde forme, dans les autres cas. Quelle que soit la forme adoptée, tout nom spécifique tiré d'un nom d'homme commence par une grande lettre.

Art. 34. — Un nom spécifique peut être un ancien nom de genre ou un nom propre substantif. Il prend alors une grande lettre et ne s'accorde pas avec le nom de genre (*Digitalis Sceptrum, Coronilla Emerus*).

Art. 35. — Deux espèces du même genre ne peuvent avoir le même nom spécifique, mais le même nom spécifique peut être donné dans plusieurs genres.

Art. 36. — En construisant des noms spécifiques, les botanistes font bien d'avoir égard aux recommandations suivantes :

1° Éviter les noms très-longs ou d'une prononciation difficile.

2° Éviter les noms qui expriment un caractère commun à toutes ou presque toutes les espèces du genre.

3° Éviter les noms tirés de localités peu connues , ou très-restreintes, à moins que l'habitation de l'espèce ne soit tout à fait locale.

4° Éviter, dans le même genre, les noms trop semblables, ceux surtout qui ne diffèrent que par les dernières lettres.

5° Adopter volontiers les noms inédits qui se trouvent dans les notes des voyageurs ou dans les herbiers, à moins qu'ils ne soient plus ou moins défectueux (voir art. 47, 3°).

6° Éviter les noms qui ont été employés auparavant dans le genre ou dans quelque genre voisin et qui sont devenus des synonymes.

7° Ne pas nommer une espèce d'après quelqu'un qui ne l'a ni découverte, ni décrite, ni figurée, ni étudiée en aucune manière.

8° Éviter les noms spécifiques composés de deux mots.

9° Éviter les noms qui forment pléonasme avec le nom du genre.

Art. 37. — Les hybrides d'une origine démontrée par voie d'expérience, sont désignés par le nom de genre, auquel on ajoute une combinaison des noms spécifiques des deux espèces dont ils proviennent, le nom de l'espèce qui a fourni le pollen étant mis le premier, avec la terminaison *i* ou *o*, et celui de l'espèce qui a fourni l'ovule venant ensuite, avec un trait d'union entre les deux (*Amaryllis vittato-reginæ*, pour l'*Amaryllis* provenant de l'*Amaryllis reginæ* fécondé par l'*A. vittata*).

Les hybrides d'origine douteuse se nomment comme des espèces. On les distingue par l'absence de numéro d'ordre et par le signe × précédant le nom de genre (× *Salix capreola* Kern.).

Art. 38. — Les noms de sous-espèces et de variétés se forment comme les noms spécifiques, et s'ajoutent à eux dans leur ordre, en commençant par ceux du degré supérieur de division.

Les métis d'origine douteuse se nomment et se classent de la même manière.

Les sous-variétés, variations et sous-variations de plantes spontanées, peuvent recevoir des noms analogues aux précédents, ou seulement des numéros ou des lettres qui facilitent leur classement.

Art. 39. — Les métis d'une origine certaine sont désignés par une combinaison des deux noms de sous-espèces, variétés, sous-variétés, etc., qui leur ont donné naissance, en observant les mêmes règles que pour les noms d'hybrides.

Art. 40. — Dans les plantes cultivées, les semis, les métis

d'origine obscure et les *sports*, reçoivent des noms de fantaisie, en langue vulgaire, aussi différents que possible des noms latins d'espèces ou de variétés. Quand on peut les rattacher à une espèce, à une sous-espèce ou une variété botanique, on l'indique par la succession des noms (*Pelargonium zonale Mistress-Pollock*).

SECTION III.

De la publication des noms et de la date de chaque nom ou combinaison de noms.

Art. 41. — La date d'un nom ou d'une combinaison de noms est celle de leur publication effective, c'est-à-dire d'une publicité irrévocable.

Art. 42. — La publication résulte de la vente ou de la distribution, dans le public, d'imprimés, de planches, ou d'autographies. Elle résulte aussi de la mise en vente ou de la distribution aux principales collections publiques d'échantillons numérotés, nommés et accompagnés d'étiquettes imprimées ou autographiées, portant la date de la mise en vente ou de la distribution.

Art. 43. — Une communication de noms nouveaux faite dans une séance publique, des noms mis dans des collections ou des jardins ouverts au public, ne constituent pas une publication.

Art. 44. — La date mise sur un ouvrage est présumée exacte, jusqu'à preuve contraire.

Art. 45. — Une espèce n'est considérée comme nommée que si elle a un nom générique en même temps qu'un nom spécifique.

Art. 46. — Une espèce annoncée dans un ouvrage sous des noms générique et spécifique, mais sans aucun renseignement sur les caractères, ne peut être considérée comme publiée. Il en est de même d'un genre annoncé sans être caractérisé.

Art. 47. — Les botanistes feront bien d'avoir égard aux recommandations suivantes :

1° Indiquer exactement la date de la publication de leurs ouvrages ou fractions d'ouvrages, et celle de la mise en vente ou de la distribution de plantes nommées et numérotées.

2° Ne pas publier un nom sans indiquer clairement si c'est un nom de famille ou de tribu, de genre ou de section, d'espèce ou de variété, en un mot sans indiquer une opinion sur la nature du groupe auquel ils donnent le nom.

3° Éviter de publier ou de mentionner dans leurs publications des noms inédits qu'ils n'acceptent pas, surtout si les personnes qui ont fait ces noms n'en ont pas autorisé formellement la publication (voir art. 36, 5°).

SECTION IV.

De la précision à donner aux noms par la citation du botaniste qui les a publiés le premier.

ART. 48. — Pour être exact et complet dans l'indication du nom ou des noms d'un groupe quelconque, il faut citer l'auteur qui a publié le premier le nom ou la combinaison de noms dont il s'agit.

ART. 49. — Un changement de caractères constitutifs ou de circonscription dans un groupe n'autorise pas à citer un autre auteur que celui ayant publié le premier le nom ou la combinaison de noms.

Quand les changements ont été considérables, on ajoute à la citation de l'auteur primitif: *mutatis charact.*, ou *pro parte*, ou *excl. gen.*, *excl. sp.*, *excl. var.*, ou telle autre indication abrégée, selon la nature des changements survenus et du groupe dont il s'agit.

ART. 50. — Les noms publiés d'après un document inédit, tel qu'un herbier, une collection non distribuée, etc., sont précisés par l'addition du nom de l'auteur qui publie, malgré l'indication contraire qu'il a pu donner. De même les noms usités dans les jardins sont précisés par la mention du premier auteur qui les publie.

Dans le texte développé, on cite l'herbier, la collection, le jardin (*Lam. ex Commers. mss. in herb. par.; Lindl. ex horto Lodd.*).

ART. 51. — Lorsqu'un nom existant est appliqué à un groupe qui devient d'un ordre supérieur ou inférieur à ce qu'il était auparavant, le changement opéré équivaut à la création d'un nouveau groupe et l'auteur à citer est celui qui a fait le changement.

ART. 52. — Les noms d'auteurs mis après les noms de plantes s'indiquent par abréviations, à moins qu'ils ne soient très-courts.

A cet effet on retranche d'abord les particules ou lettres préliminaires qui ne font pas strictement partie du nom, puis on indique les premières lettres, sans en omettre aucune. Si un nom d'une seule syllabe est assez compliqué pour qu'il vaille la peine de l'abréger, on indique les premières consonnes (*Br.* pour Brown); si le nom a deux ou plusieurs syllabes, on indique la première syllabe, plus la première lettre de la syllabe suivante, ou les deux premières quand elles sont des consonnes (*Juss.* pour de Jussieu ; *Rich.* pour Richard).

Lorsqu'on est forcé d'abréger moins, pour éviter une confusion entre des noms qui commencent par les mêmes syllabes, on suit le même système, en donnant, par exemple, deux syllabes avec la ou les premières consonnes de la troisième, ou bien l'on indique une des dernières consonnes caractéristiques du nom (*Bertol.*, pour Bertoloni, afin de distinguer de Bertero ; *Michx* pour Michaux, afin de distinguer de Micheli). Les noms de baptême ou les désignations accessoires, propres à distinguer deux botanistes du même nom, s'abrégent de la même manière (*Adr. Juss.* pour Adrien de Jussieu, *Gærtn. fil.* ou *Gærtn. f.* pour Gærtner fils).

Lorsque l'usage est bien établi d'abréger un nom d'une autre manière, le mieux est de s'y conformer (*L.* pour Linné, *St-Hil.* pour de Saint-Hilaire).

SECTION V.

Des noms à conserver lorsqu'un groupe est divisé, remanié, transporté, élevé ou abaissé, ou quand deux groupes de même ordre sont réunis.

ART. 53. — Un changement de caractères, ou une révision qui entraîne l'exclusion de certains éléments d'un groupe ou des additions de nouveaux éléments, n'autorisent pas à changer le nom ou les noms du groupe.

ART. 54. — Lorsqu'un genre est divisé en deux ou plusieurs, le nom doit être conservé et il est donné à l'une des divisions principales. Si le genre contenait une section ou autre division qui, d'après son nom ou ses espèces, était le type ou l'origine du groupe, le nom est réservé pour cette partie. S'il n'existe pas de section ou subdivision pareille, mais qu'une des fractions détachées soit beaucoup plus nombreuse en espèces que les autres, c'est à elle que le nom doit être réservé.

ART. 55. — Dans le cas de réunion de deux ou plusieurs groupes de même nature, le nom le plus ancien subsiste. Si les noms sont de même date l'auteur choisit.

ART. 56. — Lorsqu'on divise une espèce en deux ou plusieurs espèces, si l'une des formes a été plus anciennement distinguée, le nom lui est conservé.

ART. 57. — Lorsqu'une section ou une espèce est portée dans un autre genre, lorsqu'une variété ou autre division de l'espèce est portée au même titre dans une autre espèce, le nom de la section, le nom spécifique ou le nom de la division d'espèce subsiste, à moins que dans la nouvelle position il n'existe un des obstacles indiqués aux articles 62 et 63.

ART. 58. — Lorsqu'une tribu devient famille, qu'un sous-genre ou une section devient genre, qu'une subdivision d'espèce devient espèce, ou que des changements ont lieu dans le sens inverse, les noms anciens des groupes subsistent, pourvu qu'il n'en résulte pas deux genres du même nom dans le règne végétal, deux subdivisions de genre ou deux espèces du même nom dans le même genre, ou deux subdivisions du même nom dans la même espèce.

SECTION VI.

Des noms à rejeter, changer ou modifier.

Art. 59. — Nul n'est autorisé à changer un nom sous prétexte qu'il est mal choisi, qu'il n'est pas agréable, qu'un autre est meilleur ou plus connu, qu'il n'est pas d'une latinité suffisamment pure, ou par tout autre motif contestable ou de peu de valeur.

Art. 60. — Chacun doit se refuser à admettre un nom dans les cas suivants :

1° Quand ce nom est appliqué dans le règne végétal à un groupe nommé antérieurement d'un nom valable.

2° Quand il forme double emploi dans les noms de classes ou de genres, ou dans les subdivisions ou espèces du même genre, ou dans les subdivisions de la même espèce.

3° Quand il exprime un caractère ou un attribut positivement faux dans la totalité du groupe en question, ou seulement dans la majorité des éléments qui le composent.

4° Quand il est formé par la combinaison de deux langues.

5° Quand il est contraire aux articles de la section V.

Art. 61. — Un nom de cohorte, sous-cohorte, famille ou sous-famille, tribu ou sous-tribu, doit être changé lorsqu'il est tiré d'un genre qu'on reconnaît ne pas faire partie du groupe en question.

Art. 62. — Lorsqu'un sous-genre, une section ou une sous-section passe au même titre dans un autre genre, le nom doit être changé s'il existe déjà dans le genre un groupe de même ordre sous ce nom.

Lorsqu'une espèce est portée d'un genre dans un autre, son nom spécifique doit être changé s'il existe déjà pour une des espèces du genre. De même lorsqu'une sous-espèce, variété ou autre subdivision d'espèce, est portée dans une autre espèce, le nom en doit être changé s'il existe déjà dans l'espèce pour une modification du même ordre.

Art. 63. — Lorsqu'un groupe est transporté dans un autre en y conservant le même rang, son nom doit être changé s'il devient un contre-sens ou une cause évidente d'erreur et de confusion dans la nouvelle position qui lui est attribuée.

Art. 64. — Dans les cas prévus aux articles 60, 61, 62, 63, le nom à rejeter ou à changer est remplacé par le plus ancien nom valable existant pour le groupe dont il s'agit, et à défaut de nom valable ancien un nom nouveau doit être créé.

Art. 65. — Un nom de classe, tribu ou autre groupe supérieur au genre, peut être modifié dans sa désinence, pour être rendu conforme aux règles et aux usages.

Art. 66. — Lorsqu'un nom tiré du grec ou du latin a été mal écrit ou mal construit, ou qu'un nom tiré d'un nom d'homme n'a pas été écrit conformément à l'orthographe réelle du nom, ou qu'une erreur sur le genre grammatical d'un nom a entraîné une désinence vicieuse dans les noms d'espèces ou de modifications d'espèces, chaque botaniste est autorisé à rectifier le nom fautif ou les désinences fautives, à moins qu'il ne s'agisse d'un nom très-ancien et passé entièrement dans l'usage sous la forme erronée. On doit user de cette faculté avec réserve, particulièrement si le changement doit porter sur la première syllabe, surtout sur la première lettre du nom.

Quand un nom a été tiré d'une langue vulgaire, il doit subsister tel qu'on l'a fait, même dans le cas où l'orthographe du nom a été mal comprise par l'auteur et donne lieu à des critiques fondées.

SECTION VII.

Des noms de plantes dans les langues modernes.

Art. 67. — Les botanistes emploient dans les langues modernes les noms scientifiques latins ou ceux qui en dérivent immédiatement, de préférence aux noms d'une autre nature ou d'une autre origine. Ils évitent de se servir de ces derniers noms, à moins qu'ils ne soient très-clairs et très-usuels.

ART. 68. — Tout ami des sciences doit s'opposer à l'introduction dans une langue moderne de noms de plantes qui n'y existent pas, à moins qu'ils ne soient dérivés du nom botanique latin, au moyen de quelque légère modification.

SÉANCE DU 23 AOUT.

Clôture du Congrès.

PRÉSIDENCE DE M. DE CANDOLLE.

M. le Président appelle successivement les noms de plusieurs savants qui avaient annoncé l'intention de présenter des mémoires au Congrès, mais qui ne répondent pas à cet appel et n'ont pas envoyé leur mémoire.

Personne ne demandant plus la parole pour un dépôt de mémoire ou pour une communication scientifique, M. le Président déclare l'ordre du jour épuisé.

M. Du Mortier exprime au nom du Congrès combien ses membres ont vivement senti les excellents procédés dont a usé envers eux la Société impériale et centrale d'horticulture, qui a fourni les salles nécessaires au Congrès pour la tenue de ses séances et les réunions de ses commissions, ainsi que pour l'installation de l'exposition importante de livres, de matériel botanique et d'herbiers qui a été mise sous ses yeux. M. Du Mortier rappelle que le jour même de l'ouverture du Congrès, la Société d'horticulture en avait invité les membres à assister à la séance qu'elle devait tenir le jeudi 28 ; il ajoute qu'il s'est rendu avec M. le professeur J.-E. Planchon à cette réunion, où ils ont été invités à s'asseoir au bureau comme représentants du Congrès international de botanique, et qu'il s'est fait un devoir, à cette occasion, d'offrir publiquement à la Société impériale et centrale d'horticulture les remercîments qui lui étaient dus.

M. le Président remercie la Société botanique de France, et spécialement le bureau et le conseil d'administration de cette Société, ainsi que les personnes dévouées qui se sont chargées de l'organisation du Congrès, des soins qu'elles ont pris pour en assurer la réunion.

M. Duchartre témoigne à M. de Candolle combien la Société

botanique a dû se féliciter de ce qu'il avait bien voulu accepter, avec la présidence du Congrès, la tâche laborieuse d'en préparer les travaux, ce qui était le meilleur moyen d'en assurer le succès, ainsi que l'expérience faite dans ces huit jours l'a parfaitement prouvé.

M. de Candolle s'exprime ensuite en ces termes :

Messieurs,

Je ne puis terminer cette séance, la dernière du Congrès, sans vous remercier de l'honneur que vous m'avez fait en m'appelant à vous présider.

Si vous n'aviez considéré que la capacité individuelle, assurément vous auriez pu choisir mieux, et l'expérience que nous avons faite plusieurs fois de la présidence de l'honorable M. Du Mortier le prouve bien, mais vous avez voulu, je suppose, rendre hommage au botaniste célèbre dont je ne suis que l'humble élève et successeur. Vous avez moins pensé à une personne vivante et ici présente qu'à un nom intimement lié, depuis soixante-dix ans, avec l'histoire de la botanique. Je me suis efforcé de comprendre les devoirs que cette position particulière m'imposait. Heureusement j'ai été soutenu par votre extrême indulgence, et, grâce à vous, bien plus qu'à moi, le Congrès international de botanique de Paris, à la suite de discussions parfaitement régulières et de communications importantes, aura fait faire à la science de véritables progrès.

Les dernières paroles de M. de Candolle sont couvertes par les applaudissements unanimes des membres du Congrès, et la séance est levée à onze heures et demie du soir.

RAPPORTS

SUR LES ÉTABLISSEMENTS VISITÉS PAR LE CONGRÈS

NOTE SUR LES COLLECTIONS BOTANIQUES DE L'ÉCOLE DE PHARMACIE.

Le 22 août, les membres du Congrès ont visité les collections de matière médicale et le Jardin botanique de l'École de pharmacie.

Réunies et classées avec soin par M. Guibourt, pendant les longues années de son professorat, les collections de matière médicale présentaient, pour les savants étrangers, un très-grand intérêt. C'est là que se trouvent, en effet, les types principaux décrits dans une œuvre qui restera classique : l'*Histoire naturelle des drogues simples*. Les échantillons y sont classés en deux séries : les uns, contenus dans des bocaux, enfermés eux-mêmes dans des armoires vitrées, sont disposés autour de la salle et groupés d'après l'ordre même du livre de M. Guibourt, celui des familles naturelles. Des étiquettes collées sur les bocaux indiquent le nom vulgaire de la drogue et son origine botanique. Près de 950 substances sont ainsi exposées, et les élèves peuvent en vérifier les caractères extérieurs.

D'autres échantillons des mêmes espèces sont placés plus en évidence encore dans une vitrine occupant le milieu de la salle. Ils représentent les médicaments les plus usuels, avec lesquels il importe surtout de familiariser les étudiants. Comme le but principal est d'apprendre à distinguer les unes des autres des substances qui risqueraient d'être confondues, on les a classées, non plus d'après l'ordre des familles auxquelles elles se rapportent, mais d'après leur nature morphologique ou chimique (racines, tiges, bois, écorces, feuilles, fleurs, fruits ; exsudations diverses, gommeuses, résineuses, gommo-résineuses, etc.). Les produits qui extérieurement se ressemblent le plus sont ainsi placés à côté les uns des autres, de façon que, par leur rapprochement même, il soit plus facile de saisir les caractères qui permettent de les distinguer.

Une série de bois, des minéraux classés également d'après le livre de M. Guibourt, complètent les collections de cette salle, dont il serait trop long de détailler les richesses.

Le jardin botanique, confié à la direction de M. Chatin, est situé dans l'École même. Non-seulement les espèces médicinales les plus importantes, mais encore les types principaux des familles y sont représentés et soignés avec intelligence par le jardinier M. Drévault. Les espèces, au nombre de 2500 environ (1), y sont classées d'après l'ordre du *Prodromus* de M. de Candolle. Une petite serre et une petite orangerie servent à la culture des plantes qui ne supportent pas la pleine terre.

Après avoir visité avec attention les collections et le jardin, les membres du Congrès ont pu assister aux expériences faites dans un des laboratoires de l'École de pharmacie par M. Schultz-Schultzenstein. Le savant botaniste de Berlin y a montré d'une part les préparations microscopiques des vaisseaux laticifères, sur lesquelles il a fondé sa théorie de la cyclose; d'autre part les expériences physiologiques qui forment la base de son mémoire sur la véritable nutrition des plantes (2).

C. Planchon.

NOTE SUR LE MUSÉE DELESSERT.

Le Musée botanique de la famille Delessert, que le Congrès a visité le 23 août, suivant son programme, n'a pas déchu de la réputation européenne qui lui est depuis si longtemps acquise. Les *exsiccata* et les livres récemment publiés, achetés pour le Musée ou envoyés par les botanistes, ont tenu au courant de la science les collections fondées par Benjamin Delessert, augmentées et entretenues avec un soin religieux par M. François Delessert. On trouvera dans le livre que l'honorable conservateur de ces collections, M. Lasègue, a consacré à leur description (3), tous les renseignements qu'on peut désirer sur leur disposition et sur leur importance. Mais la date déjà un peu ancienne de cette publication nous fournissait l'occasion et nous imposait presque le devoir de signaler l'accroissement qu'elles ont pris depuis cette époque.

Les collections contenues dans l'herbier se sont augmentées con-

---

(1) Le jardin possède en outre 2500 à 3000 espèces qui ne sont pas comprises dans l'École botanique.

(2) Voyez plus haut page 99.

(3) *Musée botanique de M. Benjamin Delessert. Notices sur les collections de plantes et la bibliothèque qui le composent, contenant en outre des documents sur les principaux herbiers d'Europe, et l'exposé des voyages entrepris dans l'intérêt de la botanique;* par M. A. Lasègue. Paris, chez Fortin, Masson et Cⁱᵉ, janvier 1845.

sidérablement depuis lors. Pour ne citer que les plus importantes qui'y sont entrées, nous devons mentionner : pour la flore de France, les dons de MM. Augé de Lassus, Aunier, Bouvier, Chaubard, de Forestier, Eug. Fournier, Graves, Montagne, Naudin, Puel (*Herbier des flores locales*, etc.) ; l'herbier de M. Bélanger, et les *exsiccata* de MM. Billot, Bordère, Canut, Philippe et F. Schultz ; pour l'Algérie, les collections de MM. Durando, Munby, P. Jamin, Bourgeau et Kralik ; pour l'Espagne, celles de MM. Bourgeau, Blanco et Lange ; pour la région orientale, les *exsiccata* de MM. Balansa, Bourgeau et Kotschy ; pour l'Amérique du Nord, les collections de Rafinesque ; pour l'Amérique centrale, les plantes de Cuba de Wright, les plantes du Mexique de Jurgensen, celles de Venezuela de Fendler et de Funck et Schlim ; pour la Bolivie, celles de Mandon ; pour la république de l'Équateur, celles de Jameson ; pour la région des Amazones, celles de Spruce. Ajoutons encore les dons faits par M. Cl. Gay des types du *Flora chilena*, par M. J.-D. Hooker des types du *Flora antarctica*, par M. Hombron des types du voyage de l'*Astrolabe* et de la *Coquille*, une belle collection des Indes orientales, envoyée par la Société Linnéenne de Londres, et tout dernièrement celui des *Reliquiæ Mailleanæ* ; enfin, citons parmi les acquisitions les plus importantes d'*exsiccata* exotiques, les plantes d'Afrique de Boivin, et celles de la Nouvelle-Hollande de Drummond. Cela permet de comprendre comment le nombre des boîtes renfermant l'herbier s'élevait au 10 mai 1867 à 2750.

La bibliothèque s'est accrue dans des proportions plus importantes encore. Aux beaux ouvrages de grand format et munis de planches qui sont indiqués dans le Musée botanique de M. Lasègue, il faut ajouter ceux qui concernent les Orchidées : les *Folia orchidacea* de Lindley, le *Xenia orchidacea* de M. Reichenbach fils, le *Pescatorea*, la *Collection des Orchidées les plus remarquables de l'Archipel indien et du Japon* de Blume, les *Select orchidaceous plants* de M. Warner, la monograpie des *Odontoglossum* de M. Bateman ; les remarquables ouvrages que M. d'Ettingshausen a fait imprimer à l'imprimerie impériale de Vienne, avec le concours de M. Pokorny (*Physiotypia plantarum austriacarum*, etc. ; les belles publications de M. Fée sur les Fougères (onze mémoires dont plusieurs in-folio) ; le *Flora brasiliensis* de M. Martius, parvenu aujourd'hui à son 42ᵉ fascicule ; les *Illustrations of the genus*

Carex, de M. F. Boott; les voyages récents : Asa Gray, *United States exploring expedition;* Seemann, *Botany of the voyage of H. M. S. Herald; Flora vitiensis;* Wawra, *Botanische Ergebnisse der Reise seiner Majestœt des Kaisers von Mexico Maximilian I nach Brasilien;* Weddell, *Chloris andina;* Maximowicz, *Primitiœ florœ amurensis;* Peters, *Reise nach Mozambique.* Citons encore le *Bryologia javanica,* commencé par M. Van den Bosch; les *Annales Musei botanici Lugduno-batavi* de M. Miquel; les *Tabulœ phycologicœ* de M. Kuetzing; le *Selecta Fungorum Carpologia* de MM. Tulasne; etc., etc. Un certain nombre de ces ouvrages ont été donnés au Musée par leurs auteurs.

Nous ne saurions insister davantage, dans cette courte note, sur l'étendue de la bibliothèque. En général, toutes les publications botaniques parues depuis vingt ans, dont le bibliothécaire a eu connaissance par la voie de la librairie ou par les dons des auteurs, doivent être ajoutées aux indications données dans le *Musée botanique,* pour qu'on comprenne l'importance des sommes consacrées annuellement à l'augmentation de ces collections. On n'a même pas voulu éliminer des acquisitions un grand nombre de florules locales des pays étrangers, bien qu'elles soient fort rarement consultées à Paris. Les journaux périodiques, même ceux qui sont exclusivement consacrés à l'horticulture, ont leur place marquée dans les cases de la bibliothèque, et les lacunes qui peuvent s'y trouver doivent être attribuées à l'indifférence singulière que beaucoup de libraires parisiens ont pour les intérêts de leurs correspondants étrangers ou des personnes qui placent chez eux des livres en dépôt.

Ces notes suffisent pour indiquer l'importance des collections botaniques dont nous parlons; mais aucun témoignage écrit ne pourrait rendre compte de l'utilité pratique qu'elles présentent, grâce à l'aménagement intérieur du Musée destiné à faciliter le travail de quiconque y est admis dans les salles de travail, où l'on se trouve dans des conditions toutes différentes de celles des bibliothèques publiques. Tous ceux qui y sont entrés savent qu'on y peut consulter *simultanément* tous les livres nécessaires à des recherches d'ensemble et compulser l'herbier en même temps que la bibliothèque, avantage inappréciable. Les connaissances étendues du conservateur des collections, M. Lasègue, et son obligeance inépuisable sont souvent mises à profit par les botanistes qui fréquentent le Musée; il n'est guère de sujet sur lequel son expérience bibliographique ne puisse venir en aide à leurs recherches, et l'auteur de cette notice saisit avec empressement l'occasion de reconnaître le secours précieux qu'il a trouvé dans ses lumières, notamment pour des recherches sur les plantes connues des anciens. Bien qu'un des derniers venus dans la science, il est un de ceux qui sentent le plus vivement tout ce qui est dû de reconnaissance à une famille dont les membres se transmettent depuis quarante ans le titre glorieux et mérité de Mécènes de la botanique.   Eug. Fournier.

RAPPORT SUR L'HERBIER DE M. LE DOCTEUR E. COSSON.

Depuis que les collections de Ph. Barker-Webb ont été léguées par lui au Musée grand-ducal de Florence ; que M. le comte Jaubert a fait transporter les siennes dans son domaine du Berry, et que l'herbier de M. J. Gay, soustrait par la mort de notre si regretté confrère aux investigations des botanistes, attend que ses héritiers trouvent un acquéreur, les seules collections particulières importantes que l'on puisse étudier à Paris sont, après celles de M. François Delessert, celles deM. le comte Albert de Franqueville et celles de M. Cosson.

L'absence de M. le comte A. de Franqueville empêchait une visite qu'il eût été le premier à solliciter du Congrès ; on aurait admiré chez lui l'importance d'un herbier qui contient presque tous les *exsiccata* distribués depuis vingt ans, et qui, très-riche en plantes françaises, s'est accru considérablement par l'acquisition des herbiers d'A. Richard et de Steudel. L'importance de ces collections est d'autant plus grande que M. de Franqueville, ne s'occupant lui-même d'aucune monographie générale, se fait un point d'honneur de communiquer ou d'envoyer ses plantes aux monographes français ou étrangers, et qu'il en résulte pour lui la possession de types précieux et authentiques.

Chez M. Cosson, le Congrès devait trouver un herbier fort étendu également, moins général, mais doué d'un intérêt plus spécial, tant à cause des nombreux travaux auxquels il a servi de base et dont il contient les types, que par le soin avec lequel il est journellement déterminé par M. Cosson et classé par son ami et conservateur M. L. Kralik.

Les collections de M. Cosson se composent d'une bibliothèque botanique comprenant les ouvrages généraux et la plupart des publications sur la flore de l'Europe, sur celle du bassin méditerranéen et sur celle de l'Amérique du Nord, d'un herbier général, d'un herbier spécial des environs de Paris, d'un herbier spécial d'Abyssinie et d'un herbier du Cap en voie de formation.

L'herbier général se compose de plus de 1200 paquets et renferme environ 50000 espèces. — Les fascicules placés dans des casiers sont serrés entre des cartons uniformes maintenus par une seule courroie. — Les genres et les espèces sont classés d'après le *Prodromus* de De Candolle, et d'après des monographies ou les ouvrages les plus récents pour les familles qui n'ont pas été traitées dans le Prodrome. — Les familles et les genres sont indiqués par des étiquettes saillantes portant, pour faciliter les recherches, l'indication des numéros d'ordre et, de plus, celle du volume et de la pagination des ouvrages adoptés pour la classification. — A chaque espèce est attribuée une feuille double de papier fort et collé formant chemise, portant épinglée à son angle antérieur et inférieur une étiquette donnant le numéro d'ordre de l'espèce, son nom, ses principaux synonymes et les régions d'où proviennent les échantillons. Une chemise spéciale est attribuée aux plantes originaires de l'Algérie, du Maroc et de la Tunisie, qui sont plus particulièrement l'objet des études actuelles de M. Cosson; les chemises des espèces de cette flore sont munies d'une étiquette bleue qui permet d'extraire facilement l'herbier algérien. — Les genres et les espèces non décrits dans les ouvrages suivis pour le classement sont rangés alphabétiquement en tête de leurs familles ou de leurs genres. — Les genres très-nombreux en espèces sont subdivisés par des étiquettes de couleur, indiquant les sections du genre et les numéros des espèces qu'elles comprennent. Pour ces grands genres, tels que les *Astragalus*, les *Senecio*, les *Panicum*, etc., les espèces récemment décrites sont rangées alphabétiquement en tête de leurs sections.

Les paquets de l'herbier sont superposés en lignes verticales qui se suivent de gauche à droite. Cette disposition et les indications portées sur les étiquettes saillantes permettent d'arriver, avec la plus grande célérité, aux genres et aux espèces objets d'une recherche, car il suffit de se repérer, pour cette recherche, sur la numération du *Prodromus* ou des autres ouvrages classiques. Ainsi le *Nomenclator botanicus* de Steudel, l'*Index* de Buek et les tables de l'*Enumeratio* de Kunth servent de véritable répertoire pour l'herbier.

Tous les échantillons de l'herbier ont été passés à la solution alcoolique de sublimé corrosif. Ils sont fixés sur des feuilles simples de papier blanc, au moyen de bandelettes de papier gommé, attachées chacune sur la feuille par une épingle; les étiquettes sont fixées aussi au moyen d'une épingle au-dessous des échantillons auxquels elles se rapportent. Cet arrangement, par lequel on a pu grouper souvent sur une même feuille des échantillons de diverses provenances et condenser ainsi l'herbier, permet de passer rapidement en revue tous les échantillons d'une espèce, et de les examiner sur leurs deux faces sans aucune chance de confusion. Les fleurs et les parties de fleurs, les graines et les fruits détachés sont conservés dans des sachets de papier mince et souple, faciles à ouvrir, et collés à côté de l'échantillon dont ils proviennent.

Les plantes destinées à entrer dans l'herbier sont, aussitôt après leur empoisonnement, classées par familles et par genres, et forment un herbier provisoire intercalaire muni d'étiquettes génériques, et reproduisant exactement le cadre et la numération de l'herbier lui-même.

L'herbier général renferme des espèces de toutes les parties du monde, et en nombre suffisant pour représenter la série des familles et des genres; mais son intérêt scientifique consiste surtout dans sa richesse pour l'hémisphère boréal. — Les espèces des flores de l'Europe, de l'Asie tempérée, de l'Afrique septentrionale, de l'Amérique du Nord y sont généralement représentées par de nombreux échantillons. On y trouve plus particulièrement d'importants documents sur la végétation du nord de l'Europe, de l'Europe centrale, de toutes les contrées du bassin méditerranéen, tant européennes qu'asiatiques et africaines, et des États-Unis. L'herbier offre, en outre, la plupart des *exsiccata* formés dans les pays ayant des affinités avec la flore du bassin méditerranéen ou avec la flore désertique de l'Afrique, tels que la Perse, l'Arabie, le littoral de la Mer-Rouge, l'Égypte, l'Éthiopie, les Açores, Madère, les Canaries, etc. — La flore des anciens États barbaresques, objet des travaux actuels de M. Cosson, est naturellement représentée très-largement dans son herbier, tant par les résultats de ses voyages en Algérie que par les nombreuses communications des botanistes algériens. Pour les États de Maroc et de Tunis, l'herbier renferme à peu près l'ensemble des espèces qui y ont été jusqu'ici constatées.

La région équatoriale ne figure guère dans l'herbier qu'au point de vue de la représentation des principaux types génériques.

Parmi les contrées ne rentrant pas dans le cadre spécial de l'herbier, et dont cependant M. Cosson possède un assez grand nombre d'espèces, nous pouvons citer l'Inde, la Chine, le Japon, l'Abyssinie (à laquelle, comme nous l'avons déjà dit, est consacré un herbier spécial), le Sénégal, le Cap, l'Australie.

M. le comte A. de Franqueville s'est fait un plaisir d'offrir libéralement à son ami M. Cosson, la plupart des plantes qu'il possédait en double dans son magnifique herbier général, qui renferme, comme le savent tous les botanistes, presque toutes les collections classiques et presque tous les *essiccata*. M. Cosson lui doit, entre autres collections de première valeur, la série complète des plantes recueillies par Quartin-Dillon et Petit en Abyssinie.

M. de Tchihatchef, avant de disposer de son herbier en faveur de la Société botanique, a généreusement offert à M. Cosson toutes les plantes qu'il avait recueillies dans l'Altaï et l'Asie-Mineure, plantes qui, ayant été déterminées par MM. C.-A. Meyer, Fischer et Boissier, sont autant de types précieux.

Plusieurs collections intéressantes ont été acquises par M. Cosson lors de la vente des plantes non intercalées laissées par M. J. Gay.

L'herbier de M. Maille, réparti en collections après la mort de ce botaniste, a fourni également l'occasion de combler d'importantes lacunes, et c'est à cet herbier que M. Cosson doit, entre autres, la collection classique d'Aucher-Éloy.

L'herbier de M. Cosson vient de recevoir un accroissement considérable, surtout pour les flores exotiques, par l'adjonction d'une grande partie de l'herbier du regrettable M. Maire. En 1866, M. Maire, en raison de son grand âge, ne pouvant plus s'occuper de botanique, mais désirant néanmoins que son herbier continuât à profiter à la science, en a fait généreusement don à son ami M. E. Cosson. M. Cosson s'est réservé des échantillons des plantes les plus rares des environs de Paris, extraites de l'herbier spécial consacré à la flore de Paris par M. Maire, quelques plantes intéressantes de France et d'Europe ; pour l'Asie, des plantes de la flore des Indes et de Java récoltées par M. Bélanger, des plantes de Sibérie de divers collecteurs ; pour l'Afrique, les plantes du Sénégal de MM. Le Prieur et Perrottet, du Cap de Drège et Ecklon, de Sieber et de MM. Verreaux, de l'île Maurice de Sieber et de Bélanger, de Bourbon de Goudot et de M. Perrottet, de Madagascar de Goudot ; pour l'Amérique du Nord, les plantes du Canada, des États-Unis et du

Mexique acquises de Leman et de Schleicher, de Porto-Rico de Berlandier, de Saint-Domingue et de la Guadeloupe acquises de Leman et de Schleicher, de la Guyane de MM. Perrottet et Le Prieur, les plantes de ce dernier pays et de la Colombie acquises de Leman et de Schleicher, du Pérou et de la Patagonie acquises des mêmes botanistes, les plantes du Brésil de Blanchet et de Claussen, les plantes du Chili de Bertero ; pour la Nouvelle-Hollande, les plantes de La Billardière et de Sieber ; les plantes des îles Sandwich de Gaudichaud ; des îles Mariannes de M. Perrottet ; des îles Philippines de divers collecteurs ; de la Nouvelle-Calédonie de La Billardière, etc. — L'herbier de M. Maire a fourni en outre plusieurs *exsiccata*, tels que celui d'Autriche de Sieber ; une partie de celui de l'Allemagne de M. Reichenbach père ; celui de Suisse de Seringe ; une partie de ceux du Cap, de Maurice et de la Nouvelle-Hollande de Sieber, etc. Les collections de M. Cosson doivent encore à l'herbier de M. Maire une nombreuse série de plantes cultivées au Jardin de Berlin, préparées et étiquetées avec le plus grand soin par M. de Schœnefeld et comprenant de précieux types des espèces décrites par Kunth dans ses grands ouvrages, une autre série encore plus nombreuse de plantes recueillies par M. Maire lui-même dans les jardins botaniques de Paris, d'Avignon, de Montpellier, etc., ainsi qu'un grand nombre d'espèces de diverses provenances offertes à M. Maire par le Muséum d'histoire naturelle et par M. Delessert.

Pour faire mieux apprécier l'importance scientifique de l'herbier phanérogamique de M. Cosson, nous terminerons cette note par l'énumération suivante des principales collections qu'il renferme, mentionnées par ordre géographique avec les noms des botanistes auxquels elles sont dues.

EUROPE.

Péninsule scandinave, Danemark, îles Feroë et Spitzberg.

Andersson, Angström, Blytt, Boissier, Fellman, Lange, Lefler, Lindeberg, Ch. Martins, Nyman, Reuter, Wahlberg, Wickström, etc.

Angleterre.

J. Ball, Bennet, Henfrey, etc.

Russie et Principautés danubiennes.

Aucher-Éloy, Dumont-d'Urville, Eversmann, Guébhard, Kühlewein, C.-A. Meyer, Musée de Saint-Pétersbourg, Regel, Saint-Supéry, Czerniaiew, de Tchihatchef, Turczaninow, etc.

France.

Plantes des diverses régions et de presque tous les botanistes français, ainsi
que tous les principaux *exsiccata* publiés.

Allemagne et Suisse.

Albers, C. Billot, Boissier, Bourgeau, Cosson, Dænen, Huter, Facchini,
Funk, Kühlewein, Kunth, de Janka, Lagger, de Parseval, Petter, de
Pittoni, Reichenbach fils, Reuter, de Schœnefeld, F. Schultz, Schultz
Bip., Seringe, Sieber, Sonder, Welwitsch, Wierzbicky, Wimmer,
Wirtgen, plantes des comptoirs d'échange de Strasbourg et de Vienne, etc.

Péninsule ibérique et îles Baléares.

J. Ball, Blanco, Boissier, Bourgeau, Cambessèdes, Pedro del Campo, Car-
reño, Dufour, Durieu de Maisonneuve, Élizalde, Funk, Graells, Guirao,
Hochstetter, Lagasca, Lange, P. Marès, Monard, Rambur, Reuter,
Salzmann, Webb, Welwitsch, Willkomm, etc.

Corse et Sardaigne.

Bourgeau, de Forestier, Huet-du-Pavillon, Kralik, Mabille, Moquin-Tandon,
Moris, Müller, Requien, Soleirol, Thomas, etc.

Italie et Sicile.

J. Ball, Bertoloni, Caruel, Cesati, Cosson, Dænen, de Franqueville, Gas-
parrini, Gussone, de Heldreich, Huet-du-Pavillon, Huguenin, Kralik,
Malinverni, Parlatore, Pasquale, Requien, Rostan, P. Savi, Tenore,
Tineo, Todaro, Webb, Zeyher, etc.

Turquie d'Europe, Grèce et Archipel.

Aucher-Éloy, Clementi, Dumont-d'Urville, de Heldreich, Lagrange, Raulin,
Sartori, Sieber, G. Thuret, etc.

ASIE.

Russie d'Asie et Caucase.

Becker, Bunge, Eversmann, Hohenacker, Kittaref, Kühlewein, Lehmann,
Maximowicz, Musée de Saint-Pétersbourg, Schrenk, Szovits, de
Tchihatchef, etc.

Asie-Mineure.

Aucher-Éloy, Balansa, Boissier, Bourgeau, Haussknecht, de Heldreich,
Huet-du-Pavillon, Kotschy, Coquebert de Montbret, Pinard, etc.

Syrie et Palestine, Chypre.

Aucher-Éloy, Blanche, Boissier, Bové, Gaillardot, Kotschy, Ch. Martins,
Michon, Pinard, etc.

Arabie.

Aucher-Éloy, Boissier, Bové, Pinard, Schimper, etc.

Perse.

Aucher-Éloy, Kotschy, etc.

Mésopotamie.

Aucher-Éloy, Kotschy, Noé, etc.

Indes.

L'importante collection de MM. J.-D. Hooker et Thomson, généreusement
offerte à M. Cosson par M. J.-D. Hooker, des plantes de Bélanger,
Metz, Perrottet, Thwaites, Wallich, etc.

Chine.

Plantes des environs de Canton et de Hong-Kong reçues de M. Hance.

Japon.

Collection de M. Maximowicz.

Java.

Plantes de Blume et de Zollinger reçues en don de M. A. de Franqueville.

AFRIQUE.

Algérie, Tunisie et Maroc.

Balansa, J. Ball, Blanche, Boissier, Bourgeau, Bové, Broussonnet,
A. Charoy, Choulette, Clauson, Cesson, Debeaux, Delestre, Du Colom-
bier, Durand, Durando, Durieu de Maisonneuve, Duval-Jouve, Espina,
Geslin, P. Jamin, Kralik, Krémer, Lagrange, Lefebvre, Lefranc,
Lenepveu, A. Letourneux, P. Marès, Ch. Martins, Mialhes, Monard,
Munby, Naudin, Paris, H. de la Perraudière, Reboud, Reuter, Salle,
Salzmann, Schimper, Sollier, Thevenon, Warion, Webb, Zickel, etc.

Sahara au sud de l'Algérie.

H. Duveyrier.

Cyrénaïque.

Plantes de Pacho.

Égypte, Nubie et Cordofan.

Aucher-Éloy, Baudouin, Bové, Delile, Figari, Gaillardot, Husson,
Kotschy, Kralik, Ch. Martins, Martins père, Raddi, Samaritani, Schimper, Schweinfurth, Sieber, Wiest, etc.

Abyssinie.

Quartin-Dillon et Petit, Rochet-d'Héricourt, Schimper.

Açores et Madère.

Hochstetter, Mandon.

Canaries.

Bolle, Bourgeau, H. de la Perraudière, Pérez, Sagot, Webb, etc.

Sénégal.

Plantes de Heudelot, Le Prieur et Perrottet.

Cap.

De Castelnau, plantes de Drège et Ecklon, de Sieber, de Verreaux.

AMÉRIQUE.

Grœnland et Labrador.
Plantes récoltées par les frères moraves et reçues en don de M. Webb.

Amérique anglaise.
Bourgeau, plantes de Michaux reçues en don de M. A. de Franqueville.

Montagnes-Rocheuses.
Bourgeau, collection complète de MM. Hall et Harbour.

États-Unis.
Bosc, Carey, Darlington (herbier du West-Chester), plantes de Drummond, Elliot, Engelmann, plantes de Frank, Geubel, A. Gray, Hall (herbier de l'Illinois), Hartmann, La Pylaie, plantes de divers collecteurs reçues de M. A. Lenormand ou acquises de l'herbier de M. Maille, Ménard, Minn (herbier de Pennsylvanie), Salneuve, Sartwell (collection de *Carex*), Short (collection de Glumacées), Torrey, etc.

Texas et Nouveau-Mexique.
Plantes de Lindheimer et de Fendler.

Mexique.
Plantes de MM. Botteri, Virlet-d'Aoust et de divers collecteurs.

Antilles.
Bélanger (Fougères de la Martinique), Ramon de la Sagra, plantes de Cuba reçues en don de M. A. de Franqueville.

Guyane.
Plantes de MM. Sagot et Le Prieur, de Richard, et de divers collecteurs.

Bolivie.
Plantes de M. Mandon.

Brésil.
Plantes de Blanchet et de Claussen et de divers collecteurs reçues en don de M. de Franqueville.

Chili.
Plantes de Bertero et de Lechler reçues pour la plupart en don de M. de Franqueville.

AUSTRALIE.

Australie, Nouvelle-Zélande et Tasmanie.
Plusieurs envois importants de M. F. Müller.

POLYNÉSIE.

Nouvelle-Calédonie.
Plantes de M. Vieillard reçues en don de M. R. Lenormand.

Parmi les nombreux *exsiccata* que renferme l'herbier phanérogamique, nous nous bornerons à citer les principaux : Aucher-Éloy, Balansa, Becker, Blanche, C. Billot, Bordère, Bourgeau, Bové, Caruel, Cesati, Choulette, Clauson, Endress, Fellman, Gaillardot, Hall et Harbour, Huguenin, Kotschy, Kralik, Martin, Philippe, Puel et Maille, Reliquiæ Lehmannianæ, Reliquiæ Mailleanæ, P. Savi, Schrenk, F. Schultz, Sieber, Szovits, Wimmer, Wirtgen, etc.

L'herbier cryptogamique, bien qu'il soit moins riche que l'herbier phanérogamique, offre cependant des documents importants.

Les *Characées* ont été revues et enrichies par M. Al. Braun. — Les *Algues* comprennent presque toutes les espèces françaises reçues en don de MM. Chauvin et R. Lenormand, ou faisant partie des *exsiccata* de MM. Lloyd et Le Jolis. Les Algues de l'Australie sont représentées par plusieurs envois de M. F. Müller. M. R. Lenormand a enrichi l'herbier d'un grand nombre d'espèces exotiques. — Les *Lichens* ont été revus par M. Nylander, qui a comblé les principales lacunes pour la flore de France et d'Europe. Les espèces sont représentées surtout par les échantillons reçus de MM. Chauvin, R. Lenormand, Mougeot, Nyman, et par quelques fascicules de l'*exsiccata* de Schærer. — Les *Hépatiques* sont représentées par des échantillons reçus de MM. R. Lenormand, Mougeot, Prost et une belle collection de M. Müller Arg. — Les *Mousses*, revues et libéralement enrichies par M. Schimper, renferment l'*exsiccata* du *Bryologia Europæa*, la collection bryologique de Bory de Saint-Vincent, riche en Mousses de Bourbon, décrites par Bridel d'après ces échantillons, et offrant de précieux types de Hooker, Frœlich, Palisot de Beauvois, Walker-Arnott, etc. Les Mousses de France sont largement représentées en outre par les récoltes ou les dons de MM. de Brébisson, Durieu de Maisonneuve, R. Lenormand, Maire, Mougeot, Prost, Cosson, etc.

L'herbier cryptogamique comprend, outre les *exsiccata* déjà mentionnés, ceux de Mougeot, une partie de celui de Rabenhorst, et celui des Mousses des environs de Paris publié par MM. Roze et Bescherelle.   Eug. Fournier.

NOTE SUR LES COLLECTIONS BOTANIQUES DU MUSÉUM.

Les membres du Congrès ont été reçus au Muséum d'histoire naturelle, le jeudi 22 août, par MM. Brongniart et Decaisne, professeurs-administrateurs, assistés de MM. Tulasne et Naudin, aides-naturalistes. Ils ont pu faire, sous leur savante direction, une revue des diverses collections botaniques du Muséum, assurément remplie d'intérêt, suffisante pour en remporter une impression générale et grandiose, mais insuffisante pour en connaître les richesses et pour savoir quel concours ils pourraient en attendre pour leurs études. C'est dans l'intention de combler cette lacune que le présent rapport a été rédigé, grâce aux notes exactes et actuelles qui ont été obligeamment fournies par MM. Brongniart et Decaisne, ou empruntées à des documents déjà publiés. On s'est flatté de saisir l'occasion de résumer l'histoire et d'indiquer l'état actuel des collections botaniques du Muséum, ce qui n'a jamais été entrepris d'une manière spéciale.

Ces collections forment deux départements distincts : les collections de plantes vivantes, placées dans leur ensemble sous la direction supérieure du Professeur de culture, et l'École de botanique ainsi que les herbiers et leurs annexes, placés sous celle du Profes seur de botanique.

Les collections de plantes vivantes comprennent ainsi : 1° l'École de botanique ; 2° les Écoles des arbres fruitiers et des plantes potagères ou économiques ; 3° les serres ; 4° les pépinières ; 5° le service des graines.

I. L'École de botanique, qui, au siècle dernier, était au Muséum la véritable et presque la seule collection botanique qui servît à l'étude, est universellement reconnue pour la plus vaste et la plus riche qu'il y ait aujourd'hui en Europe. Elle offre une surface de plus de 2 hectares. Le nombre des plantes qui y sont cultivées est environ de 12 000. Elle admet 3 ou 4000 plantes qui sont rentrées tous les ans dans les serres. Toutes les plantes y sont munies d'une étiquette, indiquant leur nom en latin, leur patrie et leur usage.

En 1843, la nécessité de replanter l'École et d'en doubler presque l'étendue fournit à M. Ad. Brongniart l'occasion de la distribuer suivant une classification nouvelle qui lui appartenait et qu'il a exposée dans son *Énumération des genres de plantes cultivés au Muséum d'histoire naturelle de Paris* (1). On sait qu'après les Cryptogames et les Monocotylédonés, la série instituée par M. Brongniart se continue par les Gamopétales, les Dialypétales

____

(1) Une deuxième édition de cet ouvrage a été publiée en 1850.

(où sont intercalés les Apétales angiospermes d'Adrien de Jussieu), et se termine par les Gymnospermes. C'est la nécessité d'appliquer sa méthode à la plantation d'un jardin qui a forcé M. Brongniart de suivre cette marche : « Si j'avais eu, dit-il, l'intention de passer du » simple au composé, comme pour les Monocotylédons, j'aurais dû » commencer par les Gymnospermes, puis par les Dialypétales, » et, dans un livre, ce serait probablement la marche la plus natu- » relle à suivre. »

En replantant l'École, on a respecté, dans la crainte de les dé- truire, quelques arbres qui existaient dans l'ancienne École créée par Desfontaines en 1824, et qui sont parvenus aujourd'hui à un degré remarquable de croissance; parmi eux, nous citerons un *Diospyros calycina*, les *Cornus mas*, *C. sanguinea*, *C. lutea*, un *Juglans oli- væformis* d'environ 15 mètres de hauteur, un *Cratægus Azarolus* de 10 mètres, un exemplaire du rare *Pirus sinaica* Thouin, un *Genista ætnensis*, un *Pistacia chia*, un *Carya amœna;* plusieurs *Quercus*, *Q. Turneri* (*Q. Pseudosuber* Santi), *Q. crinita* (de 12 mètres de hauteur), *Q. Ægilops* (*Q. macrolepis* Kotschy), *Q. Pseudo- suber* Desf. Il faut noter surtout le célèbre *Pinus Laricio* planté par Laurent de Jussieu en 1774, et dont la hauteur est de 24 mètres.

L'espèce est entendue à l'École de botanique dans le sens le plus large; cependant, dans quelques cas, pour éclairer les botanistes sur la valeur des formes élevées au rang d'espèce par quelques auteurs modernes, on a cherché à réunir toutes les formes con- nues de certains genres indigènes. C'est ainsi que les *Rosa* sont actuellement représentés par 128 types, et les *Sempervivum* par 75.

L'École de botanique (Jardinier-chef : M. B. Verlot) est, par son étendue, par le nombre des plantes qu'elle contient et par le soin qu'on met à leur étiquetage, la régulatrice de toutes celles qui existent en France; on peut même ajouter qu'elle en est la pour- voyeuse, car c'est d'elle que toutes nos écoles secondaires tirent la majeure partie de leurs plantes.

Le rôle qu'elle remplit vis-à-vis de la province est aussi celui des diverses sections du service des cultures, où la province et les colonies viennent puiser à pleines mains. On a lu plus haut (p. 42), dans une communication de M. Weddell, ce que l'administration du Muséum, bornée à ses seules ressources, avait fait pour l'acclimata- tion du Quinquina, et il n'est pas besoin de rappeler ici que c'est encore du Muséum qu'est sorti le Caféier, qui a fait la fortune de nos colonies des Antilles. C'est du Muséum que nos provinces du Midi ont reçu le Mûrier des Philippines; celles de toute la France, le *Sophora* du Japon, le *Gleditschia sinensis*, le *Planera*, le *Juglans nigra*, le *Paulownia*, le *Robinia*, l'Ailante, sur lequel on a espéré fonder une industrie séricicole nouvelle, et enfin une quantité d'arbres résineux dont l'économie forestière s'empare tous les jours. Même dans l'industrie plus modeste des fleurs, le Muséum a rendu des services qui ne sont pas à mépriser, si l'on envisage la multiplicité et l'étendue des intérêts qui y sont engagés aujourd'hui. C'est lui qui a procuré à l'horticulture d'agrément, depuis le commencement de ce siècle, le *Dahlia*, les Chrysanthèmes de la Chine et de l'Inde, le *Cobœa*, la Sauge et le Lin à fleurs rouges, et vers le milieu du siècle dernier, la Reine-Marguerite, plantes dont la culture fait vivre aujourd'hui des milliers d'hommes.

En outre, au cours de culture est annexé, près de l'École de botanique, et communiquant avec elle, un jardin d'expériences, qui ne peut se prêter à des indications détaillées, parce que la disposition en est renouvelée constamment selon les essais qu'on y doit faire. Il suffit d'en mentionner l'existence pour que l'on en conçoive l'utilité. C'est là que M. Naudin a fait ses expériences sur les hybrides végétaux, ses cultures spéciales de Cucurbitacées; on a pu y voir souvent des semis de plantes nouvelles, précieuses acquisitions pour l'horticulture, qui se répandent sans que toujours on en connaisse la source; l'administration du Muséum, qui possède à peine le nombre d'ouvriers nécessaires pour exécuter ce qu'elle conçoit, n'a pas le loisir de faire valoir les services qu'elle rend. Pour ne parler que des tentatives les plus récentes, il y a deux ans, c'étaient les graines envoyées de Chine par l'abbé David, qui, à l'aide de soins bien entendus, produisaient un grand nombre de plantes nouvelles; cette année, c'étaient les semis des graines provenant de l'expédition scientifique du Mexique, et envoyées par M. Bourgeau, qui excitaient l'attention des naturalistes. On remarque dans le jardin d'expériences un aquarium pour plantes de marais, une collection d'*Isoetes*, une fougeraie, etc.

II. L'École des arbres fruitiers, confiée aux soins de M. Cappe, jardinier, renferme une collection spéciale d'arbres fruitiers, unique en Europe, qui a reçu les accroissements suivants :

En 1800 elle contenait 178 variétés de Poiriers, 54 de Pêchers.

1830	—	262	—	—	49	—
1863	—	1113	—	—	232	—
1867	—	1433	—	—	287	—

Cette collection sert de base à une publication magistrale et bien connue, que l'on doit à M. le professeur Decaisne, *le Jardin fruitier du Muséum*, parvenue aujourd'hui à son VIII° volume. La rigueur des déterminations synonymiques adoptées dans cette publication et par conséquent dans l'École, est si bien reconnue, que la plupart des sociétés d'horticulture de France et d'Allemagne s'adressent au Muséum pour obtenir des greffes des espèces et des variétés qui y sont cultivées, et qu'elles regardent avec raison comme les étalons de l'arboriculture fruitière.

III. Les serres (Jardinier-chef : M. Houllet) comprennent plusieurs locaux distincts : un grand corps de bâtiment, construit vers 1800, et désigné sous le nom d'*Orangerie*, cette dernière sous la surveillance de M. Rihoell ; deux grands pavillons vitrés du côté du midi, renfermant l'un des plantes de serre tempérée, l'autre des Palmiers ; une serre courbe divisée en deux étages, et une serre chaude partagée en trois compartiments, et renfermant l'aquarium dans celui du milieu ; enfin, plusieurs petites serres de moindre importance consacrées à la multiplication.

Il ne peut entrer dans notre plan d'indiquer le grand nombre de végétaux conservés dans les serres du Muséum ; mais nous ne pouvons nous dispenser de signaler ceux qui sont le plus intéressants par leur développement ou par leur rareté, savoir :

1° Dans le *Grand pavillon tempéré :*

> *Livistona australis*, *Cupania Cunninghami*, *Chamærops Griffithiana*, *Jubœa spectabilis*, *Cocos australis*, *Musa Ensete*.

2° Dans le *Grand pavillon des Palmiers :*

> *Corypha umbraculifera*, *Astrocaryum Ayri*, *Livistona sinensis*, *Thrinax radiata*, *Martinezia caryotæfolia*, *Areca Verschaffeltii*, *Cupania filicifolia*, *Ravenala madagascariensis*, *Garcinia lancifolia*, *Crescentia regalis*.

3° *Serre courbe supérieure :*

> Une belle collection d'Euphorbes charnus, de Cactées, d'*Agave*, et surtout un grand nombre d'espèces de *Zamia*, d'*Ence-*

phalartos et de *Dion*, que l'on a pu voir en fleur l'été dernier.

4° Serre courbe inférieure :

Cæsalpinia echinata, Cycas circinalis, C. caledonica, C. Riuminiana, C. revoluta, Cocos nucifera, Napoleona imperialis, Mappa Porteana, Curatella imperialis, Latania rubra, Pinanga latisecta, Calophyllum Calaba, Monocera grandiflora, Heritiera macrophylla, Guyacum officinale, Mangifera indica, Dracœna marginata, plusieurs espèces de *Rhopala,* etc.

5° Serre chaude :

Premier compartiment :

Orchidées réunies en collection ; Marantacées, la plus belle collection qui existe, et qui a fourni des matériaux aux travaux de M. A. Gris sur cette famille ; *Galactodendron utile, Antiaris toxicaria, Acantholoma spinosum, Ruischia Souroubea, Theophrasta Jussieui,* plusieurs espèces nouvelles de *Pandanus.*

Deuxième compartiment :

Des Aroïdées, des espèces remarquables de *Freycinetia,* de *Carludovica* et de *Nepenthes,* et les plantes qui ornent l'aquarium, *Nymphœa, Euryale, Victoria regia, Neptunia natans.*

Troisième compartiment :

Fougères exotiques, réunies en nombreuse collection, où l'on remarque l'*Angiopteris evecta,* des *Marattia,* des *Cyathea,* des *Alsophila;* une très-belle collection de Clusiacées; le *Theophrasta macrophylla,* etc.

Comme l'a reconnu en 1858 le rapporteur d'une commission chargée par l'administration supérieure d'étudier l'organisation du Muséum, et comme ne cesse de le répéter depuis longtemps le Professeur de culture, ces serres sont aujourd'hui littéralement encombrées, et l'encombrement augmente sans cesse, tant par suite de l'accroissement des plantes déjà existantes que par les nouvelles acquisitions. On pourra s'en faire une idée en consultant le tableau suivant, qui indiquera d'une manière générale l'accroissement graduel des cultures (1) :

(1) Ce tableau, comme le fait remarquer M. Decaisne, donne une preuve curieuse des oscillations que les circonstances politiques ont imprimées à l'accroissement des collections. De 1800 à 1815, le nombre total des plantes cultivées, loin de s'accroître,

Étaient cultivées en 1800	Plantes de plein air...	5694	7440.
	Plantes de serre.....	1776	
— en 1815	Plantes de plein air...	5066	7230.
	Plantes de serre.....	2164	
— en 1830	Plantes de plein air...	5639	8778.
	Plantes de serre.....	3139	
— en 1862	Plantes de plein air...	10105	15 455 (1).
	Plantes de serre.....	5350	

Il y a vingt ans que l'administration du Muséum demande l'achèvement des serres, et a fait exécuter des plans à cet effet. Le système de chauffage employé, établi sous la direction de Gay-Lussac, pourrait être utilement amélioré, dans l'intérêt des cultures et d'une économie bien entendue. Quand l'administration supérieure le décidera, il y aura lieu, pour le service des serres, à des changements importants et nécessaires dans l'aménagement d'une partie considérable des collections botaniques du Muséum.

IV. Les pépinières, fort considérables, sont confiées à M. Carrière, bien connu par ses publications horticoles, par le *Traité des Conifères* parvenu à sa deuxième édition, etc.

V. Enfin, le service des graines, dirigé par M. Albert Gault, mérite une mention distincte. Les graines, après la récolte, sont recueillies dans des laboratoires spéciaux où elles donnent lieu à trois manipulations distinctes. Placées dans des sacs, elles sont d'abord déposées au séchoir, ensuite classées par familles, puis, enfin, triées et mises en sachets étiquetés. Sur cette récolte, le Muséum prélève d'abord sa réserve. Le reste demeure à la disposition des établissements publics de France et de l'étranger, et des particuliers. La totalité des sachets de graines distribués par les soins de l'administration, soit aux établissements scientifiques français ou étrangers, soit aux colonies, soit enfin aux établissements privés ou aux particuliers, conformément au règlement constitutif du Muséum, s'élève annuellement à plus de 90 000.

On aura une idée exacte de l'importance des concessions de graines, d'arbres et d'arbustes faites par le Muséum, tant en France qu'à l'étranger, par la reproduction de l'état ci-joint, emprunté aux registres de l'administration.

---

avait diminué de 240 espèces. Ce fait s'explique par la rupture de nos relations avec l'Angleterre et avec les pays d'outre-mer, et prouve combien la science doit gagner à la stabilité de la paix.

(1) Depuis 1862, l'augmentation du nombre des plantes cultivées soit en plein air, soit dans les serres, n'a pas été considérable.

Ces concessions se sont réparties de la manière suivante, en 1858 :

Établissements publics	178 envois.
Savants	99
Jardiniers-cultivateurs	68
Employés supérieurs civils ou militaires	18
Particuliers	595
Total	958 envois.

Les herbiers et leurs annexes sont logés dans une galerie qui fait suite à celle de géologie et de minéralogie.

Les herbiers sont placés au premier étage, où l'on trouve également le laboratoire de botanique et les cabinets occupés par les aides-naturalistes ; le rez-de-chaussée est occupé par d'autres collections, sur lesquelles nous reviendrons tout à l'heure.

Avant que le Muséum fût organisé sous la forme administrative actuelle, en 1793, les herbiers se composaient de quelques collections distinctes : l'herbier de Tournefort, celui de Vaillant, les collections provenant des voyages de Commerson et de Dombey, qui n'avaient encore été ni étudiées ni classées. Ces collections, déposées dans un cabinet de ce qu'on nommait le *Droguier du Jardin du roi*, ne paraissent pas avoir jamais été mises à la disposition du public ni des savants.

C'est au professeur Desfontaines qu'on doit d'avoir le premier, de 1793 à 1797, formé par la réunion de ces collections et de quelques autres arrivées plus récemment au Muséum, l'herbier général qui a reçu plus tard de si grands accroissements.

Il y ajouta quelques bois de diverses origines, provenant en particulier de l'ancienne Académie des sciences, les fruits trop volumineux pour entrer dans les herbiers, et les objets de matière médicale qui formaient le droguier.

Ce fut l'origine des collections qui remplissent actuellement les galeries de botanique. En 1802 (1er vendémiaire an X), d'après un catalogue sommaire des genres de l'herbier général dressé par Desfontaines, il était renfermé dans 165 cartons et ne devait pas comprendre alors plus de 10 000 à 12 000 espèces.

A côté de cet herbier général, on avait conservé intact l'herbier de Tournefort, qui a été maintenu ainsi jusqu'à ce jour.

En 1833, avant le transport des collections botaniques dans les nouvelles galeries, l'herbier général occupait 344 cases, et pouvait être évalué de 25 000 à 30 000 espèces. Les herbiers de divers pays, conservés séparément, remplissaient 614 cases et comprenaient alors beaucoup d'espèces qui devaient être introduites dans l'herbier général.

En 1858, par suite de ces intercalations et de celles provenant des collections reçues depuis cette époque, notamment des envois faits par les voyageurs du Muséum, du don des herbiers de la famille de Jussieu, fait par les héritiers d'Adrien de Jussieu, ainsi que des herbiers du Brésil laissés par A. de Saint-Hilaire, l'herbier général occupait 1738 cases et comprenait environ 100 000 espèces.

Actuellement l'herbier général occupe 2984 cases, et la moyenne des espèces étant de 35 par cases, il doit comprendre environ 105 000 espèces.

Tout cet herbier considérable est rangé par familles naturelles et par genres, suivant l'ordre du *Genera plantarum* d'Endlicher (1); les divers échantillons se rapportant à une même espèce, attachés sur des feuilles de papier, sont réunis dans une feuille servant d'enveloppe commune, et les trois quarts environ de ces espèces sont déterminées.

Comme on le pense bien, c'est dans les familles qui ont été étudiées par des monographes français que l'on rencontre le plus grand nombre de déterminations, précieuses alors par leur authenticité.

Citons pour mémoire les Lichens classés par M. Nylander, les Urticées nommées par M. Weddell, les Amarantacées, Chénopodées et Phytolaccées déterminées par M. Moquin-Tandon, les Plantaginées et les Asclépiadées monographiées par M. Decaisne, les Bignoniacées par M. Bureau, les Solanées par Dunal, les Convolvulacées par Choisy, les Composées en partie nommées par A.-P. de Candolle, les Malpighiacées étudiées par Adrien de Jussieu, les Mélastomacées nommées par M. Naudin, et revues cette année même par M. Triana. Il est sans doute à regretter que la détermination et le classement des espèces dans les genres ne soient pas plus avancés dans la généralité de l'herbier, mais il faut reconnaître que dans l'état actuel des choses, avec le personnel restreint et les ressources très-bornées dont dispose le laboratoire de botanique, on

____

(1) Quelques exceptions sont présentées par certaines familles, qui ont été rangées par divers monographes dans l'ordre adopté par eux pour leurs travaux ; ainsi les Amarantacées et Chénopodées se trouvent distribuées suivant le classement adopté par M. Moquin-Tandon ; les Euphorbiacées, suivant la méthode de M. Baillon, etc.

ne saurait guère exiger davantage. Il ne faut pas oublier ce qui a été fait pour arriver au classement tel qu'il existe aujourd'hui, et malgré des intercalations annuelles considérables : cette œuvre a été commencée, de 1832 à 1849, par M. Decaisne ; elle a été continuée, sous la direction d'Adrien de Jussieu d'abord, et ensuite sous celle de M. Brongniart, par le conservateur actuel de l'herbier, M. Spach ; et les divisions et subdivisions génériques multipliées que ce dernier a consignées dans les *Suites à Buffon*, introduites par lui dans le classement de l'herbier, y fournissent encore aujourd'hui des points de repère précieux dans la pratique.

Outre l'herbier général, placé au premier étage des galeries de botanique, il existe dans les cabinets de ces galeries, soit au premier, soit au second étage, un grand nombre d'herbiers particuliers, soit des herbiers-types, soit des herbiers géographiques, conservés séparément.

Ces herbiers-types conservés séparément sont ceux de :

Tournefort, comprenant......................	6480 espèces.
Ant.-Laur. de Jussieu, comprenant............	17208
Desfontaines (Algérie), comprenant............	1480
Michaux (Amérique sept.), comprenant........	2192
Humboldt et Bonpland, comprenant..........	3365

et les herbiers cryptogamiques de M. Desmazières et de M. Montagne, qui, plus récemment légués au Muséum, n'ont pas encore été dénombrés.

Parmi les herbiers géographiques caractérisés soit par le nombre de cases qu'ils occupent, soit par le nombre de leurs paquets, nous devons signaler d'abord l'herbier de France, qui doit son origine à un don précieux d'A.-P. de Candolle ; la lettre d'envoi, datée de Genève, le 17 juin 1822, se termine dans les termes suivants :

« Je n'achèverai point cette note, destinée à faire partie permanente de l'herbier de France, sans dire que plusieurs des plantes » qui y sont disposées ont été recueillies dans les voyages botaniques » que j'ai exécutés dans les départements, par ordre du gouvernement, dans les années 1806, 1807, 1808, 1809, 1810 et 1811, et » sans y consigner le témoignage de mon admiration et de ma » reconnaissance pour le Muséum d'histoire naturelle de Paris ; c'est » dans cet établissement que j'ai puisé mes premières connaissances sur l'art d'étudier les productions naturelles, et, si mes » travaux peuvent mériter que le Muséum en conserve le souvenir,

» je désire que l'on sache combien je m'honore d'en avoir été l'élève
» et d'y compter des amis. »

L'herbier de France s'est accru notablement depuis sa fondation,
principalement par des dons. Mérat a légué son herbier des environs
de Paris, et M. Weddell a fait don d'un herbier de même provenance ;
celui de Pourret s'est trouvé légué avec l'herbier Barbier dont il
faisait partie. L'herbier de France, qui occupe maintenant 176 cases,
est un des plus intéressants par le soin avec lequel il est rangé et
déterminé, et des plus utiles à consulter ; sa nomenclature a été
vérifiée à plusieurs reprises par les botanistes les plus compétents,
et particulièrement dans ces derniers temps, grâce à la collaboration
bénévole de M. le docteur Puel. Il mériterait d'être augmenté, car
les différentes régions de la France sont loin d'y être convenablement représentées, et nous espérons qu'il suffira ici de signaler ce
fait pour inviter les botanistes des départements, et notamment ceux
des provinces récemment annexées, à faire don au Muséum des
espèces intéressantes de leurs flores respectives.

Outre l'herbier de France, nous devons énumérer les herbiers
géographiques suivants :

L'herbier d'Europe, occupant	152 cases.
— d'Algérie, occupant	133
— des Canaries, occupant	24
— de Sénégambie, occupant	32
— d'Abyssinie, occupant	73
— de l'Afrique tropicale orientale, occupant	11
— de l'Afrique australe, occupant	41
— de Madagascar et de Dupetit-Thouars, occupant	128
— des îles de la Réunion et Maurice, occupant	48
— des Indes orientales, occupant	88
— de la Chine et du Japon, occupant	30
— de Java et des îles d'Asie, occupant	32
— des îles de l'Océanie, occupant	74
— de la Nouvelle-Calédonie, occupant	40
— de la Nouvelle-Hollande, occupant	74
— de la Nouvelle-Zélande, occupant	10
— du Chili, occupant	80
— de la Nouvelle-Grenade, du Pérou, de l'Équateur et de la Bolivie, occupant	220
— du Brésil, occupant	310
— de la Guyane, occupant	189
— des Antilles, occupant	126
— du Mexique, occupant	189 ?
— de l'Amérique septentrionale, occupant	77
Total des herbiers géographiques	2465 cases.

Il faut ajouter à ces herbiers, pour avoir le nombre des cases occupées, l'herbier des plantes cultivées au jardin, qui en remplit 189.

On nous saura gré d'indiquer sommairement quels sont de tous ces herbiers ceux qui présentent le plus d'intérêt, soit par le nombre des espèces qui les composent, soit parce qu'ils renferment beaucoup de matériaux inédits.

1° L'*herbier d'Algérie*, que M. Cosson aura nommé tout entier quand il aura terminé ses travaux sur la flore de ce pays (1), contiendra les types des diverses publications de ce naturaliste, et sera augmenté par lui de toutes les espèces nouvelles découvertes pendant ses cinq voyages.

2° L'*herbier de Madagascar*, extrêmement nombreux, contient les espèces rapportées par Boivin, et n'a jamais été l'objet d'aucun travail spécial. Plusieurs naturalistes en ont décrit des plantes, mais il y aura lieu un jour à une publication fort intéressante, surtout si l'on y fait entrer la flore des autres îles australes de l'Afrique, également visitées par Boivin. On trouvera, pour la partie cryptogamique de ce travail, des documents importants dans l'herbier de Bory de Saint-Vincent.

3° L'*herbier de Chine*, quoique peu considérable encore, doit une importance remarquable aux envois de M. l'abbé Armand David. Les beaux envois de M. David, consistant en graines et en herbiers bien préparés, ont été l'objet d'une grande attention au Muséum, où l'un des professeurs se propose de faire, à l'aide de ces envois, et d'autres qui sont attendus, une étude de la flore chinoise.

La Cochinchine, qui n'a pas encore donné lieu à la formation d'un herbier géographique particulier, est représentée par les récoltes faites dans le Tourane par Gaudichaud, et par un envoi important de M. Lefèvre ; la Cochinchine, grâce à nos récents succès, étant maintenant ouverte à la colonisation française, il est probable que dans un avenir peu éloigné on possédera au Muséum les éléments nécessaires pour rectifier et compléter le *Flora cochinchinensis* de Loureiro.

L'*herbier des îles de l'Océanie*, surtout pour ce qui regarde les Sandwich et Taïti, renferme beaucoup de matériaux inédits, pro-

(1) Outre la publication in-4° commencée en octobre 1854, et dont le premier volume, comprenant les Glumacées, vient d'être terminé, M. Cosson va mettre sous presse un *Prodromus Floræ algeriensis,* in-8°, commençant par les Renonculacées suivant l'ordre de la série Candollienne.

venant des voyages de Gaudichaud, de MM. Vesco, Jules Lépine, Remy et d'autres naturalistes.

L'*herbier de la Nouvelle-Calédonie*, un des plus importants parmi les herbiers récemment formés, renferme des matériaux fort considérables, dus principalement à MM. Vieillard et Pancher, qui ont fourni à MM. Ad. Brongniart et A. Gris les éléments de travaux publiés sur la flore de cette colonie dans les *Annales des sciences naturelles* et dans le *Bulletin de la Société botanique de France*; les recherches que ces savants continuent donneront par la suite le recensement d'une flore insulaire des plus curieuses, une des dernières conquêtes de notre marine.

L'*herbier du Chili* renferme les types du *Flora chilena* de M. Cl. Gay, ainsi que les plantes de Bertero.

L'*herbier de la Nouvelle-Grenade, du Pérou, de l'Équateur et de la Bolivie* est un des plus importants par les études dont il a été l'objet. Il renferme les plantes des voyages de MM. A. d'Orbigny, Weddell, Pentland, Jameson, Triana, Spruce, Linden, Funck et Schlim, Mandon, etc.; il contient les types du *Chloris andina* de M. Weddell et du *Prodromus Floræ novo-granatensis* de MM. J.-E. Planchon et Triana.

L'*herbier du Brésil* renferme l'herbier de Saint-Hilaire, extrêmement nombreux, dont les espèces soigneusement étiquetées sont souvent l'objet de notes et de diagnoses étendues, écrites de la main d'Auguste de Saint-Hilaire lui-même. Il faut y joindre, pour donner l'aperçu des collections brésiliennes existant dans les galeries de botanique, et dont une partie est intercalée dans l'herbier général, les plantes recueillies par Gaudichaud et par M. Weddell, les *exsiccata* de Claussen, de Blanchet, de Gardner, une collection nombreuse donnée par M. de Martius, etc. Il est fort à regretter que la plupart des monographes qui ont travaillé au *Flora brasiliensis* n'aient pas étudié les collections brésiliennes du Muséum de Paris, dont le règlement s'oppose absolument, sauf des cas fort rares, à ce que des fascicules de l'herbier soient prêtés à des savants étrangers.

L'*herbier de la Guyane française* contient, comme beaucoup d'autres, des matériaux inédits d'une grande importance. M. Alph. de Candolle a déjà fait remarquer, dans sa *Géographie botanique*, que le Muséum possède les éléments d'une flore de Cayenne, dus surtout aux envois de Le Blon, Poiteau, Martin, Leprieur et de MM. Mélinon et P. Sagot.

La même observation est à faire pour la Guadeloupe, à cause des envois très-considérables faits par M. Lherminier et d'autres naturalistes, dont les *exsiccata* ont déjà servi à M. Fée pour publier la Flore des Fougères des Antilles.

Enfin l'*herbier du Mexique*, dont nous n'avons pu indiquer plus haut l'importance que d'une façon très-vague, est en train de s'accroître d'une manière considérable, à la suite des récoltes faites lors de la dernière expédition scientifique par MM. Bourgeau, Hahn, Méhédin et Guillemin, et d'un envoi important et récent de M. Gouin, médecin de l'hôpital de la Vera-Cruz. On sait que ces collections, encore inédites, sont l'objet d'une publication entreprise par la commission scientifique du Mexique, et dont la direction est confiée à M. Decaisne, qui a choisi pour son principal collaborateur M. Eug. Fournier. La publication projetée formera deux volumes in-4°, chacun avec cinquante planches lithographiées, et comprendra l'étude de toutes les collections mexicaines qui auront passé sous les yeux des botanistes chargés de la rédaction des différentes familles.

Nous n'avons pu, dans cette revue rapide, signaler tous les *exsiccata* spéciaux qui font la richesse de l'herbier général du Muséum.

Sans vouloir les énumérer tous, ce qui dépasserait les limites de ce compte rendu, nous pouvons mentionner les plus importants, savoir, pour la cryptogamie, ceux de Desmazières, Kuetzing, Rabenhorst, Fries, Mougeot, Hepp, Nylander, Anzi, Schimper, etc., pour la phanérogamie, la collection de ceux d'Aucher-Éloy, de Bourgeau, de Balansa; une collection considérable de l'Inde, contenant, outre les résultats du voyage de Jacquemont, les envois de M. Perrottet, les dons de sir William Hooker et du docteur J. Hooker, desquels le Muséum a reçu successivement environ 15 000 espèces, provenant des diverses possessions anglaises; les plantes de Java de Blume; des *exsiccata* importants de l'Amérique du Nord envoyés par M. Asa Gray, etc.

A l'herbier se trouve annexée une bibliothèque botanique, placée dans le laboratoire même, et composée des ouvrages les plus usuels, qui compense le défaut le plus grave que les botanistes reprochent à l'organisation du Muséum, celui de trouver les herbiers et la bibliothèque générale dans des corps de bâtiment tout à fait séparés. La bibliothèque du laboratoire, qui a surtout été formée par des dons particuliers, vu l'exiguïté des sommes allouées au professeur de botanique pour les acquisitions du laboratoire, comprend des répertoires précieux pour l'étude. Elle forme, en quelque sorte, le catalogue des herbiers : en effet, elle contient les catalogues manuscrits d'Aug. de Saint-Hilaire, de Jacquemont, de M. Weddell, de Wallich, celui que M. le comte Jaubert a dressé des récoltes de Boivin avec les notes de ce voyageur, ceux que M. Brongniart a fait établir pour l'herbier d'Abyssinie, pour l'herbier d'A.-L. de Jussieu, etc. ; les catalogues manuscrits de divers *exsiccata*, sur lesquels on inscrit les déterminations des plantes qui les composent, à mesure qu'on les connaît (travail qui a été commencé par M. Graves) ; en outre, plusieurs des livres classiques qui composent cette bibliothèque ont reçu en marge des annotations qui indiquent la richesse de l'herbier correspondant ; c'est ainsi que le *Synopsis* de Kunth permet d'apprécier immédiatement quelles plantes on doit trouver dans l'herbier d'Humboldt et Bonpland.

Les collections annexes dont nous avons parlé plus haut sont les suivantes :

1° La collection de fleurs et de fruits secs ou conservés dans l'alcool ; elle occupe 12 armoires vitrées, 72 tiroirs et deux meubles du milieu de la galerie du rez-de-chaussée.

2° La collection des bois dont les premiers échantillons ont été réunis par Desfontaines au commencement de ce siècle, renfermée dans la même galerie, dans les armoires vitrées des travées latérales de gauche, et dans trois meubles du milieu, et dans le vestibule des galeries pour les grandes tiges. Une des travées est plus spécialement consacrée à la structure comparée des tiges et à leurs anomalies. Une grande partie de la collection spécifique des bois est placée au deuxième étage et dans des cabinets de dépôt, faute de place pour la distribuer avec ordre.

3° La collection en cire des Champignons de Trattinick, donnée en 1815 par S. M. l'Empereur d'Autriche, et d'autres modèles reproduits par Pinson d'après les figures de Bulliard ; ces collections, réunies à quelques Champignons coriaces bien conservés, occupent les cinq meubles du milieu de la même galerie, que surmontent des tableaux à l'huile, au nombre de 50, représentant les fruits des colonies.

4° Une des plus importantes collections botaniques du Muséum, la collection des végétaux fossiles, qui a servi de base aux travaux célèbres de M. Ad. Brongniart, et qui même a eu pour origine la collection particulière de ce savant, qu'il a donnée au Muséum en 1833, lorsqu'il fut nommé professeur de botanique. Elle comprenait alors 1000 échantillons ; en 1862, le catalogue spécial de cette collection atteignait le numéro 6254. Les plantes fossiles sont, dans cette collection, considérées et classées au point de vue botanique. Elle est disposée dans les armoires vitrées des travées latérales du côté droit de la galerie du rez-de-chaussée, et la série complète des espèces se trouve dans 600 tiroirs des travées des deux côtés de cette galerie.

5° La collection de tous les produits utiles, alimentaires, médicinaux ou industriels, fournis par les végétaux, et qui, si l'on jouissait de l'espace nécessaire pour la disposer, constituerait une des plus intéressantes ; elle se trouve au second étage, dans des tiroirs ou sur des étagères ; on y remarque notamment une suite fort riche des écorces de Quinquina.

Tel est sommairement l'état d'un établissement dont il n'appartient pas à une plume aussi peu autorisée que la nôtre de rappeler ici les nombreux titres de gloire à la reconnaissance de la science ; tous les naturalistes les ont présents à l'esprit. On sait notamment qu'une grande partie des découvertes faites dans la flore exotique, principalement de 1830 à 1848, ont été dues aux voyageurs payés ou indemnisés par le Muséum ; il suffirait de citer ici les noms de Gaudichaud, Cl. Gay, A. d'Orbigny, Weddell, Heudelot, Bernier, Leprieur, Jacquemont, Perrottet, Chapelier, Guichenot et Riedlé, et de tant d'autres qui nous échappent, pour rappeler tout ce que les progrès de nos connaissances sur la végétation du globe doivent à l'initiative du Muséum ; et d'ailleurs, en mentionnant dans ce compte rendu tant de collecteurs et d'*exsiccata* divers, nous avons fait songer aux publications nombreuses dont cet établissement a fourni les matériaux, et qui auraient été impossibles sans le concours précieux qu'y ont trouvé les monographes, principalement les auteurs des *Voyages* exécutés par ordre du gouvernement. Si depuis 1848 les acquisitions ont paru moins fortes, il ne faut pas s'en étonner, puisqu'à cette époque le budget accordé au Muséum par l'État a été diminué de 30 000 francs, et que cette diminution, toujours maintenue depuis, a réduit à 15 000 l'ensemble des crédits d'acquisition (pour toutes les branches de l'enseignement). Actuellement les services rendus par le Muséum, tant à la science qu'à la pratique horticole, le sont avec des fonds et un personnel extrêmement restreints. Le personnel du service des cultures ne correspond guère qu'à la moitié du nombre des ouvriers considéré comme nécessaire chez les maraîchers pour l'exploitation d'une même étendue de terrain (1). Le rapporteur de la commission ministérielle de 1858 a lui-même insisté sur l'insuffisance de ce personnel. Pour achat de plantes vivantes et de graines, le service des cultures ne dispose chaque année que d'un millier de francs au plus; une somme équivalente est allouée au laboratoire de botanique pour l'acquisition des *exsiccata* ou d'autres collections botaniques. En présence des reproches qui ont été souvent adressés par le public, dans ces derniers temps surtout, à l'administration du Muséum, il est bon de montrer que cette administration ne peut dépasser ses ressources, et que, pour la botanique en particulier, il est remarquable qu'elle puisse exécuter dans l'état de choses actuel tout ce qu'elle réalise, grâce au concours actif et dévoué des chefs de service, habilement dirigés par l'initiative et par l'autorité des professeurs.

Eug. Fournier.

NOTE SUR LES CULTURES DE LA MAISON VILMORIN.

Pendant l'élaboration du programme des travaux du Congrès, le comité d'organisation avait reçu de madame Vilmorin et de ses fils une invitation générale qui répondait trop bien au désir d'un grand nombre de personnes pour ne pas être acceptée sur-le-champ, et pour ne pas déterminer la visite qui fut faite à Verrières le 20 août dernier. Nous n'insisterons pas sur la réception dont le Congrès y fut l'objet. Ceux qui ont été, ne fût-ce qu'une heure, les hôtes de la famille Vilmorin, savent que la grâce et la cordialité y sont de tradition, surtout pour accueillir les naturalistes, dont les maîtres de la maison ont toujours été les amis et les émules.

La propriété de Verrières présentait à l'étude trois parties distinctes, offrant chacune un genre d'intérêt spécial. La partie d'agrément, d'abord, ancien jardin à la française modifié dans les premières années du siècle, présente aujourd'hui un grand nombre d'arbres exotiques, dont quelques-uns atteignent déjà des dimensions remarquables. Il n'est pas surprenant qu'un jardin appartenant

---

(1) Ce nombre est de 6 par hectare chez les maraîchers, et seulement de 3 1/4 au Muséum.

depuis plus de cinquante ans à une famille spécialement occupée de l'étude et de l'introduction des plantes utiles et agréables, renferme des spécimens des meilleures acquisitions faites par l'horticulture française pendant et avant cette période.

Ce sont principalement les arbres de grandes dimensions, et parmi eux, les Chênes et les Conifères, qui se remarquent à Verrières. Nous citerons parmi les premiers des exemplaires des *Quercus alba*, *Q. ferruginea, Q. Prinos, Q. discolor, Q. monticola, Q. heterophylla, Q. Phellos, Q. falcata, Q. rubra, Q. Banisteri, Q. palustris*, tous de l'Amérique du Nord et provenant en partie de glands reçus directement par M. Vilmorin père d'André Michaux, le célèbre botaniste, son ami particulier. Deux autres Chênes américains réclament spécialement l'attention des botanistes : l'un (qui est, selon toute apparence, une variété du *Q. aquatica*) se distingue par l'irrégularité de ses feuilles qui sont tantôt entières, longues et étroites comme celles du *Q. Phellos*, tantôt plus ou moins dentées ou lobées d'un seul côté ou des deux ; l'autre, qui est surtout remarquable par ses dimensions et sa vigueur, est un exemplaire du *Q. macrocarpa*, dont le tronc mesure près de 2 mètres de circonférence au niveau du sol.

Parmi ceux de l'ancien continent, outre les Chênes de France, on remarque le *Q. Velani*, le *Q. castaneifolia*, le *Q. Mirbeckii*, les Chênes verts à larges feuilles et à glands doux ; le Chêne-Liége du sud-ouest de la France est représenté par un exemplaire de forte taille. On sait que cette espèce, déterminée par M. J. Gay, et confondue avant lui avec le Chêne-Liége d'Italie et d'Afrique, en diffère en ce qu'elle met deux ans à mûrir ses fruits.

Les Conifères sont nombreux et d'une vigueur remarquable ; le sol riche et profond, qui repose sur une épaisse couche de sable, semble particulièrement favorable à leur végétation. Les *P. silvestris*, *P. Laricio* et ses variétés, *P. austriaca, P. pyrenaica*, y sont représentés par de forts individus plantés pour la plupart par M. Vilmorin père, qui en avait fait venir les graines des sources les plus certaines. Les *P. Strobus, P. inops, P. sabiniana, P. rubra, P. ponderosa*, de l'Amérique du Nord, présentent déjà d'assez fortes dimensions, les *P. monticola* et *P. tuberculata* de la même provenance fructifient déjà depuis plusieurs années.

Parmi les Pins d'Asie, on remarque le *P. excelsa*, de l'Himalaya, et le *P. abasica*, des côtes de la mer Noire, au pied du Caucase ;

tous les deux se développent avec une rapidité surprenante, quoique leur forme ne soit pas toujours très-régulière.

Nous signalerons encore, pour en finir avec les Pins, un exemplaire de *P. brutia*, affectant tout à fait la forme d'un Pommier et chargé de cônes violacés, réunis par paquets, qui lui donnent une physionomie tout à fait distincte; un Pin Pignon, greffé sur Pin silvestre et assez fort pour donner des cônes depuis deux ou trois ans; enfin, plusieurs spécimens vigoureux et bien venants du *P. Llaveana*, du Mexique. Quelques autres Pins, aussi d'origine mexicaine, sont encore trop petits pour être mentionnés ici.

En tête des Sapins, il faut placer deux magnifiques *Abies Pinsapo*, les plus anciens qui existent en France. Ils proviennent de graines envoyées à M. Vilmorin par M. Boissier, immédiatement après qu'il eut découvert l'*A. Pinsapo* dans le midi de l'Espagne. Convaincu, d'après l'altitude où l'arbre croît dans ses montagnes natales, qu'il devait être parfaitement rustique chez nous, M. Vilmorin n'hésita pas à semer ces graines en pleine terre ; elles ont produit les arbres que nous avons vus à Verrières, et qui, âgés de trente et un ans, mesurent de 15 à 18 mètres de haut, et 1$^\mathrm{m}$,50 de circonférence à la base. Le plus grand, seul, a déjà donné deux fois des cônes, tandis qu'un autre arbre, du même âge, mais qui a été transplanté, en donne déjà depuis plusieurs années et régulièrement.

Dans une autre partie du jardin et en face d'un quatrième *A. Pinsapo*, de même origine que les autres, se trouve un *A. cephalonica*, qui l'égale en diamètre et en hauteur, et qui, lui aussi, fructifie abondamment depuis plusieurs années.

Parmi les Sapins plus récemment introduits, nous citerons des spécimens relativement grands d'*Abies Nordmanniana*, *A. cilicica*, *A. orientalis*, *A. Mertensiana*, tous les quatre d'une vigueur de végétation remarquable.

Les Cèdres ne leur sont inférieurs ni en taille ni en rapidité de croissance ; deux Cèdres du Liban, plantés devant la maison en 1815 ou 1816, dépassent aujourd'hui 20 mètres de hauteur ; tous les ans ils sont couverts de cônes, et chose singulière, les graines de l'un sont toujours bonnes et celles de l'autre constamment mauvaises. Deux *Cedrus Deodara*, d'assez belle taille, montrent depuis quelques années des chatons mâles, mais n'ont pas encore donné de cônes.

Enfin, nous ne quitterons pas les Conifères sans avoir mentionné les *Sequoia gigantea* et *sempervirens*, qui sont encore jeunes, mais semblent devoir justifier leur réputation d'arbres géants.

Outre les Chênes, plusieurs autres arbres à feuilles caduques se font remarquer à Verrières, et entre autres un Noyer dont l'origine n'est pas exactement connue, et dont les caractères ne sont ceux d'aucune espèce décrite par les auteurs. Il a été signalé par M. Carrière, dans un numéro de la *Revue horticole*. Peut-être est-ce un hybride; toutefois il paraît se reproduire fidèlement par le semis.

Il existe à Verrières deux beaux sujets d'*Alnus cordata*, arbre remarquable par la persistance de ses feuilles à l'automne; il est rare qu'il soit dépouillé avant le 20 novembre et les feuilles ne jaunissent jamais; elles tombent vertes.

La collection des Érables est nombreuse; elle comprend la plupart des espèces européennes et orientales, et quelques-unes de celles de l'Amérique du Nord.

Nous finirons en citant : le *Gleditschia triacanthos*, et sa variété *inermis*, le *G. sinensis*, le *Planera crenata*, le *Virgilia lutea*, et le curieux *Cytisus Adami*, qui porte, outre ses fleurs propres toujours stériles, des fleurs de *Cytisus purpureus* et de *C. Laburnum*, dont les graines se développent parfaitement.

Voilà ce que nous retrouvons dans nos souvenirs au sujet des arbres plantés à Verrières; il nous reste à parler maintenant de la partie expérimentale et de la partie industrielle des cultures.

Nous passerons rapidement sur la dernière, qui n'intéresse les botanistes que par la nouveauté et la rareté de quelques-unes des plantes cultivées. Du reste, la plupart des lots destinés à donner des graines et les essais comparatifs des espèces commerciales étant en grande partie disséminés dans les champs loin de l'habitation, n'ont pu être visités par les membres du Congrès.

Qu'il nous suffise de dire que plusieurs milliers d'espèces ou de variétés sont semés là tous les ans, et que, dans ce nombre, il y a bien chaque année une centaine de nouveautés.

La partie scientifique, qui fait le principal mérite de Verrières, consiste dans les collections comparatives de diverses plantes alimentaires et industrielles, et dans les expériences entreprises en vue d'améliorer diverses plantes utiles.

En premier lieu, nous devons citer la collection de céréales commencée par M. Vilmorin père, continuée et si bien étudiée par M. Louis Vilmorin, à qui elle a servi de base pour son *Catalogue synonymique des Froments*, ouvrage qui fait autorité en cette matière. Continuée et augmentée avec soin, elle n'embrasse pas moins aujourd'hui de quatre cents formes distinctes de Blés, Avoines, Seigles et Orges.

La collection de Graminées comprend la plupart des espèces fourragères ou ornementales, qui peuvent se cultiver en pleine terre sous le climat de Paris. Celles des plantes oléagineuses, des Houblons, des Sorghos et des Maïs, ont une importance qui se comprend sans que nous ayons besoin d'y insister ; mais la plus remarquable de toutes est la collection de Fraisiers réunie par madame Vilmorin, et qui comprend toutes les espèces botaniques connues de Fraisier, ainsi que toutes les variétés obtenues par la culture. Cette collection a entre autres mérites celui de représenter les types des Fraisiers décrits par madame Vilmorin dans le *Jardin fruitier du Muséum*.

L'importance et l'intérêt des travaux botaniques auxquels cette collection a donné lieu de la part de MM. Vilmorin et de M. J. Gay, et la lumière que l'étude des variétés cultivées jetait sur les caractères réels des espèces, sont une preuve de plus des services que peuvent se rendre l'une à l'autre la botanique et l'horticulture, qu'on a souvent le tort de vouloir séparer absolument l'une de l'autre.

Enfin, c'est à Verrières qu'ont été entreprises la plupart des expériences sur l'amélioration des plantes qui ont amené M. Vilmorin père et M. Louis Vilmorin à créer des races perfectionnées de divers végétaux usuels, parmi lesquels nous citerons les Betteraves et les Garances en première ligne, et aussi à formuler d'une façon si remarquable les lois d'hérédité et de perfectibilité dans les végétaux.

Voilà, en quelques traits principaux, les objets qui ont attiré l'attention du Congrès dans sa visite à Verrières ; malgré la rapidité forcée de son examen, il en avait assez vu pour concevoir la réputation européenne d'une maison qui depuis plus d'un siècle marche à la tête de l'horticulture française, éclairée à la fois par la science et par une haute intelligence pratique. Mais ce serait rendre un compte bien incomplet de notre visite que de ne pas insister sur les démonstrations internationales dont elle a fourni l'occasion. Par les ordres de madame Vilmorin, que secondaient, dans sa gracieuse réception, ses fils, MM. Henry et Maurice Vilmorin, et son honorable associé M. Mies, accompagné des principaux employés de sa maison, un banquet de quatre-vingts couverts avait été dressé sous les arbres du parc, et les toasts qui l'ont couronné, portés avec effusion au Congrès et aux progrès de la botanique, au nom des régions et des Universités les plus éloignées, dans les diverses langues de l'Europe, ont prouvé avec éclat que la science est de sa nature internationale, et qu'elle doit souhaiter avant tout, pour la liberté des relations, le calme que peut seule lui procurer la paix.

JOHANNES GRŒNLAND.

EXPLICATION DES PLANCHES

Planche I.

Fig. 1. *Balanophora polyandra* Griffith. — Fleur femelle. (Grossissement 20.)

Fig. 2. *Id.* — Coupe longitudinale de la fleur femelle : *f*, funicule ; *v*, vésicules embryonnaires (d'après M. Hofmeister, *Neue Beitr.* pl. 15, fig. 1). (Gross. 90.)

Fig. 3. *Langsdorffia hypogœa* Mart. — Fleur femelle isolée. (Gross. 14.)

Fig. 4. *Id.* — Coupe longitudinale de la fleur femelle : *f*, funicule ; *v*, vésicules embryonnaires (d'après M. Hofmeister, *l. c.* pl. 12, f. 4, sauf l'addition des vésicules). (Gross. 175.)

Fig. 5. *Helosis guyanensis* Rich. — Fleur femelle. (Gross. 10.)

Fig. 6. *Id.* — Coupe longitudinale schématique de l'ovaire, d'après M. Hofmeister.

Fig. 7. *Scyballium fungiforme* Schott et Endl. — Coupe longitudinale schématique de l'ovaire, d'après les idées de M. Hofmeister.

Fig. 8. *Lophophytum mirabile* Schott et Endl. — Fleur femelle. (Gross. 10.)

Fig. 9. *Id.* — Coupe longitudinale de la fleur femelle, d'après M. Weddell.

Fig. 10. *Mystropetalum Thomii* Harv. — Fruit.

Fig. 11. *Cynomorium coccineum* L. — Fruit à demi mûr.

Fig. 12. *Id.* — Coupe longitudinale de l'ovaire (d'après MM. Weddell et Hofmeister). (Gross. 15.)

Fig. 13. *Lophophytum mirabile* Schott et Endl. — Apparition des fleurs femelles : *a, b, c,* degrés successifs ; dans *c* on voit naître les carpelles. (Gross. 40.)

Fig. 14. *Id.* — Fleur un peu plus âgée que celle de la figure 13 *c*, les carpelles se sont considérablement accrus. (Gross. 80.)

Fig. 15. *Id.* — Coupe longitudinale d'une fleur un peu plus âgée encore : *c, c,* les carpelles ; *a*, sommet de l'axe floral. (Gross. 65.)

Fig. 16. *Id.* — Coupe longitudinale de la jeune fleur à un degré d'évolution plus avancé, où la cavité ovarienne est fermée, et où l'on voit maintenant les styles, le placenta et les ovules : *pl*, colonne ovulifère ou placenta ; *ov*, ovule ; *sc*, cellules transformées en sclérenchyme ; *st*, les styles. (Gross. 30.)

Fig. 17. *Id.* — Coupe longitudinale de la fleur parfaitement développée : *f*, faisceaux vasculaires ; *m*, manteau de parenchyme très-dense, enveloppant le système ovulaire et s'amincissant vers le sommet dans le tissu qui conduit aux styles : *ov*, ovule ; *se*, sac embryonnaire ; *cl*, cloison, résultant d'une transformation du placenta ; *sc*, manteau de sclérenchyme ; *ép*, épiderme. (Gross. 25.)

Fig. 18. *Id.* — Coupe horizontale de la même fleur, traversant les ovules. Les lettres ont la même signification que dans la figure 17. (Gross. 45.)

Fig. 19. *Id.* — Portion de la figure 17, comprenant un ovule, avec une petite partie de la cloison et tous les tissus extérieurs de l'ovule plus fortement grossis (65 fois), pour faire voir les détails du sac embryonnaire. Même signification des lettres.

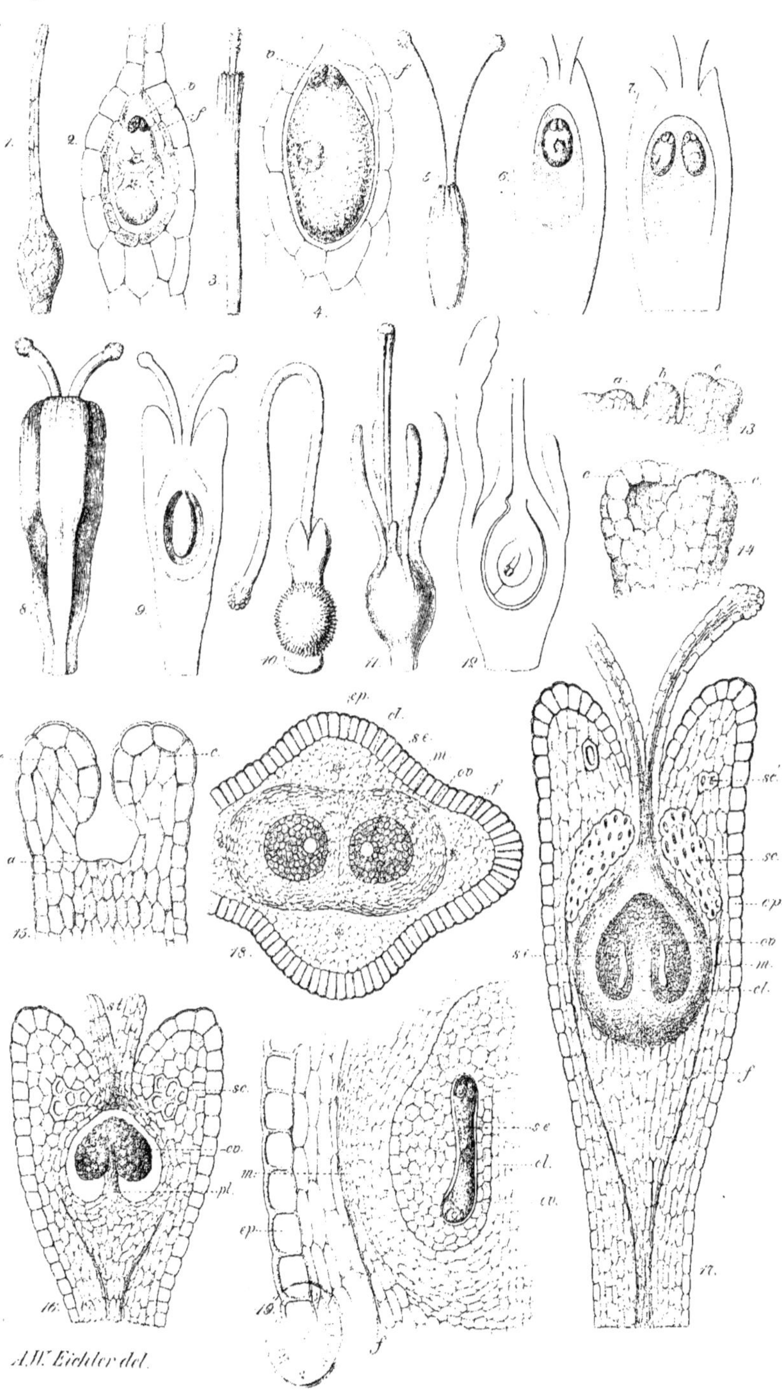

A.W. Eichler del.

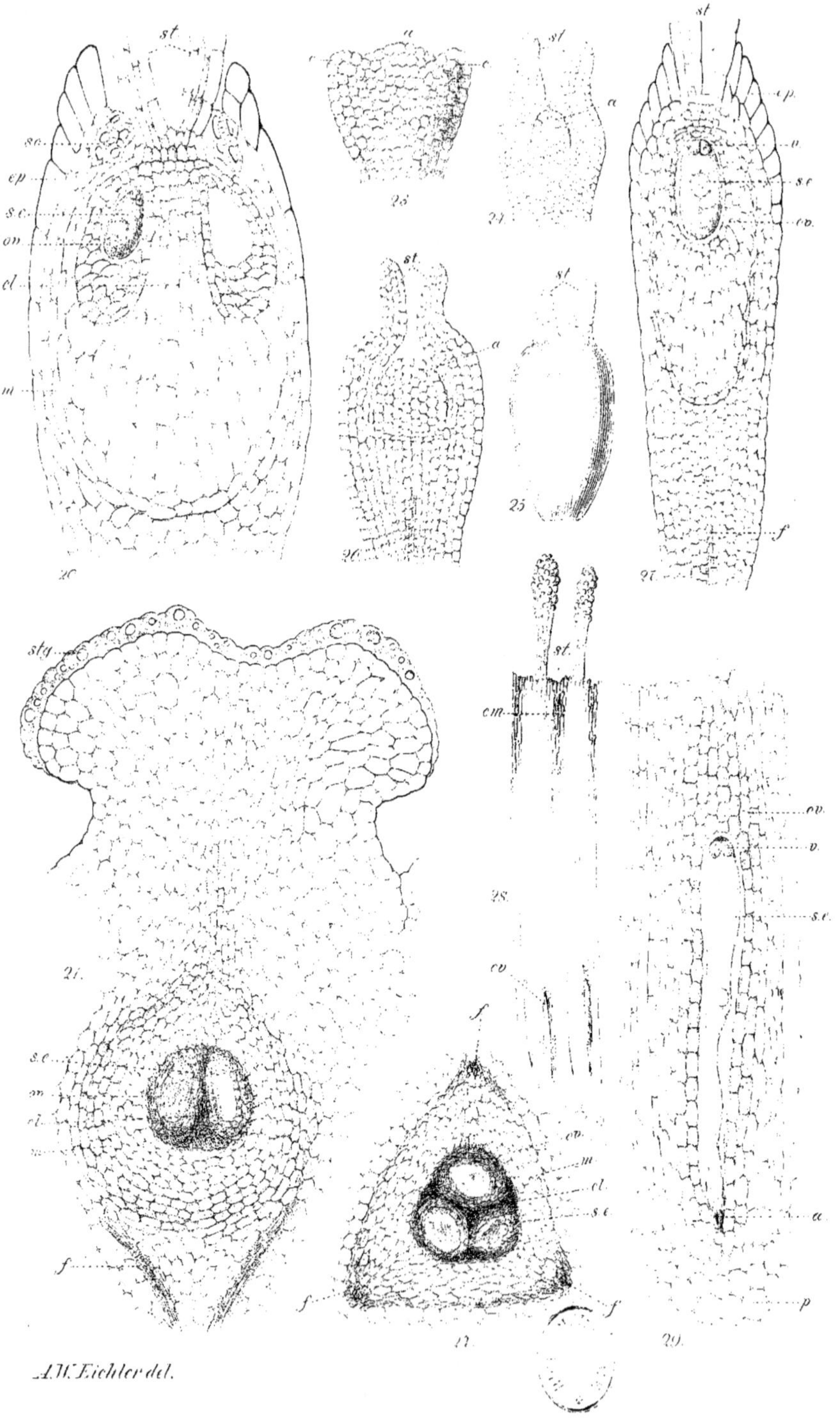

Pl. II.

A.W. Eichler del.

Planche II.

Fig. 20. *Scybalium fungiforme* Schott et Endl. — Coupe longitudinale de l'ovaire, passant par les deux ovules. — Les lettres précédemment employées conservent la même signification dans cette figure et dans les suivantes, ce qui permet de se convaincre très-facilement de l'identité de structure des fleurs femelles chez le *Scybalium* et chez le *Lophophytum*. En effet, on retrouve ici, à l'exception des faisceaux vasculaires, toutes les parties que l'on voit dans le *Lophophytum*, et toutes disposées de même. (Gross. 65.)

Fig. 21. *Sarcophyte sanguinea* Sparrm. — Coupe longitudinale de la fleur femelle. (Gross. 65.)

Fig. 22. *Id.* — Coupe longitudinale du système ovulaire avec son enveloppe parenchymateuse. On voit par ces figures que cette fleur ne possède pas de périgone, et qu'elle n'a pas de styles développés ; le stigmate (*stg*), dont les papilles sont altérées par l'alcool dans lequel l'exemplaire était conservé, est au contraire sessile. Le parenchyme de l'ovaire, disposé en séries rayonnantes, est partout mince ; il manque ici les cellules de sclérenchyme des genres précédents. Il y a trois faisceaux vasculaires, disposés en triangle, situés chacun en face d'un ovule, et touchant la surface d'une couche spéciale de parenchyme plus serré *m*, qui représente évidemment l'analogue du manteau *m* de la figure 17 : analogie appuyée d'ailleurs sur ce fait, que la partie périphérique de cette couche se transforme, dans le fruit du *Sarcophyte*, comme dans celui du *Lophophytum*, en coque sclérenchymateuse (ou la couche entière dans les fruits qui avortent). Dans l'intérieur de cette couche se voient les trois ovules séparés par autant de cloisons, qui se réunissent sur l'axe ; bien qu'on ne puisse pas reconnaître les détails de leur structure, il est évident que l'organisation est ici en général semblable (abstraction faite de la différence du nombre des organes) à celle du *Lophophytum*. — Les indications bien différentes qu'a données M. Hofmeister proviennent probablement de ce que ce savant a pris les sacs embryonnaires pour les ovules, conjecture qui cependant n'explique pas la diversité de nombre que M. Hofmeister et moi avons observée dans les organes de cette fleur. (Gross. 65.)

Fig. 23. *Helosis guyanensis* Rich. — Apparition des carpelles *cc* sur l'axe floral *a*. (Gross. 75.)

Fig. 24. *Id.* — Coupe longitudinale d'une fleur un peu plus avancée : *a*, axe ; *st*, styles. (Gross. 40.)

Fig. 25. Fleur un peu plus âgée encore. (Gross. 35.)

Fig. 26. Coupe longitudinale de la même : *a*, axe ; *st*, styles. (Gross. 50.)

Fig. 27. Coupe longitudinale de l'ovaire (avec la base des styles *st*) parfaitement développé. Même signification des lettres que dans les figures 19 et 20. (Gross. 50.)

Fig. 28. *Langsdorffia hypogœa* Mart. — Coupe longitudinale de deux fleurs contiguës. Ces fleurs adhèrent entre elles dans toute leur partie supérieure, et ne sont libres qu'à leur base ; les commissures, *cm*, sont vers le sommet faciles à distinguer parce que les cellules contiguës dans cette région ont les parois fortement cuticularisées et contiennent de la cire. Vers la base on aperçoit l'ovule *ov*. (Gross. 20.)

Fig. 29. Portion de la partie basale de la coupe représentée dans la figure précédente, plus fortement grossie (100 fois) : *s e*, sac embryonnaire ; *v*, vésicules embryonnaires ;

a, antipodes. La couche bien circonscrite de cellules plus petites que les voisines et remplies d'un plasma épais, doit être regardée comme le nucelle, car le sac embryonnaire est libre et par conséquent ne peut à lui seul représenter l'ovule. Comme, en outre, cette couche a partout la même épaisseur dans la périphérie du sac embryonnaire, cet ovule ne peut être anatrope ; il est au contraire atrope ; et comme, finalement, le fil suspenseur de l'embryon se trouve dans l'extrémité supérieure de la semence (voy. Hofmeister, *l.c.* pl. 12), on ne peut pas douter que les organes *v* ne soient en réalité les vésicules et les autres, *a*, les antipodes. Il faut conclure de tout cela que l'ovule du *Langsdorffia* est dressé, orthotrope, sans enveloppe, et, comme on le voit sur la figure, adhérent partout aux parois ovariennes. La lettre *p* indique une petite portion du parenchyme de l'axe du capitule sur lequel les fleurs se trouvent réunies.

FIN.

TABLE DES MATIÈRES

MÉMOIRES ET COMMUNICATIONS.

FIN DE LA TABLE DES MATIÈRES.

Paris. — Imprimerie de E. MARTINET, rue Mignon, 2.